ESTADÍSTICA Y PROBABILIDAD
EN LA INGENIERÍA

ESTADÍSTICA Y PROBABILIDAD EN LA INGENIERÍA

Segunda edición

José Javier Muruzábal Irigoyen
Dionisio Pérez Esteban

E.T.S.I. de Caminos, Canales y Puertos

Universidad Politécnica de Madrid

ESTADÍSTICA Y PROBABILIDAD EN LA INGENIERÍA. Segunda Edición
José Javier Muruzábal Irigoyen; Dionisio Pérez Esteban **ISBN:** 978-84-1903-440-3 **IBERGARCETA PUBLICACIONES, S.L., Madrid, 2024** **Edición:** 2ª **Nº de páginas:** 406 **Formato:** 17 × 24 cm. **Materia THEMA:** PBT. Probabilidad y Estadística

ESTADÍSTICA Y PROBABILIDAD EN LA INGENIERÍA. Segunda edición
ISBN: 978-84-1903-440-3

© **José Javier Muruzábal Irigoyen; Dionisio Pérez Esteban**

COPYRIGHT © 2024 IBERGARCETA PUBLICACIONES, S.L.

© COLEGIO DE INGENIEROS DE CAMINOS, CANALES Y PUERTOS.

ISBN (Colegio de Ingenieros de Caminos, Canales y Puertos): 978-84-380-0571-2

info@garceta.es

Foto de portada: © Pixabay,14637873

Edición: 2ª.
Impresión: 2ª.
Depósito legal: M-575-2024
Impresión: 1ª
OI: 0406/2025

IMPRESO EN ESPAÑA-*PRINTED IN SPAIN*

Nota sobre enlaces a páginas web ajenas: Este libro puede incluir referencias a sitios web gestionados por terceros y ajenos a IBERGARCETA PUBLICACIONES, SL, que se incluyen sólo con finalidad informativa. IBERGARCETA PUBLICACIONES, SL, no asume ningún tipo de responsabilidad por los daños y perjuicios derivados del uso de los datos personales que pueda hacer un tercero encargado del mantenimiento de las páginas web ajenas a IBERGARCETA PUBLICACIONES, SL, y del funcionamiento, accesibilidad y mantenimiento de los sitios web no gestionados por IBERGARCETA PUBLICACIONES, SL, directamente. Las referencias se proporcionan en el estado en que se encuentran en el momento de publicación sin garantías expresas o implícitas, sobre la información que se proporcione en ellas.

Índice general

Capítulo 0

Prefacio

Introducción a los conceptos de Probabilidad y Estadística

0.1. La interpretación de la realidad como base del conocimiento científico

La observación de la realidad es uno de los pilares en los que se asienta el progreso científico. Las observaciones constituyen, por tanto, una base de información que es necesario interpretar para avanzar en el conocimiento de lo que nos rodea.

Un planteamiento científico ante las diferentes manifestaciones de la realidad lleva a preguntarse el porqué de los resultados observados, en el sentido de si existe o no alguna ley o mecanismo que los gobierna y regula, lo que implica considerar las observaciones como resultados posibles de un fenómeno que incluye pautas de comportamiento que es preciso estudiar.

Atendiendo a esta consideración de orden general, cabe, en principio, distinguir dos tipos de fenómenos:

- Fenómenos deterministas. Son aquellos que, siempre que se producen en las mismas condiciones, dan lugar a un mismo resultado. Obedecen a leyes científicas con una dependencia funcional entre las variables que intervienen.

- Fenómenos aleatorios. Son aquellos que, aunque se produzcan en condiciones iguales, presentan manifestaciones diferentes que no se pueden predecir y que únicamente son conocidas después de su realización. Introducen, por tanto, el concepto de incertidumbre o desconocimiento en cuanto al resultado.

Ejemplo 0.1

Un ejemplo de fenómeno determinista corresponde al hecho de medir el espacio S recorrido por un móvil al cabo de diferentes intervalos de tiempo t, bajo una ley de movimiento uniformemente acelerado con aceleración $a = 1,5 m/s^2$. En ese caso se apreciarán resultados que responden a la ley $S = \frac{1}{2} \cdot 1,5 \cdot t^2$ y que pueden ser predichos, no siendo en absoluto necesaria la realización del experimento para conocer estos resultados.

Ejemplo 0.2

Un primer ejemplo de fenómeno aleatorio lo constituye el lanzamiento de un dado al aire. Los resultados de este experimento son impredecibles, ya que dependen del azar.

Ejemplo 0.3

Un segundo ejemplo de fenómeno aleatorio puede ser la observación del número N de vehículos que llegan al peaje de una autopista durante un cierto intervalo de tiempo t. Los resultados serán un conjunto de valores de la serie de números enteros positivos, que no pueden ser conocidos a priori.

Ejemplo 0.4

Un tercer ejemplo de fenómeno aleatorio puede ser el ensayo de la resistencia R a compresión de diferentes probetas de un hormigón fabricado de acuerdo con unas determinadas especificaciones. En este experimento no se obtiene un resultado único, sino un conjunto de valores diferentes en función del propio proceso de fabricación e, incluso, en función también del proceso de ensayo.

En realidad, los fenómenos deterministas no son sino fenómenos aleatorios en los que las diferencias entre los resultados de sucesivas repeticiones del experimento en las mismas condiciones son despreciables. En efecto, la determinación de los resultados de diferentes repeticiones (tómese, por ejemplo, el caso anterior de un móvil sometido a un movimiento uniformemente acelerado) exige medir determinadas magnitudes físicas (en este caso, el tiempo y el espacio). Dichas mediciones están sujetas al error propio de los instrumentos de medida (en el ejemplo de referencia una cinta métrica y un cronómetro), de manera que en las repeticiones del fenómeno en las mismas condiciones (mismo valor del tiempo t) obtendremos resultados realmente distintos, aunque con diferencias despreciables.

0.2. Modelo matemático para gestionar la incertidumbre de los fenómenos aleatorios

Los fenómenos aleatorios y la incertidumbre que encierran hasta que no se concretan en un resultado determinado son el objeto básico del análisis estadístico, que tiene como misión fundamental aportar un modelo matemático que permita gestionar dicha incertidumbre y reducirla al máximo posible.

Una primera forma de reducir la incertidumbre ligada a un fenómeno o experimento aleatorio consiste en estudiar y relacionar cada uno de los resultados posibles del mismo. A los resultados posibles de un fenómeno aleatorio se los denomina *sucesos* o *eventos*. No es lo mismo desconocer a priori el resultado de una determinada acción que desconocerlo, pero sabiendo que dicho resultado se encontrará entre un determinado conjunto de resultados o sucesos posibles.

Una nueva reducción del grado de incertidumbre que rodea a un fenómeno aleatorio se consigue cuando, además de conocer los resultados posibles, se puede asignar a cada uno de ellos un indicador de las posibilidades que tiene de ocurrir. Dicho indicador recibe el nombre de *probabilidad*. La probabilidad es, por tanto, una medida del grado de incertidumbre de cada suceso. Evidentemente, no es lo mismo conocer solamente cuáles pueden ser los resultados posibles de un fenómeno aleatorio, que conocer también el nivel de posibilidades que tiene cada uno de ellos de ocurrir.

Cuando es posible asignar probabilidades a los sucesos de un fenómeno aleatorio se dice que éste es *estocástico* o que se está en un *ambiente de riesgo*. Si, por el contrario, el fenómeno aleatorio es de tal naturaleza que no es posible asignar probabilidades al sistema de sucesos (por ejemplo, el resultado de un evento deportivo), se dice que el fenómeno es simplemente *aleatorio* y que se está en un *ambiente de incertidumbre*.

Ejemplo 0.5

A partir del fenómeno aleatorio indicado en el ejemplo 0.2, el análisis estadístico lleva a conocer que los resultados posibles son $1, 2, 3, 4, 5$ y 6, con probabilidades iguales cada uno de ellos de valor $1/6$.

Ejemplo 0.6

A partir del fenómeno aleatorio indicado en el ejemplo 0.3, y suponiendo que la experiencia indica que como media llegan al peaje de la autopista 1225 vehículos/hora, el análisis estadístico lleva a conocer que los resultados posibles son la serie $N : 0, 1, 2, 3, \ldots$, con una determinada probabilidad cada uno de ellos:

$$p(N = x) = e^{-1225} \frac{1225^x}{x!}$$

de forma que es posible establecer que existe aproximadamente un 95 % de probabilidad de que el número N de vehículos esté comprendido entre 1155 y 1295. Cualquier valor observado dentro de ese intervalo puede considerarse normal, mientras que los valores exteriores a él deben ser tomados como *sucesos raros* con probabilidad muy pequeña y en los que cabe pensar en la influencia de factores al margen de la propia aleatoriedad del fenómeno para explicar el hecho de que ocurran.

Ejemplo 0.7

A partir del fenómeno aleatorio indicado en el ejemplo 0.4, y suponiendo que la observación y ensayo de 5 probetas da como resultado resistencias expresadas en kg/cm^2 de $198, 202, 205, 195$ y 201, el análisis estadístico lleva a conocer que existe un 95% de probabilidad de que la resistencia R del hormigón esté comprendida entre $192,5$ y $209,9$ kg/cm^2.

Aumentando el número de probetas ensayadas se va obteniendo un nivel mayor de información disponible, pudiendo establecerse estimaciones cada vez más fiables de las características del hormigón. En particular, es posible determinar que para que exista una probabilidad de al menos el 95% de que el valor medio de la resistencia de las probetas ensayadas difiera de la resistencia media del hormigón en no más de 2 kg/cm^2 (es decir, para considerar que la resistencia media de las probetas ensayadas constituye una estimación suficientemente próxima de la resistencia media del hormigón) se necesitan por lo menos 14 probetas:

$$p(|\bar{x} - \mu| \leq 2) \geq 0,95 \Rightarrow n \geq 14$$

siendo:

- $p =$ probabilidad.

- $\bar{x} =$ valor medio de la resistencia de las probetas ensayadas.

- $\mu =$ valor medio de la resistencia del hormigón (valor desconocido).

- $n =$ número de probetas ensayadas.

De esta forma, considerando la realidad como un conjunto de fenómenos y sucesos, el método estadístico representa el instrumento más potente, objetivo y capaz para interpretarla e, incluso, realizar previsiones y pronósticos.

La Estadística aparece, así, como ciencia de ciencias, al servicio de las demás ciencias y, al mismo tiempo, esencial para que éstas controlen y maximicen la fiabilidad de sus conclusiones. En este sentido, la Estadística participa en la investigación científica en tres niveles diferentes:

- En la toma de datos, estableciendo el diseño del sistema de recogida de información y la organización de la misma.

- En la estructuración y ordenación de la información obtenida.

- En el análisis e interpretación de los datos hasta obtener conclusiones en las que fundamentar el proceso de toma de decisiones.

0.3.   La Estadística. Antecedentes históricos

Etimológicamente hablando, Estadística significa enumeración de las cosas relevantes del Estado. Entendida de esta forma, la Estadística encuentra antecedentes tan remotos como los de la propia organización social de la raza humana, empezando por los censos de población y bienes del Estado.

Sin embargo, no es hasta el Renacimiento cuando se supera esa visión meramente descriptiva y la ciencia empieza a ocuparse del cálculo probabilidades, generalmente ligado a los juegos de azar. Martín Pliego y Ruiz-Maya sitúan el origen de la construcción científica de esta teoría a partir de 1654, con la correspondencia cruzada entre Pascal y Fermat originada por el famoso problema planteado por el Caballero de Méré al primero de ellos, en relación con las probabilidades de obtener al menos un seis doble en veinticuatro tiradas consecutivas de una pareja de dados. Según Hacking, los estudios desarrollados por Pascal con este motivo le hacen merecedor del título de fundador de la moderna teoría de la probabilidad.

La consolidación del Cálculo de Probabilidades vino seguidamente con Jacob Bernouilli a través de su obra *"Ars conjectandi"*, con la cual la teoría de la probabilidad alcanzó categoría de ciencia. En esta obra, por ejemplo, Bernouilli ofrece una prueba completa y rigurosa del, según él, denominado *teorema áureo* y que en la actualidad se conoce como *ley débil de los grandes números*:

Sea $D_n = p_0 - S_n$ la diferencia entre la probabilidad p_0 de que ocurra un suceso S y la proporción S_n de veces que se manifiesta dicho suceso en n ensayos. Entonces la probabilidad de que D_n sea menor que una cantidad infinitesimal ε tiende a 1 conforme aumenta el número n de ensayos:

$$\lim_{n \to \infty} p[(p_0 - S_n) \leq \varepsilon] = 1$$

A partir de entonces, el análisis estadístico fue desarrollándose hasta dar lugar a la Estadística Matemática que se utiliza en la actualidad.

0.4. La Estadística Matemática

La Estadística Matemática que se desarrolla en este libro tiene como objetivo general inculcar en el estudiante de esta asignatura el "pensamiento estadístico", como forma de aproximación a la realidad, para comprenderla en toda su extensión y ejercer el mejor control posible sobre el medio natural en el que ha de intervenir, con vistas a maximizar la eficiencia de sus actuaciones profesionales.

Se trata de enseñar a "pensar estadísticamente", superando la concepción determinista que ha dominado las etapas anteriores de formación del alumno, con dos objetivos particulares: procurar el asentamiento del "pensamiento estadístico" en el esquema intelectual del alumno y transmitirle los conocimientos teóricos y las técnicas necesarias para alcanzar un nivel adecuado de competencia profesional.

El libro estructura su contenido en dos grandes partes:

- Probabilidad.

- Teoría de muestras e Inferencia estadística.

0.4.1. Probabilidad

Existen dos modelos estadísticos para el cálculo de probabilidades, como instrumento para gestionar la incertidumbre asociada a los fenómenos aleatorios:

- Espacio de probabilidad. Se trata de un modelo basado en los tres elementos siguientes: espacio muestral, álgebra de sucesos y probabilidad. Permite estudiar los fenómenos aleatorios con un número finito de sucesos o resultados posibles.

- Variable aleatoria. Se trata de una generalización del modelo anterior que permite tratar fenómenos aleatorios con un número finito de sucesos o infinito, tanto numerable como no numerable.

Previamente a entrar a estudiar los modelos probabilidad, se desarrolla un capítulo inicial con estos tres elementos:

- Conjuntos. Aplicaciones.

- Estadística descriptiva. Análisis de datos.

- Análisis combinatorio.

0.4.2. Teoría de Muestras e Inferencia Estadística

Esta segunda parte estudia los casos en los que se desconoce el valor de uno o varios de los parámetros que definen los modelos de probabilidad (algo que es muy común en la aplicación práctica de dichos modelos).

En esas circunstancias, y a partir de una muestra del fenómeno aleatorio, es posible estimar por inferencia los parámetros desconocidos o contrastar hipótesis acerca de cuáles pueden ser sus valores.

Capítulo 1

CONCEPTOS PRELIMINARES

Contenido

1.1. Introducción

Siendo la Estadística una disciplina transversal cuya utilidad se extiende
a tantos terrenos, desde los juegos de azar a la Economía, de la gestión em-
presarial y administrativa a la ingeniería, y siendo de uso corriente algunos
de sus conceptos básicos (a menudo, con errores de bulto), como frecuencia,
probabilidad, promedio o correlación, es inevitable que el estudiante inicie el
curso con algunas nociones más o menos difusas de esta materia. Para garantizar un conocimiento básico correcto, repasaremos en este capítulo lo esencial,
asegurando así un cimiento sólido.

En primer lugar, dedicaremos una sección a los fundamentos matemáticos:
conjuntos y aplicaciones. La Estadística es una parte de la Matemática, en
concreto de la Matemática aplicada: los conceptos de la Estadística se formulan
con precisión matemática, los resultados no son elucubraciones filosóficas, sino
teoremas y, por tanto, se expresarán en el lenguaje matemático, que excluye
o minimiza toda ambigüedad.

Será, de todos modos, una sección ligera, no un tratado de teoría axiomática
de conjuntos (que el lector puede consultar en otros textos, si lo desea), cuyo
objetivo es familiarizar al estudiante con los términos empleados y con sus
propiedades más sencillas.

La sección siguiente abordará la Estadística descriptiva. Se repasarán ahí
los conceptos de frecuencia absoluta y relativa, de media y varianza, de covarianza y correlación, de recta de regresión y transformación de variables. Es
posible que esta sección le resulte conocida al alumno, pero conviene no des-
cuidarla, en parte para asegurar que realmente lo conoce, y en parte porque
muchos conceptos posteriores tienen su raíz en los que se tocan aquí: así la
probabilidad está emparentada con la frecuencia a largo plazo, y la esperanza
de una variable aleatoria se inspira en la media.

Por último, daremos unos brochazos de combinatoria. Saber contar el
número de ocasiones en que sucede algo es relevante para el cálculo de probabilidades en su nivel más elemental: número de casos favorables dividido por
el de casos posibles; el recuento de ese número de casos requiere a menudo del
cálculo de permutaciones, variaciones o combinaciones.

1.2.   Conjuntos. Aplicaciones

Para expresar adecuadamente los conceptos, las propiedades y los términos matemáticos que usaremos en Estadística, necesitamos utilizar el lenguaje de la Teoría de conjuntos. En esta sección presentaremos lo esencial de un modo intuitivo, sin alcanzar el rigor de su formulación axiomática, que resulta excesivamente áspero para los propósitos de este curso.

Por *conjunto* se entiende una colección de objetos, de la naturaleza que sea. Los conjuntos se indican a menudo escribiendo sus elementos entre unas llaves. Se suelen usar letras mayúsculas para designar a los conjuntos y minúsculas para sus elementos; el signo $\in$ se emplea para expresar que un elemento está en un conjunto. Por ejemplo, escribimos $3 \in \mathbb{N}$, $-2 \notin \mathbb{N}$ para decir que el número 3 pertenece al conjunto $\mathbb{N}$ de los números naturales, y que -2 no está en ese conjunto. Un conjunto destacado, aunque trivial, es el que no tiene ningún elemento: le llamamos *conjunto vacío*, y le reservamos un símbolo especial: $\emptyset$.

Los conjuntos pueden ser finitos o infinitos. El conjunto $\mathbb{N}$ de los números naturales, $0, 1, 2, 3, \ldots$, es infinito, mientras que el de los números primos pares es finito, pues sólo contiene un objeto: el número 2. Algunos conjuntos importantes que encontraremos repetidas veces son el de los números reales, $\mathbb{R}$, el de los complejos, $\mathbb{C}$, el de los racionales, $\mathbb{Q}$, el de los enteros, $\mathbb{Z}$, el de los pares ordenados de números reales (que se identifican con los puntos del plano), $\mathbb{R}^2$.

Entre los conjuntos infinitos, distinguimos los numerables, cuyos elementos se pueden escribir en forma de sucesión: $x_1, x_2, x_3, \ldots$, lo que permite realizar con ellos operaciones como la suma (aunque sea en cantidad infinita), de los no numerables, que tienen una cantidad tan grande de elementos que no pueden colocarse en sucesión, lo que hace que no sea posible sumarlos, y haya que recurrir a las integrales. Los conjuntos $\mathbb{N}$, $\mathbb{Z}$ y $\mathbb{Q}$ son numerables, mientras que $\mathbb{R}$, $\mathbb{C}$ y $\mathbb{R}^2$ no lo son.

Dado un conjunto, A, sus subconjuntos constituyen otro conjunto, llamado *partes de A* , que se representa como $\mathcal{P}(A)$. Si A tiene n elementos, el conjunto $\mathcal{P}(A)$ tendrá 2^n, y si A es infinito, $\mathcal{P}(A)$ es infinito no numerable.

Dados dos conjuntos, A y B, los elementos comunes a ambos forman un nuevo conjunto, llamado *intersección* de A y B, que se escribe $A \cap B$. Los elementos que están en alguno de los dos (o en ambos) forman otro conjunto, llamado *unión* de A y B, $A \cup B$. También se puede hablar de la unión (y la intersección) de más de dos conjuntos, de la forma obvia: en la unión están los elementos que pertenecen al menos a uno de esos conjuntos; en la intersección están los que pertenecen a todos. Los pares ordenados (x, y) con $x \in A, y \in B$ forman el *producto cartesiano* de A y B, escrito $A \times B$.

Si todos los elementos de un conjunto A son también elementos de otro, B, decimos que A está *contenido* en B o que es un *subconjunto* de B, y lo escribimos así: $A \subset B$. Por ejemplo, $\mathbb{N} \subset \mathbb{R}$, $\mathbb{R} \subset \mathbb{C}$. Cualesquiera que sean los conjuntos A y B, siempre se dan las inclusiones $A \cap B \subset A \subset A \cup B$.

Por otra parte, que dos conjuntos, A y B, sean iguales es tanto como decir que se da la doble inclusión: $A = B \Leftrightarrow A \subset B \wedge B \subset A$. No debe confundirse la inclusión ($\subset$) con la pertenencia ($\in$): $\mathbb{N} \subset \mathbb{R}$ pero $\mathbb{N} \notin \mathbb{R}$, puesto que $\mathbb{N}$ no es un número real, sino un conjunto de números (ellos sí, reales).

A menudo el estudio se desarrolla en un ámbito en que todos los conjuntos son subconjuntos de uno mayor, que hace el papel de un "universo", U. Así sucede cuando nos interesan regiones del plano: el universo en ese caso será el conjunto $U = \mathbb{R}^2$. En ese caso, llamamos *complementario* de un conjunto A al formado por todos los elementos que no están en él (se entiende, los elementos de U que no están en A, pues no se considera nada fuera de U), y lo escribimos como A^c.

Las operaciones de unión, intersección y complementación gozan de unas propiedades sencillas y naturales, que se enuncian a continuación:

- $A \cap A = A \cup A = (A^c)^c = A$

- $A \cap B = B \cap A$, $A \cup B = B \cup A$

- $A \cap A^c = \emptyset$, $A \cup A^c = U$

- $A \cap (B \cup C) = (A \cap B) \cup (A \cap C)$, $A \cup (B \cap C) = (A \cup B) \cap (A \cup C)$

- $A \cap (B \cup A) = A$, $A \cup (B \cap A) = A$

- $(A \cap B)^c = A^c \cup B^c$, $(A \cup B)^c = A^c \cap B^c$

La mayoría de esas propiedades tienen nombre (conmutativa, distributiva, etc.); las dos últimas se conocen como *leyes de De Morgan*. Algunas de esas propiedades, que se han formulado para solo dos conjuntos, son válidas para cualquier cantidad (incluso para una familia infinita): eso sucede con las leyes distributivas y con las de De Morgan, que podemos escribir así:

- $A \cap (\cup B_i) = \cup (A \cap B_i)$, $A \cup (\cap B_i) = \cap (A \cup B_i)$

- $(\cap A_i)^c = \cup A_i^c$, $(\cup A_i)^c = \cap A_i^c$

La demostración es sencilla en todos los casos; aquí expondremos solamente la de un par de propiedades: una de las leyes de De Morgan y una de las distributivas.

Para demostrar que el complementario de la unión coincide con la intersección de los complementarios, basta observar que un elemento está en el complementario de la unión cuando no está en la unión, es decir, cuando no está en ninguno de los conjuntos; por tanto, estará en el complementario de cada uno de ellos, y eso es lo mismo que estar en la intersección de esos complementarios. Escrito con signos matemáticos:

$$x \in (\cup A_i)^c \Leftrightarrow \forall i \; x \notin A_i \Leftrightarrow \forall i \; x \in A_i^c \Leftrightarrow x \in \cap A_i^c$$

En cuanto a la propiedad distributiva de la intersección respecto de la unión, adviértase que:

$$x \in A \cap (\cup B_i) \Leftrightarrow x \in A \wedge x \in \cup B_i \Leftrightarrow x \in A \wedge \exists i \; x \in B_i \Leftrightarrow \exists i \; x \in A \wedge x \in B_i$$

$$\Leftrightarrow \exists i \; x \in A \cap B_i \Leftrightarrow x \in \cup (A \cap B_i)$$

El alumno interesado puede entretenerse en demostrar las demás propiedades para familiarizarse con ellas y con el uso del razonamiento matemático.

En este curso haremos uso de las propiedades elementales de los conjuntos como cosa conocida cuando sea oportuno.

Una situación que se presenta muchas veces en el estudio de la probabilidad es la de un experimento aleatorio con diferentes resultados posibles. El conjunto de todos esos resultados forma el universo del problema, y se denomina *espacio muestral* (M). Los subconjuntos de M se denominan *sucesos*, y estamos interesados en uniones, intersecciones y complementarios de sucesos. El conjunto de todos los sucesos es $\mathcal{P}(M)$.

Si A y B son dos conjuntos, una *aplicación* o *función* de A en B, $f : A \to B$, es una regla que asocia a cada elemento de A un elemento de B. El elemento de B que corresponde al elemento x de A se escribe $f(x)$. A veces se omiten los conjuntos A y B, y se fía todo a la fórmula que define la regla f; esa práctica es peligrosa, pero muy común.

Una función $f : A \to B$ tal que todos los elementos de B son la imagen de alguno de A se llama función *sobreyectiva* o *suprayectiva*. Una función $f : A \to B$ es *inyectiva* cuando no hay dos elementos distintos de A con la misma imagen. Una función $f : A \to B$ que sea tanto inyectiva como sobreyectiva es una función *biyectiva*. Una función biyectiva $f : A \to B$ tiene una *función inversa* $g : B \to A$, que asocia a cada elemento $y \in B$ el único elemento $x \in A$ tal que $f(x) = y$; ese elemento existe por ser f sobreyectiva, y es único por ser inyectiva. La función g se escribe f^{-1}.

Si $f : A \to B$ y $g : B \to C$ son dos funciones, hay una función nueva, llamada *composición* de f con g, $g \circ f : A \to C$, que asocia a cada elemento de A el elemento de C al que se llega aplicando f y luego g, esquemáticamente: $x \mapsto f(x) \mapsto g(f(x)) = (g \circ f)(x)$.

Ejemplo 1.1

Cuando asignamos a cada suceso una probabilidad estamos definiendo una función en el conjunto $\mathcal{P}(M)$ de todos los sucesos (asociados a un experimento aleatorio) que toma valores en el intervalo $[0, 1]$. También definimos una función cada vez que cuantificamos los resultados de un experimento (lo que se llama una *variable aleatoria*, y constituye el núcleo de este curso).

1.3. Estadística descriptiva

El objetivo de la Estadística descriptiva es el análisis, la descripción y la interpretación de un conjunto de datos que pueden representar una característica determinada (por ejemplo, el tráfico en los diferentes tramos de una red de carreteras, la secuencia de alturas máximas de ola registradas en un puerto en una serie de n años, el número de fallos registrados por una máquina cada uno de los días de un año, etc.), con el propósito de resaltar las características esenciales de ese conjunto de datos y facilitar un aprovechamiento óptimo de la información que almacenan.

Las características que se estudian se denominan *variables estadísticas* y pueden ser cuantitativas (número de vehículos, altura de ola, etc.) o cualitativas (color de los ojos, grupo sanguíneo, etc.). Nos centraremos sobre todo en las primeras y distinguiremos las *variables discretas*, que sólo toman valores numéricos en un conjunto finito o numerable (número de coches, número de fallos, etc.), de las *variables continuas*, que pueden tomar cualquier valor en un intervalo (altura de ola, caudal de un río, etc.).

También se habla de variables *unidimensionales* o *bidimensionales*, según se considere sólo una característica o dos. Si fuesen n características las que se estudiasen, tendríamos variables n-*dimensionales*.

1.3.1. Población y muestra. Frecuencia

A menudo es engorroso o imposible manejar todos los datos sobre la población total que se quiere estudiar, debido al tamaño de ésta, a las dificultades de acceso a la información o a razones económicas o del tiempo requerido. Por ello, es útil seleccionar un subconjunto de la población, al que llamamos *muestra*.

Se llama *frecuencia de un valor* (a veces, *frecuencia absoluta*) al número de veces que aparece ese valor en la muestra. Al dividir la frecuencia absoluta de un valor entre el tamaño de la muestra, obtenemos la *frecuencia relativa*. Es evidente que la frecuencia relativa de un valor es un número entre 0 y 1, y que al sumar las frecuencias relativas de todos los valores, el resultado es 1.

Cuando entremos a estudiar probabilidad, veremos que una de las ideas que hay detrás de ese concepto es precisamente la de frecuencia relativa.

Si el número de valores distintos que han aparecido en la muestra es pequeño, podemos utilizar este esquema

x_j	x_1	x_2	$\dots$	x_k
n_j	n_1	n_2	$\dots$	n_k

Para facilitar la comprensión inmediata, de un golpe de vista, suelen utilizarse diagramas: de barras (o histograma), de tarta (o de sectores), de tallos y hojas, etc.

Ejemplo 1.2.

Las preferencias de 30 consumidores se reparten entre 4 productos de acuerdo con la tabla:

x_j	x_1	x_2	x_3	x_4
n_j	5	8	10	7

Esa información se refleja de manera más evidente con el diagrama:

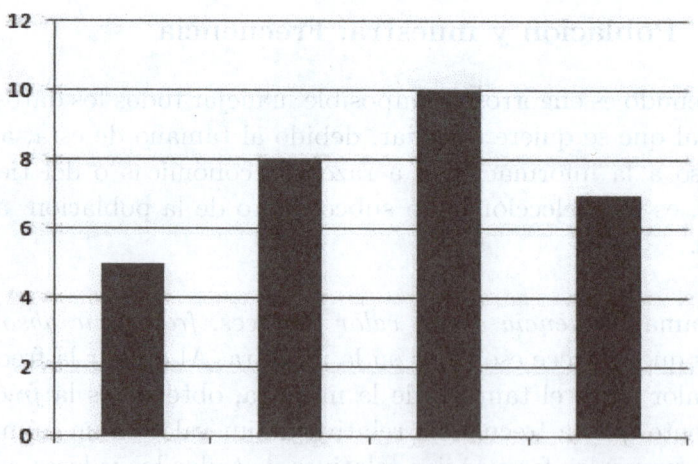

1.3.2. Medidas de centralización

Quizá lo primero que se destaque al analizar una distribución de frecuencias sea qué valores desempeñan un papel central: cuál es el valor que aparece con mayor frecuencia, cuál o cuáles pueden verse como 'valores promedio'. En el caso de una variable no cuantitativa, es poco lo que se puede decir: apenas qué valor es el de mayor frecuencia (al que damos el nombre de *moda*). Cuando la variable que se estudia es cuantitativa, es posible hacer un estudio más profundo; para empezar, pueden ordenarse sus valores de menor a mayor y fijarnos en el valor (o los valores) que ocupa la posición central (si la cantidad total es impar; si es par, hay que promediar entre los dos centrales), al que llamamos *mediana*.

La más importante de las medidas de centralización es la media, que se define como sigue: si la variable (cuantitativa) que se estudia toma los valores $x_1, x_2, \ldots, x_n$, entonces la *media* es el resultado de dividir la suma de todos ellos por el número total de valores:

$$\bar{x} = \frac{\sum_{i=1}^{n} x_i}{n}$$

Una manera alternativa de escribirlo, útil cuando disponemos de las frecuencias de los valores, es $\bar{x} = x_1.f_1 + \ldots + x_k.f_k = \sum x_i \cdot f_i$ donde f_i representa la frecuencia relativa del valor x_i. Esta expresión servirá de modelo cuando se defina (dentro de algunos capítulos) la esperanza de una variable aleatoria discreta, concepto inspirado en el de la media, sustituyendo las frecuencias relativas por las probabilidades.

Puede dar la impresión de que la mediana es una medida menos "científica"que la media, pero tiene una cierta ventaja: la incorporación de un dato atípico o unos pocos puede afectar mucho a la media mientras que apenas modifica a la mediana, lo que prestigia a ésta. Por ejemplo, si tenemos 7 datos correspondientes a las edades de un grupo de niños en un parque, pongamos $5, 5, 5, 6, 6, 7$ y 8 años, la mediana es 6 y la media también es 6. Si acuden los abuelos de dos de ellos, de 82 y 83 años, la media del grupo se dispara a 23, pero la mediana se mantiene en 6.

Propiedades de la media. Es inmediato comprobar las siguientes propiedades de la media:

1. Dado un número c, si a cada valor x_i le sumamos ese valor c, la media se incrementa en c, es decir, si sustituimos cada x_i por $y_i = x_i + c$, entonces $\bar{y} = \bar{x} + c$.

2. Dado un número a, si a cada valor x_i le multiplicamos por ese valor a, la media también se multiplica por a, es decir, si sustituimos cada x_i por $y_i = a \cdot x_i$, entonces $\bar{y} = a \cdot \bar{x}$.

3. Dados unos números x_i y otros y_i en la misma cantidad, la media de la suma es la suma de las medias: $z_i = x_i + y_i \Rightarrow \bar{z} = \bar{x} + \bar{y}$.

4. Puede verse la media como una aplicación de $\mathbb{R}^n$ a $\mathbb{R}$, que a cada vector $(x_1, \dots, x_n)$ le asocia la media de sus componentes. Las propiedades anteriores nos dicen que esa aplicación es lineal.

La media es el valor que más se parece a los diferentes x_i, de manera que puede decirse que $\bar{x}$ es el número que mejor representa a esa serie: si hubiese que elegir un solo valor como 'resumen' de los x_i, sería su media. La media también actúa como una especie de centro de gravedad de los valores x_i. Los dos ejercicios que se muestran a continuación precisan el sentido de esas afirmaciones.

Ejercicios resueltos

1.1. Se demuestra en Álgebra lineal que si un sistema de ecuaciones $A \cdot X = b$ es incompatible, la mejor aproximación a una solución (en términos de mínimos cuadrados) se obtiene resolviendo el sistema $A^T \cdot A \cdot X = A^T \cdot b$.

Dados los números $x_1, x_2, \dots, x_n$, las ecuaciones $x = x_1, x = x_2, \dots, x = x_n$ forman un sistema incompatible (salvo que todos los números x_i sean iguales). Halle la solución óptima en el sentido de los mínimos cuadrados.

Resolución

El sistema se escribe en forma matricial como $A \cdot x = b$ donde A es la matriz columna formada por unos, $A = \begin{pmatrix} 1 \\ \cdot \\ \cdot \\ 1 \end{pmatrix}$ y b es la matriz columna formada por los x_i, $b = \begin{pmatrix} x_1 \\ \cdot \\ \cdot \\ x_n \end{pmatrix}$. La matriz A^T es la matriz fila formada por unos, por lo que $A^T \cdot A = n$ y $A^T \cdot b = x_1 + \cdots + x_n$.

El sistema que da la solución por mínimos cuadrados $A^T \cdot A \cdot x = A^T \cdot b$ se reduce así a la ecuación $n \cdot x = x_1 + \cdots + x_n$, cuya solución es

$$x = \frac{x_1 + \cdots + x_n}{n} = \bar{x}$$

Es la media de los valores dados.

1.2. Dados los números $x_1, x_2, \ldots, x_n$, que imaginamos como puntos de igual masa situados en una recta, su centro de gravedad es el valor (o el punto) g tal que las diferencias de todos los puntos con él se equilibran, es decir, $\sum_{i=1}^{n}(x_i - g) = 0$. Compruebe que el centro de gravedad es precisamente la media: $g = \bar{x}$.

Resolución

La ecuación $\sum_{i=1}^{n}(x_i - g) = 0$ se transforma fácilmente en $\sum_{i=1}^{n} x_i - n \cdot g = 0$, de donde se despeja $g = \frac{\sum_{i=1}^{n} x_i}{n} = \bar{x}$.

1.3.3.　Medidas de dispersión

A la hora de describir una serie de datos, la media (y en general, las medidas de centralización) supone un elemento importante, pero insuficiente por cuanto no proporciona ninguna información acerca de si los datos están más o menos agrupados o dispersos: un trío con edades de $5, 35$ y 65 años tiene media y mediana iguales a 35, lo mismo que otro con edades de $34, 35$ y 36, pero hay una diferencia obvia entre los dos grupos: el primero es mucho más heterogéneo que el segundo. Queremos ser capaces de dar cuenta de esa dispersión en los datos, ¿qué medida podremos dar que lo consiga?

Una primera idea consiste en medir las diferencias con la media, que en un caso son $-30, 0$ y 30, y en el otro $-1, 0$ y 1. Una medida de la dispersión la dará (esperamos) la suma de esas diferencias. Naturalmente, si sumamos sin más obtenemos 0 en todos los casos (esa propiedad de la media se estableció en el ejercicio resuelto 1.2), así que tomamos sus valores absolutos y resulta $30 + 0 + 30 = 60$ en el primer caso, frente a $1 + 0 + 1 = 2$ en el segundo. Dividiendo por el número total de datos obtenemos una medida de dispersión que se denomina *desviación media*: en estos ejemplos las desviaciones medias son $20/3$ y $2/3$ respectivamente.

La desviación media tiene un uso muy limitado, debido a que el valor absoluto tiene algunas propiedades indeseables; como medida de dispersión se utilizan mucho más la *varianza* y la *desviación típica*, que definimos a continuación.

La varianza de los números $x_1, x_2, \ldots, x_n$ se define como:

$$V[x] = s^2 = \frac{\sum_{i=1}^{n}(x_i - \bar{x})^2}{n}$$

Así pues, la varianza es la media de los cuadrados de las diferencias de los valores con su media. En lugar de tomar valores absolutos, como se hizo al definir la desviación media, hemos elevado al cuadrado las diferencias, con lo que se hacen positivos todos los sumandos. La operación de elevar al cuadrado tiene propiedades mucho mejores que la de tomar valores absolutos, lo que hace que la varianza se prefiera frente a la desviación media; en el lenguaje del

Álgebra lineal, la varianza es una forma cuadrática en $\mathbb{R}^n$. Como es una suma de cuadrados, no puede tomar valores negativos: es semidefinida positiva, por lo cual es válida para ella la desigualdad de Schwarz. Volveremos sobre ello en la siguiente sección.

Se deduce de la fórmula que la define, que la varianza da mucho más valor a las diferencias grandes que a las pequeñas, puesto que al estar elevada al cuadrado la diferencia, se magnifica su tamaño: así, un valor que se diferencie de la media en $0,3$ sólo contribuye a la varianza total como $0,09$ (el cuadrado de $0,3$), mientras que una diferencia de 3 (diez veces mayor) tiene una contribución de 9, que es cien veces más grande.

Una fórmula alternativa que permite calcular la varianza (a menudo, con ventaja) es:

$$V[x] = \frac{\sum_{i=1}^{n} x_i^2}{n} - \bar{x}^2$$

Demostrar esa fórmula es muy sencillo: basta con desarrollar el cuadrado $(x_i - \bar{x})^2$ como $x_i^2 + \bar{x}^2 - 2x_i \cdot \bar{x}$ y escribir la suma $\sum_{i=1}^{n}(x_i - \bar{x})^2$ como:

$$\sum_{i=1}^{n} x_i^2 + n \cdot \bar{x}^2 - 2\bar{x} \cdot \sum_{i=1}^{n} x_i$$

al dividir por n para obtener la varianza queda:

$$\frac{\sum_{i=1}^{n} x_i^2}{n} + \bar{x}^2 - 2\bar{x}^2 = \frac{\sum_{i=1}^{n} x_i^2}{n} - \bar{x}^2$$

Propiedades de la varianza. La varianza no es lineal: ni la varianza de la suma es igual a la suma de las varianzas, ni la varianza de $a \cdot x$ es igual a $a \cdot V[x]$. En cambio, se tienen estas propiedades, fáciles de comprobar:

1. Dado un número c, si a cada valor x_i le sumamos ese valor c, la varianza no se modifica: $V[x + c] = V[x]$. Es decir, al desplazarse los valores se desplaza con ellos su media, pero la dispersión se conserva.

2. Dado un número a, si a cada valor x_i le multiplicamos por ese valor a, la varianza se multiplica por a^2: $V[a \cdot x] = a^2 \cdot V[x]$, como corresponde a la naturaleza cuadrática de la varianza.

3. Como consecuencia de ello, las unidades de la varianza no son las de los datos, sino sus cuadrados. Así, si los datos se dan en metros, la varianza vendrá en metros cuadrados; si se cambian las unidades a centímetros, los datos se multiplican por 100, pero la varianza se multiplica por 10000, pues pasa de metros cuadrados a centímetros cuadrados.

4. Dados unos números x_i y otros y_i en la misma cantidad, la varianza de la suma no coincide con la suma de las varianzas: $V[x+y] \neq V[x]+V[y]$, en general. Para dar la fórmula correcta deberemos esperar a saber qué es la covarianza.

Para demostrar esas propiedades, basta sustituir los valores en la fórmula que define la varianza. Así, $V[x + c]$ es igual a:

$$\sum_{i=1}^{n}[(x_i + c) - (\bar{x} + c)]^2$$

donde se simplifica c y la suma se reduce a $\sum_{i=1}^{n}(x_i - \bar{x})^2$, que es $V[x]$.

En cuanto a $V[a \cdot x]$, se observa que el factor a^2 aparece en todos los sumandos, por lo que puede sacarse fuera del sumatorio, y queda $a^2 \cdot V[x]$.

Para convencerse de que $V[x + y] \neq V[x] + V[y]$, basta tomar $y = x$. Así, $V[x + y] = V[2x] = 4V[x]$, que no es lo mismo que $V[x] + V[x]$ (salvo que la varianza de x sea nula).

Para tener una medida de dispersión que venga en las mismas unidades que los datos, se toma la raíz cuadrada de la varianza, a la que se conoce como *desviación típica*. Más adelante veremos el papel que desempeña este parámetro; adelantando acontecimientos, podemos decir que si los datos se ajustan a la distribución que se conoce como 'normal', entonces casi todos ellos se encuentran a menos de tres desviaciones típicas de distancia de su media. Pero para eso aún queda mucho tiempo.

Otras medidas de dispersión que aquí apenas vamos a considerar son el *rango* o *recorrido*, que es el intervalo comprendido entre los valores máximo y mínimo; los *cuartiles*, que dividen a la muestra en cuatro trozos del mismo tamaño y los *percentiles*, que la dividen en cien partes.

1.3.4. Correlación. Covarianza

Es muy frecuente que se desee conocer la relación que hay (si es que hay alguna) entre dos características de una misma población, llamémoslas x e y. Por ejemplo, el peso y la altura de cierta especie animal, o los ingresos anuales y el gasto en cultura de unas familias, son variables que pueden tener cierta dependencia. En esos casos, los datos no son números, sino parejas de números; podrían presentarse en forma de pares ordenados, $(x_1, y_1), \ldots, (x_n, y_n)$, pero no es raro verlos en forma de una doble lista:

x	x_1	x_2	$\ldots$	x_n
y	y_1	y_2	$\ldots$	y_n

¡No debe confundirse con una tabla de frecuencias, que es algo totalmente distinto (aunque el aspecto sea similar)!

Para medir y cuantificar la posible relación entre esas dos variables, disponemos de dos herramientas: la covarianza y los coeficientes de correlación y de determinación.

La *covarianza* de (x, y) se define por la fórmula:

$$Cov[x, y] = s_{xy} = \frac{1}{n} \sum_{i=1}^{n} (x_i - \bar{x})(y_i - \bar{y})$$

siendo n el tamaño de la muestra; $\bar{x}$, $\bar{y}$ las medias de las dos variables.

Obsérvese que si hacemos $x = y$, la covarianza no es más que la varianza de x. Eso es así debido a que la covarianza es la forma bilineal simétrica asociada a la varianza (en Álgebra lineal se le llama la 'forma polar'). Esta relación entre la varianza y la covarianza nos permitirá deducir la fórmula correcta para la suma (y para la diferencia).

Desarrollando el producto $(x_i - \bar{x})(y_i - \bar{y})$, se deduce la siguiente fórmula para la covarianza que permite simplificar su cálculo:

$$Cov[x,y] = \frac{1}{n} \sum_{i=1}^{n} x_i y_i - \bar{x}\bar{y}$$

El reconocimiento de que la covarianza es la forma polar de la varianza nos permite encontrar una fórmula para la varianza de la suma. Escribamos provisionalmente $< x, y >$ en vez de s_{xy}, para recordar que la covarianza es bilineal simétrica y semidefinida positiva (es casi un producto escalar), y calculemos la varianza de la suma: $V[x + y] = < x + y, x + y >$; gracias a la bilinealidad y la simetría, eso es igual a:

$$< x, x > + < x, y > + < y, x > + < y, y > = V[x] + 2 < x, y > + V[y]$$

Es decir, $V[x + y] = V[x] + V[y] + 2 \cdot Cov[x, y]$.

Naturalmente, para la diferencia hay una fórmula semejante:

$$V[x - y] = V[x] + V[y] - 2 \cdot Cov[x, y]$$

Lo que no es cierto en general es que la varianza de la suma coincida con la suma de las varianzas: eso sólo sucede cuando la covarianza es nula; y mucho menos es cierto que la varianza de la diferencia sea igual a la diferencia de las varianzas: si así fuese, podría ocurrir que una varianza resultase negativa, lo que es imposible.

La covarianza entre x e y es una medida de la variación conjunta de las variables x e y y, por ello, de su relación mutua: una covarianza positiva indica que a un crecimiento de x parece corresponder uno de y, mientras que una covarianza negativa sugiere que cuando una variable aumenta la otra disminuye. Además, la correspondencia será tanto mejor cuando mayor sea el valor de la covarianza.

El problema es que no hay manera de decir cuándo una covarianza es grande o pequeña, puesto que depende de las unidades que se empleen: si los datos x_i están en unas unidades y los datos y_i en otras, la covarianza viene expresada en el producto de esas unidades, y al cambiar de escala cambiará la covarianza. Necesitamos una medida de la relación entre x e y que sea adimensional.

Eso se consigue con el *coeficiente de correlación*, definido como

$$r = r_{xy} = \frac{s_{xy}}{s_x \cdot s_y}$$

En el numerador tenemos la covarianza de las dos variables y en el denominador, el producto de sus desviaciones típicas. Al ser las unidades del numerador iguales a las del denominador, ese coeficiente es un escalar puro, sin dimensión, y proporciona la medida que buscábamos para la relación entre las dos características.

Hay que subrayar que el coeficiente de correlación no puede ser mayor que 1 ni menor que -1. La razón por la que no puede salir del intervalo $[-1, 1]$ radica en la desigualdad de Cauchy-Schwarz: al ser la covarianza una forma bilineal semidefinida positiva, el cuadrado de la covarianza no puede superar al producto de las varianzas, es decir, el cuadrado de r_{xy} no puede ser mayor que 1. Puede consultarse la demostración en algún texto de Álgebra lineal.

El cuadrado de r_{xy} se denomina *coeficiente de determinación*:

$$r^2 = \frac{s_{xy}^2}{s_x^2 \cdot s_y^2}$$

Cuando r^2 está próximo a 1, hay una fuerte relación entre las variables (creciente, si r es positivo, decreciente cuando r está cerca de -1); valores próximos a 0 nos hablan de una relación débil o inexistente.

Ejemplo 1.3

Las estaturas (en cm) de cinco personas son $165, 168(\times 2), 173, 176$; sus pesos respectivos (en kg) son $68, 69, 70(\times 2), 73$ La media de las tallas es 170, y la de los pesos es 70. Podemos calcular la covarianza mediante la fórmula que la define, y resulta:

$$\frac{1}{5}\sum_{i=1}^{5}(x_i-170)(y_i-70) = \frac{(-5)\cdot(-2)+(-2)\cdot(-1)+(-2)\cdot 0 + 3\cdot 0 + 6\cdot 3}{5} = 6$$

También podemos calcularla como:

$$\frac{1}{5}\sum_{i=1}^{5}x_i y_i - \bar{x}\bar{y} = \frac{165\cdot 68 + \ldots + 176\cdot 73}{5} - 170\cdot 70 = \frac{59530}{5} - 11900 = 6$$

Las varianzas individuales son $s_x^2 = 15,6$, $s_y^2 = 2,8$, por lo que el coeficiente de correlación es $r_{xy} = \frac{6}{\sqrt{43,68}} = 0,90784$

Ejercicio resuelto

1.3. Para estudiar la relación entre las calificaciones en dos ejercicios de un examen, tomamos los datos de 10 estudiantes:

x = nota en el primer ejercicio.

y = nota en el segundo ejercicio.

x	0	0	1	2	4	4	6	7	7	9
y	1	2	2	4	7	8	7	9	10	10

¿Cuál es el coeficiente de correlación entre las dos variables?

Resolución

Los cálculos son muy sencillos; las medias resultan ser:

$$\bar{x} = 4, \ \bar{y} = 6$$

las varianzas:

$$s_x^2 = 9,2, \ s_y^2 = 10,8$$

la covarianza es $s_{xy} = 9,5$, y el coeficiente de correlación es:

$$r_{xy} = \frac{9,5}{\sqrt{99,36}} = 0,953$$

Si representamos los datos de las variables x, y en un plano, obtenemos unos puntos (una nube, se suele decir) que nos dan una impresión visual instantánea de la situación. Cuando los puntos están más o menos alineados, la correlación es alta; cuando no lo están, la correlación es baja.

En el caso del ejercicio anterior, los datos constituyen un subconjunto de $\mathbb{R}^2$:

$$\{(x_i, y_i) \ i = 1, 2, \ldots, 10\} = \{(0,1), (0,2), (1,2), \ldots, (9,10)\}$$

que puede representarse mediante un diagrama:

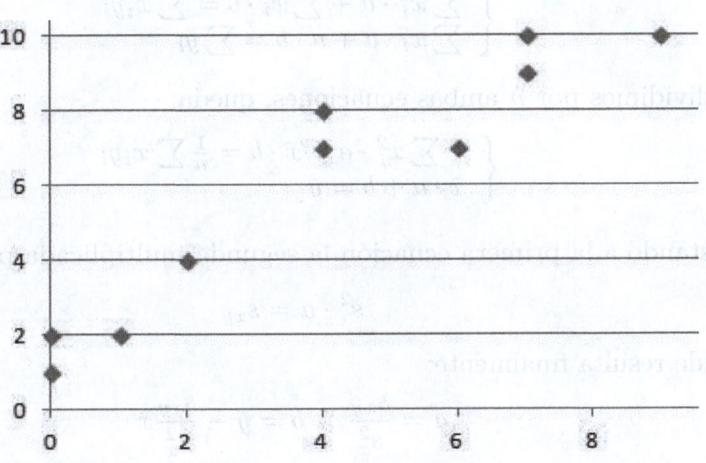

1.3.5. Regresión lineal

Una idea interesante consiste en intentar ajustar una recta $y = ax + b$ que se ciña lo máximo posible a esa nube de puntos $\{(x_i, y_i) : i = 1 \ldots n\}$, manifestando así claramente la correlación entre las variables y permitiendo estimar los valores y_k conociendo los x_k con el menor error posible. La manera de optimizar el ajuste es eligiendo los coeficientes a, b para que sea mínima la suma de los cuadrados de las distancias verticales de los puntos a la recta, es decir $\sum_{i=1}^{n}(y_i - ax_i - b)^2$.

Ése es un problema muy sencillo de Cálculo diferencial en dos variables: escribimos $f(a, b) = \sum_{i=1}^{n}(y_i - ax_i - b)^2$, y anulamos las derivadas parciales de f:

$$\left\{ \begin{array}{l} \frac{\partial f}{\partial a} = \sum_{i=1}^{n} -2x_i(y_i - ax_i - b) = 0 \\ \frac{\partial f}{\partial b} = \sum_{i=1}^{n} -2(y_i - ax_i - b) = 0 \end{array} \right.$$

Dividiendo por 2 y agrupando, tenemos ahí el siguiente sistema de dos ecuaciones en las incógnitas a y b:

$$\left\{ \begin{array}{l} \sum x_i^2 \cdot a + \sum x_i \cdot b = \sum x_i y_i \\ \sum x_i \cdot a + n \cdot b = \sum y_i \end{array} \right.$$

Si dividimos por n ambas ecuaciones, queda:

$$\left\{ \begin{array}{l} \frac{1}{n} \sum x_i^2 \cdot a + \bar{x} \cdot b = \frac{1}{n} \sum x_i y_i \\ \bar{x} \cdot a + b = \bar{y} \end{array} \right.$$

Restando a la primera ecuación la segunda multiplicada por $\bar{x}$, tenemos:

$$s_x^2 \cdot a = s_{xy}$$

de donde resulta finalmente:

$$a = \frac{s_{xy}}{s_x^2}, \quad b = \bar{y} - \frac{s_{xy}}{s_x^2}\bar{x}$$

y la ecuación de la recta (llamada *recta de regresión de la variable y sobre la variable x*) es:

$$y - \bar{y} = \frac{s_{xy}}{s_x^2}(x - \bar{x})$$

Es interesante enfocar el problema desde el punto de vista del Álgebra lineal, de modo que interpretamos la tarea de ajustar una recta a los puntos dados como tratar de resolver el sistema formado por las n ecuaciones:

$$ax_i + b = y_i$$

lo que se escribe en forma matricial como $A \cdot X = B$, siendo

$$A = \begin{pmatrix} x_1 & 1 \\ x_2 & 1 \\ \vdots & \vdots \\ x_n & 1 \end{pmatrix}, \quad X = \begin{pmatrix} a \\ b \end{pmatrix}, \quad B = \begin{pmatrix} y_1 \\ y_2 \\ \vdots \\ y_n \end{pmatrix}$$

Naturalmente, el sistema será incompatible en general, porque los puntos no estarán alineados, pero si aplicamos el método de mínimos cuadrados para hallar la solución que minimiza el error cuadrático medio, nos encontramos con el sistema $A^T \cdot A \cdot X = A^T \cdot B$, que no es más que el mismo sistema que encontramos antes:

$$\begin{cases} \sum x_i^2 \cdot a + \sum x_i \cdot b = \sum x_i y_i \\ \sum x_i \cdot a + n \cdot b = \sum y_i \end{cases}$$

cuya solución es, como vimos:

$$a = \frac{s_{xy}}{s_x^2} \quad b = \bar{y} - \frac{s_{xy}}{s_x^2}\bar{x}$$

En nuestro ejemplo, la ecuación de la recta de regresión es:

$$y = 6 + 1,0326(x - 4)$$

La representación gráfica muestra su buen encaje en la nube de puntos:

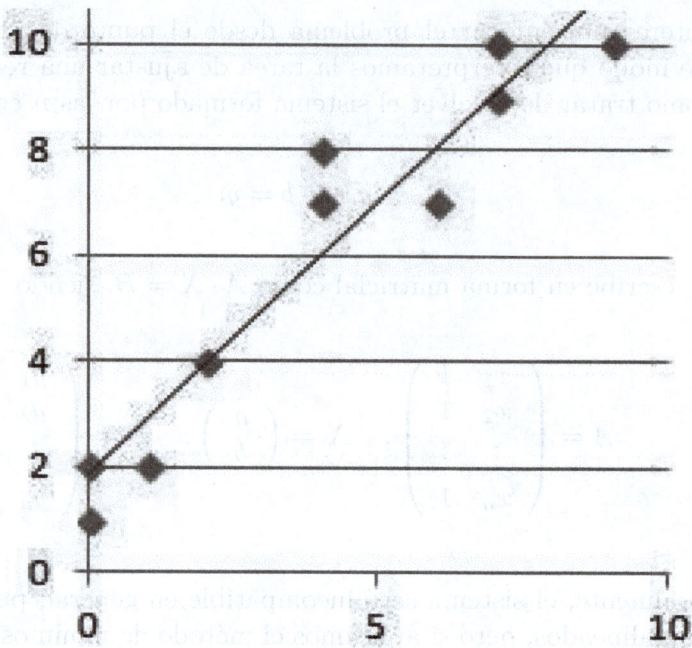

Si comparamos la ecuación $y = \bar{y} + \frac{s_{xy}}{s_x^2}(x - \bar{x})$ con la que resulta al intercambiar los papeles de x y de y, $x = \bar{x} + \frac{s_{xy}}{s_y^2}(y - \bar{y})$, observamos que no son iguales: esta segunda ecuación es la recta de regresión de la variable x sobre la y, y minimiza la suma de las distancias horizontales de los puntos a la recta.

Si modificamos los datos y_k para hacerlos coincidir exactamente con los puntos de la recta de regresión, es decir, si en lugar de ser y_k escribimos $y_k^* = \bar{y} + \frac{s_{xy}}{s_x^2}(x_k - \bar{x})$, entonces estamos considerando una nueva variable $y^* = \bar{y} + \frac{s_{xy}}{s_x^2}(x - \bar{x})$, que es la aproximación lineal de y mediante x. Esta variable tiene menor varianza que y, puesto que sus valores están menos dispersos al estar alineados en la recta de regresión. Si expresamos la recta de regresión en la forma $y^* = ax + b$, la varianza de y^* es igual a $a^2 V[x]$, con $a = \frac{s_{xy}}{s_x^2}$, es decir:

$$V[y^*] = \left(\frac{s_{xy}}{s_x^2}\right)^2 s_x^2 = \frac{s_{xy}^2}{s_x^2} = s_y^2 r^2$$

La diferencia $V[y] - V[y^*] = s_y^2(1 - r^2)$ se denomina *varianza residual*. Se suele descomponer la varianza de la variable y como suma de dos términos:

$$s_y^2 = r^2 s_y^2 + s_y^2(1 - r^2)$$

Al primer sumando, $r^2 s_y^2$, se le denomina *varianza explicada*, porque es la parte de la varianza que se explica mediante la aproximación y^* dada por la recta de regresión. Se puede comprobar que la varianza residual es igual al error cuadrático medio respecto a la recta de regresión, y será menor cuanto mejor sea el ajuste que proporciona esa recta. Se advierte que r^2 es el cociente entre la varianza explicada y la varianza total de la variable y:

$$\frac{V[y^*]}{V[y]} = \frac{s_y^2 r^2}{s_y^2} = r^2$$

Hay ocasiones en que dos variables estadísticas están relacionadas, pero la relación interesante no es lineal, sino de otro tipo: por ejemplo, y podría estar fuertemente relacionada con el cuadrado de x o con su logaritmo. En ese caso, lo que hacemos es un transformación de una de las variables (considerando x^2 o $log(x)$ o lo que nos sugiera la nube de puntos) y estudiamos la correlación lineal de y con esa nueva variable.

Propiedades de las rectas de regresión

Las dos rectas de regresión (de y frente a x y de x frente a y) tienen las siguientes propiedades:

1. Pasan por el punto $(\bar{x}, \bar{y})$ cuyas coordenadas son las medias. Por tanto, no pueden ser paralelas; sólo secantes o coincidentes.

2. Las pendientes de las dos rectas tienen el mismo signo: ambas positivas o ambas negativas. En el caso extremo, si la covarianza es nula, una de las rectas es horizontal y la otra es vertical.

3. El cociente entre las pendientes de ambas rectas es igual al coeficiente de determinación, r^2. El producto de las pendientes es el cociente de las varianzas.

4. Las rectas coinciden cuando el coeficiente de correlación es ± 1, es decir, cuando el coeficiente de determinación, r^2 es 1. En los demás casos, son secantes.

La comprobación de esas propiedades es sencilla:

1. Se deduce de las propias ecuaciones:

$$y = \bar{y} + \frac{s_{xy}}{s_x^2}(x - \bar{x}), \quad x = \bar{x} + \frac{s_{xy}}{s_y^2}(y - \bar{y})$$

2. Las pendientes respectivas son $\frac{s_{xy}}{s_x^2}$ y $\frac{s_y^2}{s_{xy}}$, que tienen ambas el signo de la covarianza s_{xy}, por lo que serán ambas positivas o ambas negativas según lo sea ésta.

En el caso en que la covarianza es nula, las rectas de regresión son $y = \bar{y}$ (horizontal) y $x = \bar{x}$ (vertical).

3.

$$\frac{s_{xy}}{s_x^2} : \frac{s_y^2}{s_{xy}} = \frac{s_{xy}^2}{s_x^2 s_y^2} = r^2$$

$$\frac{s_{xy}}{s_x^2} \cdot \frac{s_y^2}{s_{xy}} = \frac{s_y^2}{s_x^2}$$

4. Las rectas coinciden cuando lo hacen sus pendientes (ya que pasan por un mismo punto), es decir, cuando el cociente entre esas pendientes es igual a 1. La propiedad queda demostrada observando que ese cociente es el coeficiente de determinación, como se acaba de ver.

Ejemplo 1.4

Si en el ejemplo 1.3 no nos fijamos en las estaturas, sino en sus cubos, tenemos una nueva variable $z = x^3$ que toma los valores

$$4492125, 4741632 (\times 2), 5177717, 5451776$$

La media de esos valores es $\bar{z} = 4920976, 4$, la covarianza s_{zy} es $525889, 2$, y la desviación típica de z es $345226, 39$.

El coeficiente de correlación de Pearson entre las nuevas variables es $r_{zy} = 0,9104$, lo que indica que la correlación del peso con el cubo de la longitud (es decir, con el volumen) es algo mayor que con la longitud. El coeficiente de determinación es $r^2 = 0,8288$, lo que significa que la recta de regresión explica casi el 83 % de la varianza de la variable y.

Observación. Hay dos errores frecuentes que conviene evitar cuando tratamos el asunto de la correlación: el primero es creer que una correlación igual a 1 o próxima indica una relación causa-efecto: no tiene por qué ser así; de hecho, si la muestra solamente tiene dos elementos, siempre se obtiene un ajuste perfecto mediante una recta. El segundo error consiste en usar la correlación para extrapolar resultados, lo que es un abuso injustificado; aun en el caso en que las medidas de altura y peso hubiesen revelado una correlación perfectamente lineal (por ejemplo, si los pesos fuesen $65, 68, 68, 73, 76$) no podríamos asegurar que una nueva persona que midiese 172 cm fuese a pesar precisamente 72 kg (¿cuánto debería pesar entonces un enano de 90 cm?), del mismo modo que no sería lícito decir que el peso está causado por la estatura o viceversa. De todos modos, si se hace juiciosamente, la extrapolación puede suministrarnos respuestas razonables, dentro de los límites de validez del experimento.

1.4. Combinatoria

En esta sección repasaremos someramente los conceptos básicos de combinatoria: permutaciones, variaciones y combinaciones.

1.4.1. Permutaciones

El término "permutación" procede del latín *mutare*, que significa "cambiar", con el prefijo *per-*, que indica que algo se realiza en grado máximo. Por eso, permutar unos objetos significa lo mismo que reordenarlos. En el lenguaje ordinario, una permutación de m elementos es una manera de colocarlos en cierto orden; en el lenguaje preciso de las Matemáticas, una permutación de un conjunto A es una biyección de A en A. Si el cardinal de A es m, hablamos de una permutación de m elementos.

Estamos interesados en contar las diversas maneras en que pueden reordenarse esos objetos: ¿cuántas permutaciones diferentes se pueden formar con m elementos? La respuesta es sencilla y viene dada por el producto $m \cdot (m-1) \cdot (m-2) \ldots \cdot 2 \cdot 1$, que abreviamos como $m!$ y leemos *factorial de m*, o m *factorial*. La razón de esa fórmula es clara: para elegir qué elemento colocar en el primer lugar hay m posibilidades, para el segundo quedan $m-1$ opciones (lo que da $m \cdot (m-1)$ variantes para las dos primeras posiciones), $m-2$ para el tercero y así sucesivamente.

Ejemplo 1.5

Si nos preguntamos de cuántas maneras se pueden repartir 4 regalos entre 4 hermanos (a razón de uno para cada hermano, la respuesta es $4! = 24$. El número de claves de 7 letras que se pueden formar reordenando la palabra CAMINOS es $7! = 5040$. Si se trata de reordenar las letras de CANALES hay que tener cuidado, porque la letra A se repite, lo que hace que haya que dividir entre 2; así el resultado es 2520. Con la palabra INGENIERO, la situación se complica un poco más: el resultado correcto es el cociente $\frac{9!}{2 \times 2 \times 2} = 45360$. Y si la palabra escogida es PALABRA, entonces el número final se obtiene dividiendo $7!$ entre $3!$ por las maneras en que se puede jugar con la letra A que se encuentra 3 veces.

Observaciones. Los números factoriales están definidos, en un pricipio, para valores enteros positivos de m, y satisfacen a una ley de recurrencia: $(m+1)! = (m+1).m!$ Para que se cumpla desde el principio, incluyendo al 0, es necesario que $0! = 1$, propiedad bien conocida, que tiene algo de sorprendente (para algunos). No tiene sentido el factorial de números enteros negativos; de tener alguno, debería ser infinito. Para otros valores (fraccionarios e irracionales, incluso imaginarios), es posible dar una definición del factorial por medio de una función del Análisis matemático avanzado, conocida como función Γ (léase 'gamma'), que no vamos a estudiar en este curso (aunque aparece en el estudio de algunas variables aleatorias).

El crecimiento de los valores de $m!$ al aumentar m es rapidísimo. Cuando m es grande, la fórmula de Stirling, $m! \approx m^m . e^{-m} . \sqrt{2\pi m}$, da una expresión aproximada de $m!$. Para hacernos una primera idea, observemos que $5! = 120, 10! = 3628800, 20! = 2432902008176640000$ tiene 19 cifras y el número de ordenaciones que se pueden conseguir con las cartas de la baraja española es $40! \approx 8,15 \times 10^{47}$.

De todos modos, el número de cifras no nos impresiona como debiera. Trate de imaginar ¿cuánto tiempo diría usted que son 40! segundos? ¿Como de Napoleón acá? ¿Desde Jesucristo, desde el Paleolítico, desde los dinosaurios? En realidad, la edad del universo, estimada en quince mil millones de años, es apenas algo así como quinientos mil billones de segundos, muy por debajo de 40!. Para aproximarnos al tamaño de esa cantidad, imaginemos una escalera de la Tierra a la Luna con dos mil millones de peldaños (cada uno, de unos 19 centímetros) y subimos por ella sin prisa. para no cansarnos: un paso cada siglo. A ese ritmo, tardaríamos aproximadamente 6×10^{18} segundos en llegar, que es mayor que la edad del universo, pero aún muy lejos de 40!. Dejamos un pequeño recuerdo, un gramo de materia, y bajamos al mismo ritmo parsimonioso. Realizamos el viaje una y otra vez en esas condiciones, dejando cada vez un gramo en la Luna. ¿Sabe cuánta materia podríamos subir en 40! segundos? Toda la Tierra, y aún nos sobraría más del 90 % del tiempo.

El enorme tamaño de los números factoriales hace que los cálculos con ellos sean más arduos de lo que puede parecer.

1.4.2. Variaciones

Si tenemos n elementos distintos, $a_1, \ldots, a_n$, y seleccionamos m de ellos prestando atención al orden en que los escogemos, tenemos una *variación de esos n elementos tomados de m en m*. Esa idea, formulada en términos coloquiales, puede precisarse con ayuda del lenguaje matemático definiendo una variación como una aplicación inyectiva del conjunto $\{1, 2, \ldots, m\}$ en el conjunto $A = \{a_1, \ldots, a_n\}$.

Al ser una aplicación, importa el orden en que se seleccionen, porque no es la misma función la que lleva el 1 a x y el 2 a y que la que lleva el 1 a y y el 2 a x. Además, al ser inyectiva no se puede repetir un mismo elemento.

El número de las variaciones de n elementos tomados de m en m se puede expresar mediante un producto de m factores, empezando por n y decreciendo hasta llegar a $n - (m - 1)$:

$$V_{n,m} = n.(n-1). \ldots .(n-m+1)$$

que se puede abreviar como $n!/(n-m)!$

Se observa que cuando $m = n$ tenemos las permutaciones de n elementos, y si $m > n$, entonces $V_{n,m} = 0$.

Ejemplo 1.6

Para elegir junta directiva de una comunidad de vecinos, formada por un presidente, un vicepresidente, un tesorero y un secretario entre 20 personas hay muchas posibilidades.

Teniendo en cuenta que hay que seleccionar a 4 personas de entre 20 y que los cargos no son intercambiables, se trata de las variaciones de 20 elementos tomados de 4 en 4:

$$20 \times 19 \times 18 \times 17 = 116280$$

Una variante de estas variaciones consiste en admitir la posibilidad de que se repita algún elemento. Tenemos así las variaciones con repetición. En términos intuitivos, una *variación con repetición* de n elementos tomados de m en m es una lista de m elementos escogidos entre esos n cuando permitimos repeticiones, pero importa el orden de la elección. En términos precisos, una variación con repetición de n elementos tomados de m en m es una aplicación del conjunto $\{1, 2, \ldots, m\}$ en el conjunto $A = \{a_1, \ldots, a_n\}$. Ahora no exigimos que la aplicación sea inyectiva.

¿Cuál es el número total de las variaciones con repetición de n elementos tomados de m en m? Claramente, es un producto de m factores, que empieza en n pero ahora no va disminuyendo:

$$VR_{n,m} = n.n. \ldots .n = n^m$$

Ejemplo 1.7

La cantidad total de números de cinco cifras es:

$$VR_{10,5} - VR_{10,4} = 10^5 - 10^4$$

(hay que descontar los que empiezan por 0, porque tienen menos de cinco cifras).

El número de subconjuntos en un conjunto de n elementos es (según se dijo antes) 2^n: una manera de verlo con claridad es la siguiente: cada subconjunto de $\{x_1, x_2, \cdots, x_n\}$ se determina respondiendo sí o no a cada una de las siguientes preguntas: ¿está x_1 en el subconjunto?, ¿está x_2?, y así hasta ¿está x_n?; por tanto, tenemos que elegir n veces sí o no, de manera que tenemos las variaciones con repetición de 2 elementos tomados de n en n, es decir, 2^n.

1.4.3. Combinaciones

Las combinaciones de n elementos tomados de m en m tienen en común con las variaciones el hecho de que se eligen m elementos de entre n candidatos, y se diferencian de aquellas en que no importa el orden en que se seleccionen. Puede definirse de manera precisa diciendo que una *combinación de n elementos tomados de m en m* es un subconjunto de cardinal m (dentro de un conjunto de cardinal n). Así queda claro que el orden es irrelevante, puesto que los conjuntos $\{a, b\}$ y $\{b, a\}$ son el mismo.

Podemos contar el número de combinaciones relacionándolo con el de las variaciones: cada combinación $\{x_1, \ldots, x_m\}$ se puede ordenar de $m!$ formas diferentes, de manera que hay $m!$ variaciones por cada combinación, y así $V_{n,m} = m!.C_{n,m}$. De ahí resulta la fórmula para el número de combinaciones:

$$C_{n,m} = \frac{n!}{m!(n-m)!}$$

Se suele emplear la notación $\begin{pmatrix} n \\ m \end{pmatrix}$, conocida como *número combinatorio*, para indicar ese cociente.

También existen las llamadas combinaciones con repetición, en que se permite la repetición de algún elemento. La fórmula para contar el número de combinaciones con repetición (que incluimos aquí sin justificar, puesto que apenas se usará) es:

$$CR_{n,m} = \binom{n+m-1}{m}$$

Propiedades de los números combinatorios. Los números combinatorios gozan de las siguientes propiedades:

- $\binom{n}{0} = \binom{n}{n} = 1$

- $\binom{n}{m} = \binom{n}{n-m}$

- $\binom{n+1}{m} = \binom{n}{m} + \binom{n}{m-1}$

Para demostrar cada una de esas propiedades, basta con sustituir en la fórmula del número combinatorio. Pero además es fácil entender lo que significa cada una de ellas: así, $\binom{n}{0} = \binom{n}{n} = 1$, porque en un conjunto de n elementos sólo hay un subconjunto con 0 elementos (el conjunto vacío) y uno con n elementos (el conjunto total); la fórmula $\binom{n}{m} = \binom{n}{n-m}$ nos recuerda que cada vez que escogemos m elementos entre los n, estamos eligiendo también los $n-m$ elementos que descartamos; finalmente, la igualdad $\binom{n+1}{m} = \binom{n}{m} + \binom{n}{m-1}$ expresa que si en un conjunto de $n+1$ elementos destacamos uno de ellos, entonces hay dos tipos de subconjuntos con m elementos: los que contienen al elemento distinguido y los que no; los primeros son $\binom{n}{m-1}$, y los segundos son $\binom{n}{m}$.

Los números combinatorios se disponen a veces en un triángulo (llamado "de Pascal" o "de Tartaglia"); los bordes están formados por unos, debido a la primera propiedad: en esos bordes están $\begin{pmatrix} n \\ 0 \end{pmatrix}$ y $\begin{pmatrix} n \\ n \end{pmatrix}$. Cada número es la suma de los dos que tiene encima, debido a la tercera propiedad, y el triángulo es simétrico, como indica la segunda: $\begin{pmatrix} n \\ m \end{pmatrix} = \begin{pmatrix} n \\ n-m \end{pmatrix}$. El triángulo de Pascal tiene numerosas propiedades interesantes y curiosas, que no procede estudiar aquí.

$$
\begin{array}{c}
1 \\
1 \quad 1 \\
1 \quad 2 \quad 1 \\
1 \quad 3 \quad 3 \quad 1 \\
1 \quad 4 \quad 6 \quad 4 \quad 1 \\
1 \quad 5 \quad 10 \quad 10 \quad 5 \quad 1 \\
1 \quad 6 \quad 15 \quad 20 \quad 15 \quad 6 \quad 1 \\
1 \quad 7 \quad 21 \quad 35 \quad 35 \quad 21 \quad 7 \quad 1
\end{array}
$$

Observación. La celebérrima fórmula del binomio de Newton emplea números combinatorios: $(x+y)^n$ es igual a una suma de $n+1$ términos, cada uno de los cuales es de la forma $\begin{pmatrix} n \\ k \end{pmatrix} x^k y^{n-k}$

$$(x+y)^n = \sum_{k=0}^{n} \begin{pmatrix} n \\ k \end{pmatrix} x^k y^{n-k}$$

Haciendo $x = y = 1$ resulta $2^n = \sum_{k=0}^{n} \begin{pmatrix} n \\ k \end{pmatrix}$. Esa fórmula descompone 2^n, que es el número total de subconjuntos de un conjunto de cardinal n, como la suma de los diferentes $\begin{pmatrix} n \\ k \end{pmatrix}$, que representa el número de esos subconjuntos que tienen exactamente k elementos. Así se interpreta esa igualdad y se comprende por qué cada fila del triángulo de Tartaglia suma exactamente una potencia de 2.

Ejemplo 1.8

Las posibilidades para formar un jurado eligiendo 3 personas al azar entre 20 son en total $\binom{20}{3} = 1140$.

Si una de esas 20 personas soy yo, pertenezco a $\binom{19}{2} = 171$ de esos jurados, mientras que hay $\binom{19}{3} = 969$ de los que no formo parte.

Naturalmente, la suma $171 + 969$ da el total 1140, corroborando una de las propiedades de los números combinatorios que se señalaron anteriormente.

Anticipando asuntos que se tratarán con detalle en el próximo capítulo, podemos decir que hay un total de 1140 jurados posibles, de los cuales formo parte en 171 casos, con lo que el cociente $171/1140 = 0,15$ es una cierta medida de la probabilidad de que me toque ser miembro de un jurado, si se eligen al azar. Pero esa es materia que requiere un estudio más detenido y le dedicaremos el próximo capítulo.

1.5. Recapitulación

Este capítulo inicial, diseñado como una especie de maletín de primeros auxilios, resume un conocimiento básico que puede clasificarse en tres apartados: Teoría de conjuntos, Estadística descriptiva y Combinatoria.

En la primera sección, se recuerdan los conceptos básicos acerca de los conjuntos: elementos y subconjuntos; pertenencia e inclusión; unión, intersección y complementación; junto con algunas propiedades elementales, como las leyes de De Morgan y las propiedades distributivas entre unión e intersección. También se revisa la noción de función y los diversos tipos: inyectiva, sobreyectiva y biyectiva.

La segunda parte es un repaso de la Estadística descriptiva, con énfasis en los conceptos de media y varianza: la primera es una especie de valor central, mientras que la segunda es una medida de la dispersión de los datos; la media es lineal, mientras que la varianza es cuadrática (por lo que se usa su raíz cuadrada, llamada desviación típica). También hicimos un estudio ligero de la regresión lineal y la correlación para poder comparar dos series de datos; de la recta de regresión de una variable frente a otra, de la covarianza y del coeficiente de correlación entre ellas, que mide el grado de dependencia de alguna forma (así como su cuadrado, el coeficiente de determinación, que mide el cociente entre la varianza explicada y la varianza total). Además del interés que tiene ese repaso en sí mismo, servirá de guía para algunas ideas de la Estadística más avanzada que estudiaremos en capítulos posteriores.

Finalmente, le dimos una pequeña vuelta a la combinatoria, estudiando (con poca profundidad) las permutaciones, las variaciones y las combinaciones, con la intención de poder contar el número de casos que se presentan en algunas situaciones que surgen al estudiar la probabilidad.

1.6. Ejercicios propuestos

1. Dados dos conjuntos, A y B, su diferencia simétrica es el conjunto formado por los elementos que pertenecen sólo a uno de los dos conjuntos. Se escribe $A\Delta B$. Compruebe que $A\Delta B = (A \cup B) \cap (A \cap B)^c = (A \cap B^c) \cup (A^c \cap B)$. Exprese el cardinal de $A\Delta B$ en términos de los cardinales de A, de B y de $A \cap B$.

2. Se consideran dos conjuntos, A y B en un universo de referencia, U. Representamos U mediante un rectángulo, en el que trazamos dos rectas, una vertical y otra horizontal; si A representa la región a la izquierda ('al oeste') de la recta vertical y B representa la región 'al norte' (por encima) de la recta horizontal, ¿qué representan cada una de las cuatro partes en que queda dividido el rectángulo?

   El dibujo parece indicar que esos cuatro conjuntos son disjuntos dos a dos y que su unión es el universo U, pero un dibujo no es una demostración, sino solamente una sugerencia. Demuestre que es cierto lo que sugiere el dibujo.

3. Un estudio sobre 50 alumnos de primer curso y el número de asignaturas que aprobaron en el primer semestre arroja los siguientes resultados

$N^{\underline{o}}$ de asignaturas aprobadas:	0	1	2	3	4	5
$N^{\underline{o}}$ de alumnos:	7	8	13	12	7	3

Calcule la media, la varianza y la desviación típica.

4. Para estudiar la relación entre la longitud, x, y la resistencia al pandeo, y, de un cierto material, se toma una muestra de diez varillas con estos resultados (en centímetros):

x	110	125	150	160	170	180	185	190	200	200
y	1,2	1,5	2,2	2,6	2,9	3,3	3,6	3,8	3,9	4

Halle la covarianza, los coeficientes de correlación y determinación y la ecuación de la recta de regresión de y frente a x y la de y frente a x^2.

5. Si tenemos unos datos emparejados $(x_1, y_1), \ldots, (x_n, y_n)$, podemos representarlos mediante una nube de puntos. Las rectas de regresión de x frente a y y de y frente a x se ajustan a esa nube de puntos lo mejor posible (en cierto sentido muy preciso). Supongamos que la recta de regresión de y frente a x es horizontal, ¿qué podemos afirmar de la otra recta de regresión?

   a) Que también es horizontal.

   b) Que es vertical.

   c) No tenemos información suficiente.

Resuelva el caso concreto en que los puntos son $(1, 1), (1, 3), (5, 0), (5, 4)$.

6. La nube de puntos que representa unos datos $(x_1, y_1), \ldots, (x_n, y_n)$ puede estar más o menos alargada en un sentido u otro. El coeficiente de correlación $r = r_{xy}$ nos proporciona alguna información al respecto; si calculamos r y obtenemos los siguientes resultados ¿qué podemos afirmar en cada uno de los casos?

    a) $r = 0,98$.

    b) $r = -0,98$.

    c) $r = 0,28$.

    d) $r = 1,02$.

7. La baraja española consta de 40 cartas repartidas en cuatro palos: oros, copas, espadas y bastos. Extraemos 6 cartas. Calcule cuántas posibilidades hay de hacerlo de forma que:

    a) No haya ninguna espada.

    b) Haya al menos un naipe de oros y otro de copas.

    c) Haya al menos un naipe de cada palo.

    d) Haya una carta de oros, otra de copas, dos de espadas y dos de bastos.

8. En un conjunto de 11 elementos, hay tantos subconjuntos de 5 elementos como de 6 ¿Verdadero o falso? ¿Por qué? Con 11 letras se pueden formar tantas palabras de 5 letras como de 6 ¿Verdadero o falso? ¿Por qué?

9. De cuántas formas se pueden colocar 3 bolas en 5 casillas (distintas) si:

    a) Las bolas son distintas, y no se puede colocar más de una bola en cada casilla.

    b) Las bolas son idénticas, y no se puede colocar más de una bola en cada casilla.

    c) Las bolas son distintas.

    d) Las bolas son idénticas.

10. A_1, A_2 y A_3 son tres conjuntos finitos, que tienen x_1, x_2 y x_3 elementos respectivamente. Además sabemos que la intersección $A_i \cap A_j$ tiene x_{ij} elementos, y que la intersección de los tres tiene x_{123} elementos. Calcule el cardinal de los conjuntos $A_1 \cup A_2$, $A_2 \cup A_3$ y de la unión de los tres. (Sugerencia: dibuje unos diagramas).

Capítulo 2

FENÓMENOS ALEATORIOS.
SUCESOS. PROBABILIDAD

Contenido

2.1. Introducción

En el capítulo inicial hemos puesto los cimientos para el desarrollo sólido de
este curso: repasando los conceptos básicos de la teoría elemental de conjuntos
y aplicaciones, revisando la Estadística descriptiva: media, varianza, recta de
regresión, coeficientes de correlación y determinación, etc., y recordando lo
esencial de la combinatoria, como herramienta para contar número de casos.
Pero la Estadística pretende ir mucho más lejos, e inferir características de una
población a partir de las propiedades que se observan en una muestra más o
menos pequeña. Para dar ese paso, aparentemente temerario, se requiere una
herramienta que nos permita elevar conclusiones de la muestra a la población
con una cuantificación de la fiabilidad de esa generalización. Esa herramienta
es la teoría de la probabilidad. Con su ayuda, conseguimos transformar la
incertidumbre (que anula la posibilidad de decidir razonablemente, dejándonos
al albur de la intuición o la suerte) en riesgo, que es cuantificable y nos capacita
para tomar decisiones con fundamento, sabiendo el margen que dejamos al
fracaso.

¿Qué queremos decir cuando hablamos de "probabilidad de un suceso"? En
un sentido informal y con cierta vaguedad, nos referimos a una cierta medida
de las expectativas de que ese suceso tenga lugar. En principio, entendemos la
probabilidad como un número ligado de alguna manera a la frecuencia a largo
plazo. Así, solemos decir que la probabilidad de obtener cara al lanzar una
moneda es $1/2$, igual que la de sacar cruz (si es que pensamos que la moneda
está bien equilibrada, y no la suponemos trucada ni sesgada de alguna forma);
que la de obtener un 5 tirando un dado es de 1 entre 6, o $1/6$ (si el dado no
está cargado), o que la probabilidad de que el Inter de Milán gane la próxima
liga italiana es de $0,3$ (o la que estimemos que sea). No acaba de estar claro
en muchos casos cómo se determina o cómo se mide una probabilidad. En
este capítulo arrojaremos luz sobre este delicado asunto, con ayuda de la clara
lámpara de las Matemáticas.

Iniciaremos el estudio de la probabilidad definiendo los conceptos de experimento aleatorio, suceso y función de probabilidad, investigando las primeras
propiedades y entrando en el terreno de la probabilidad condicionada. Con-
cluiremos con dos resultados muy interesantes y útiles: los teoremas de la
probabilidad total y de Bayes.

2.2. Primeras definiciones

Llamamos *experimento aleatorio* o *fenómeno aleatorio* a cualquier acción cuyo resultado no se pueda saber con antelación. Es lo opuesto a un experimento de Física, cuyo resultado está predeterminado por unas leyes rígidas, y es por ello, determinista. A cada posible resultado de un experimento aleatorio se le denomina *suceso elemental*, y al conjunto formado por todos los sucesos elementales (es decir, por todos los posibles resultados del experimento aleatorio que estemos investigando) se le conoce como *espacio muestral*, y se suele representar por M.

Un *suceso* es un subconjunto cualquiera del espacio muestral. Así pues, un suceso es un conjunto cuyos elementos son sucesos elementales, en cualquier cantidad (desde ninguno hasta todos). Por ejemplo, si el experimento es lanzar un dado y observar el resultado, 'sacar un número primo' es un suceso: consiste en el conjunto $\{2, 3, 5\}$, formado por tres sucesos elementales: 2, 3 y 5. En particular, todo el espacio muestral es un suceso (llamado *suceso seguro*) y el conjunto vacío es otro suceso, llamado *suceso imposible*.

El espacio muestral asociado a un experimento aleatorio a veces es obvio, pero otras requiere cierta perspicacia. En todo caso, hay ahí un proceso de *modelización*: la creación de un modelo matemático (un conjunto, en este caso), que describa la situación.

Algunos ejemplos de experimentos aleatorios son los siguientes:

1. Lanzar una moneda es un experimento cuyo espacio muestral asociado consta de dos elementos (o sucesos elementales): cara y cruz, $\{C, +\}$.

2. Lanzar la moneda dos veces produce cuatro posibles resultados, de modo que el espacio muestral será $\{(C, C), (C, +), (+, C), (+, +)\}$.

3. Tirar un dado es un experimento que tiene asociado el espacio muestral $\{1, 2, 3, 4, 5, 6\}$.

4. Lanzar tres dados es un experimento más complejo, y da lugar a un espacio muestral con muchos sucesos elementales, en concreto 216, que son las ternas (x, y, z) donde cada componente puede tomar los valores de 1 a 6.

5. Contar el número de visitantes que tiene el museo del Prado un día
   entre las 10 y las 11 es otro experimento aleatorio, pues el resultado
   depende del día que se elija. Cada suceso elemental es un número entero
   no negativo: el de las personas que de hecho lo visitan ese día a esa
   hora. El espacio muestral asociado a este experimento aleatorio podría
   ser el conjunto de los números naturales, $\mathbb{N}$ o bien algún subconjunto
   que contenga todos los posibles resultados.

   Un suceso no elemental asociado a este experimento aleatorio es un subconjunto del espacio muestral, tal como el intervalo $(300, 700)$, que representa el hecho de que el número de visitantes sea mayor de 300 personas
   y menor de 700.

6. Si elegimos un fruto al azar en un mercado y lo pesamos, el resultado
   será un número positivo: el espacio muestral puede ser el conjunto de los
   números reales, o el intervalo $(0, \infty)$, o algún otro como $(0,001; 50)$, ya
   que ninguna fruta pesará menos de un gramo ni más de cincuenta kilos.

   El intervalo $(0,2; 2)$ es un suceso que corresponde a pesar más de 200
   gramos y menos de 2 kilos.

El espacio muestral asociado a un experimento aleatorio a menudo es evidente, pero otras veces requiere cierta tarea de abstracción, puesto que es un
modelo matemático de una situación real. De hecho, puede desarrollarse toda
la teoría de la probabilidad sustituyendo el espacio muestral por un conjunto
arbitrario. En cada situación concreta, el espacio muestral actúa como el universo al que se refiere la discusión: los subconjuntos (los sucesos) son pedazos
del espacio muestral, y los complementos son la diferencia con ese espacio.

2.3. Álgebra de sucesos

Con los sucesos podemos realizar las operaciones conjuntistas habituales:
unión, intersección, complemento y diferencia, que son bien conocidas. En el
contexto de las probabilidades se suelen emplear unos términos específicos,
que repasamos a continuación.

Si el espacio muestral se denota por M, y A es un suceso (es decir, un subconjunto de M), entonces al complementario de A lo denotamos por A^c y lo llamamos *suceso contrario* de A. La unión de los sucesos $A \cup A^c$ es el espacio total, M, y se denomina *suceso seguro*; la intersección, $A \cap A^c$ es el conjunto vacío, y se denomina *suceso imposible*. Dos sucesos cuya intersección es vacía no se suelen llamar sucesos disjuntos (aunque sería correcto), sino *sucesos incompatibles*. Es claro que un suceso y su contrario son incompatibles, pero dos sucesos pueden ser incompatibles sin ser contrarios. Otras operaciones que se pueden realizar con sucesos son la diferencia $A - B = A \cap B^c$ (que consiste en que sucede A y no sucede B) y la diferencia simétrica $A \triangle B = (A-B) \cup (B-A)$ (que consiste en que suceden A o B, pero no ambos; es igual a la unión menos la intersección).

Proposición. Las propiedades de los conjuntos que se vieron en el capítulo anterior se convierten inmediatamente en propiedades de sucesos, puesto que un suceso es lo mismo que un subconjunto de M. Las recordamos aquí:

- $A \cap A = A \cup A = (A^c)^c = A$.

- $M^c = \emptyset$, $\emptyset^c = M$.

- $A \cap B = B \cap A$, $A \cup B = B \cup A$.

- $A \cap A^c = \emptyset$, $A \cup A^c = M$.

- $A \cap (\cup B_i) = \cup(A \cap B_i)$, $A \cup (\cap B_i) = \cap(A \cup B_i)$.

- $(\cap A_i)^c = \cup A_i^c$, $(\cup A_i)^c = \cap A_i^c$.

La colección de todos los sucesos con las operaciones de unión, intersección y complementario tiene una estructura denominada *álgebra de Boole*. Es en ella en la que se define y se desarrolla la probabilidad.

2.4. Probabilidad: axiomas y primeras propiedades

La probabilidad de un suceso es un número que nos da algún tipo de información acerca de su verosimilitud o de las expectativas de que se cumpla. Tal número deberá ser 0 para un suceso imposible y 1 para un suceso seguro.

Además, esperamos que se cumplan algunas propiedades razonables: si la probabilidad de que algo suceda es p, confiamos en que la de que no suceda sea $1 - p$; si un suceso contiene a otro, su probabilidad no puede ser menor.

Quizá la primera idea natural de probabilidad la da la regla de Laplace: "el número de casos favorables dividido entre el número de casos posibles", pero eso no recoge situaciones de desequilibrio (por ejemplo, no parece sensato asignar la misma probabilidad de ganar la copa del rey de baloncesto al Zaragoza y al Real Madrid).

Esa posibilidad pide que la regla de Laplace se complete con una observación como "siempre que esos casos sean igualmente probables"; pero si hacemos eso, incurrimos en un círculo vicioso: no se puede pretender definir probabilidad incluyendo en la definición la cláusula "que sean igualmente probables". Se pone de manifiesto que hay dificultades de entrada para definir correctamente la probabilidad.

Salvamos ese escollo dando una definición de probabilidad axiomática, lo que significa que vamos a especificar unas condiciones que se han de cumplir para que otorguemos el prestigioso nombre de *probabilidad* a una manera concreta de asignar números a los sucesos y no se lo damos a otras.

Tal definición se debe al matemático A. N. Kolmogorov y está inspirada en las propiedades de las frecuencias relativas, lo que es natural, si se piensa que la probabilidad se puede ver en cierto modo como una medida de cuál creemos que sería a largo plazo la frecuencia con la que se produciría cada suceso.

Definición. Sea M el espacio muestral asociado a un fenómeno aleatorio, y sea $\mathcal{P}(M)$ el álgebra de Boole de sus subconjuntos, es decir, el de todos los sucesos. Una función de probabilidad definida sobre $\mathcal{P}(M)$ es una aplicación

$$p : \mathcal{P}(M) \to \mathbb{R}$$

que cumpla estas condiciones:

1. $p(S) \geq 0$ para cualquier suceso S.

2. $p(M) = 1$.

3. Si $S_1, S_2, \ldots$ es una colección finita o infinita numerable de sucesos incompatibles dos a dos, entonces la probabilidad de su unión es igual a la suma de sus probabilidades:

$$p(S_1 \cup S_2 \cup \ldots) = p(S_1) + p(S_2) + \ldots$$

Ejemplo 2.1

En el espacio muestral $M = \{1, 2, 3, 4, 5, 6\}$ definimos $p(S)$ como el cardinal de S dividido por 6 (el número de casos favorables dividido por el número de casos posibles) y tenemos una función de probabilidad, que corresponde a un dado bien equilibrado.

Ejemplo 2.2

En el espacio muestral $M = \{C, +\}$ definimos

$$p(\{C\}) = 2/3, p(\{+\}) = 1/3, p(\emptyset) = 0, p(M) = 1$$

y tenemos otra función de probabilidad, que corresponde a una moneda cargada.

Definición. Cuando en un espacio muestral, M, tenemos definida una función de probabilidad, decimos que tenemos un *espacio probabilístico*. En rigor, habría que especificar tanto el conjunto M como la función de probabilidad, p, pero es frecuente no mencionar a ésta, por suponerla conocida.

Observación. Hilando muy fino, deberíamos advertir que en teoría es posible que la función de probabilidad, p, no esté definida para todos los subconjuntos de M, sino sólo para algunos, que forman una colección, Ω, a la que se da el rimbombante nombre de 'sigma-álgebra' (escrito σ-álgebra). Esa sutileza es excesiva para este curso, y sólo se menciona aquí por si algún lector curioso la encuentra en algún libro más avanzado; en éste, siempre supondremos que $\Omega = \mathcal{P}(M)$, puesto que nunca tendremos ocasión de enfrentarnos a conjuntos tan raros como los que escapan a la σ-álgebra de los conjuntos medibles.

Proposición. En todo espacio probabilístico M se cumple que:

- $p(S^c) = 1 - p(S)$.

- $p(\emptyset) = 0$.

- Si $S_1 \subset S_2$, entonces $p(S_1) \leq p(S_2)$.

- $p(S_1 \cup S_2) = p(S_1) + p(S_2) - p(S_1 \cap S_2)$.

La demostración es inmediata:

- Como $S \cap S^c = \emptyset$ y $S \cup S^c = M$, podemos asegurar que:

$$1 = p(M) = p(S \cup S^c) = p(S) + p(S^c)$$

- $p(\emptyset) = 0$ es un caso particular del anterior, con $S = M$.

- Si $S_1 \subset S_2$, entonces S_2 es la unión de dos piezas disjuntas: una es S_1 y la otra es $S_3 = S_2 - S_1$, por lo cual $p(S_1)$ no es mayor que $p(S_2)$, puesto que éste le excede en $p(S_3)$, que es un número positivo (o nulo).

- $S_1 \cup S_2$ es la unión de tres piezas disjuntas: una es la intersección $S_3 = S_1 \cap S_2$ y las otras dos son $\hat{S}_1 = S_1 - S_3$ y $\hat{S}_2 = S_2 - S_3$. S_3 es el suceso que consiste en que se dan tanto S_1 como S_2, $\hat{S}_1$ supone que se da S_1 pero no S_2 y $\hat{S}_2$ quiere decir que se da S_2 pero no S_1. Al ser incompatibles dos a dos esos tres sucesos, se tiene:

$$p(S_1 \cup S_2) = p(\hat{S}_1) + p(\hat{S}_2) + p(S_3)$$

La unión de las dos primeras piezas es S_1, y la de la primera y la tercera es S_3, por lo que $p(S_1) = p(\hat{S}_1) + p(S_3)$ y $p(S_2) = p(\hat{S}_2) + p(S_3)$. Sumando, se concluye.

Observaciones. La definición de probabilidad que hemos dado es axiomática y aclara qué aplicaciones definen una probabilidad, dejando amplia libertad: es posible definir diferentes funciones de probabilidad asociadas al mismo experimento aleatorio, y no todas son igualmente razonables. En general, la función de probabilidad que se utilice en cada caso será aquella que mejor describa la situación; por ejemplo, si lanzamos una moneda equilibrada, la función de probabilidad asignará el valor 1/2 tanto al resultado "sale cara"como al contrario "sale cruz", pero si la moneda tiene algún sesgo, será mejor usar una función de probabilidad diferente.

Cuando el espacio muestral es finito, basta con fijar la probabilidad de cada suceso elemental, pues la de un suceso cualquiera se obtendrá sumando las probabilidades de los sucesos elementales que lo componen. La observación es válida también para el caso de espacios muestrales numerables. En cambio, cuando el espacio muestral no es numerable, es inevitable definir de alguna manera la probabilidad de los sucesos no elementales.

El tercer axioma requiere una breve aclaración: cuando la colección de sucesos es infinita, la probabilidad de su unión se expresa como una suma infinita (lo que se conoce como una *serie*). Es posible que algún alumno no tenga familiaridad con ese concepto: basta verlo como un límite de sumas finitas. De todos modos, en este curso apenas nos enfrentaremos con esas situaciones.

De la definición no obtenemos ninguna receta para construir una función de probabilidad. Una posibilidad muy sencilla, válida cuando los espacios muestrales son finitos, es la regla de Laplace, que recoge el concepto intuitivo que tenemos de probabilidad.

Regla de Laplace.

Si el espacio muestral M es finito (digamos con n elementos), entonces la función:

$$P(S) = \frac{|S|}{|M|} = \frac{k}{n}$$

es una función de probabilidad. Recoge la vieja fórmula *número de casos favorables partido por número de casos posibles.*

Ejemplo 2.3

¿Cuál es la probabilidad de que al lanzar un dado dos veces la suma de los puntos obtenidos sea igual a 8?

Si consideramos el espacio muestral formado por los 36 resultados posibles y equiprobables del lanzamiento, aplicamos la regla de Laplace para concluir que la probabilidad pedida es $\frac{5}{36}$, puesto que los casos favorables son 5 (¿cuáles?)

Del mismo modo, la probabilidad de que la suma fuera 9 es igual a $\frac{4}{36} = \frac{1}{9}$. Si hubiéramos considerado el espacio muestral $\{2, 3, \ldots, 12\}$, formado por las posibles sumas, y hubiéramos aplicado la regla de Laplace, habríamos concluido erróneamenete que la probabilidad es $\frac{1}{11}$. La razón del fallo está en que los sucesos de este espacio muestral no son equiprobables y esa función de probabilidad no describe bien el experimento.

Ejemplo 2.4

¿Cuál es la probabilidad de que al lanzar dos monedas se obtenga por lo menos una cara?

El espacio muestral es $\{CC, C+, +C, ++\}$. Es lícito aplicar la regla de Laplace, pues los sucesos son equiprobables: la respuesta es $\frac{3}{4}$. Sería incorrecto dar $\frac{2}{3}$ como respuesta, basados en que hay sólo tres casos: ninguna cara, una cara y dos caras; no son sucesos equiprobables.

Especificar el espacio muestral con precisión ayuda a plantear y resolver correctamente muchos ejercicios. Sin embargo, es frecuente no tomarse la molestia, ya sea por desidia, ya porque resulte obvio cuál es. Cuando es posible elegir uno en el que los sucesos elementales sean equiprobables, la situación es casi obvia, puesto que se puede aplicar la regla de Laplace, tan sencilla.

Ejercicios resueltos

2.1. De una baraja española (de 40 cartas) sacamos tres naipes. ¿Cuál es la probabilidad de que los tres sean bastos?

Resolución

Los casos posibles son las combinaciones de 40 elementos tomados de 3 en 3, es decir, 9880. Los casos favorables son las combinaciones de 10 elementos tomados de 3 en 3, es decir, 120. El cociente $120/9880 \approx 0,012$ es la probabilidad pedida.

2.2. Lanzamos tres dados y sumamos sus puntuaciones. ¿Qué resultado es más probable, 11 o 12?

Resolución

A primera vista, puede parecer que ambos sucesos tienen la misma probabilidad, puesto que hay seis resultados que suman 11 (a saber, $1+4+6$; $1+5+5$; $2+3+6$; $2+4+5$; $3+3+5$ y $3+4+4$) y otros tantos que suman 12 (que son $1+5+6$; $2+5+5$; $2+4+6$; $3+4+5$; $3+3+6$ y $4+4+4$).

Sin embargo, un estudio más detallado revela que algunos de esos casos corresponden en realidad a seis posibilidades diferentes: cuando los tres sumandos son distintos hay seis formas de ordenarlos; otros casos (aquellos en que hay un sumando repetido y otro distinto) se desdoblan en tres diferentes, y sólo el caso $4+4+4$ en que los tres sumandos coinciden es un solo caso genuino. Teniendo esto en cuenta, se pone de manifiesto que la suma 11 se produce en 27 ocasiones, por 25 que dan suma 12. Así pues, es más probable el primer resultado.

Con dos dados es más claro: hay una suma igual a 11 ($5+6$) y otra igual a 12 ($6+6$), pero la primera puede presentarse como $5+6$ y como $6+5$; la probabilidad de 11 es doble que la de 12.

Nota histórica. Este problema fue propuesto por el caballero de Meré a Pascal y es uno de los que figuran en el origen del cálculo de probabilidades.

2.3. ¿Qué es más probable, sacar al menos un as al lanzar 4 veces un dado o sacar al menos un doble as al lanzar 24 veces dos dados?

Resolución

Un razonamiento superficial y engañoso sería el siguiente: como sacar un doble as es seis veces menos probable que sacar un as ($\frac{1}{36}$ frente a $\frac{1}{6}$), pero hay seis veces más intentos (24 frente a 4), las probabilidades son iguales. Esa línea argumental es incorrecta, como vamos a ver. Para resolver el ejercicio correctamente, empecemos poniendo nombres a los sucesos relevantes. Sean A y B los sucesos "sacar al menos un as en 4 tiradas"y "sacar al menos un doble as en 24 tiradas".

Se simplifica el cálculo de $p(A)$ considerando su complementario, A^c, que consiste en no sacar ningún as en las 4 tiradas. La probabilidad de este suceso se puede calcular por la regla de Laplace: el total de resultados posibles es $6^4 = 1296$, y no sale ningún as en $5^4 = 625$ casos, por lo que la probabilidad de A^c es $\frac{625}{1296} = (\frac{5}{6})^4 \approx 0,482$. Por tanto, $p(A) = 1 - p(A^c) \approx 0,518$.

También puede alcanzarse esa conclusión usando el concepto de sucesos independientes, que se verá próximamente: El suceso A^c se puede ver como la intersección de cuatro sucesos $S_j =$ "no sacar un as en la j-ésima tirada". Como los sucesos S_j son independientes, pues el dado no tiene memoria, la probabilidad de $A^c = S_1 \cap S_2 \cap S_3 \cap S_4$ es igual al producto de las probabilidades de los S_j, que es $(\frac{5}{6})^4 = \frac{625}{1296} \approx 0,482$, por lo que $p(A) = 1 - p(A^c) \approx 0,518$.

La probabilidad de B se calcula de manera similar: la de su complementario es $p(B^c) = (\frac{35}{36})^{24} \approx 0,5086$, por lo que $p(B) = 1 - p(B^c) \approx 0,4914$. La probabilidad de A es mayor que la de B, en contra del falaz argumento inicial.

Podemos extraer dos enseñanzas provechosas de este último ejercicio: la primera es que no debemos fiarnos de argumentos especulativos y poco rigurosos; la segunda es que vale la pena considerar el suceso complementario: a veces los cálculos son más sencillos que con el suceso original.

2.5.   Probabilidad condicionada

Entendida la probabilidad como una medida del grado de confianza que otorgamos a unos resultados, se comprende que se pueda ver modificada cuando disponemos de nueva información. Así, si nos preguntan por la probabilidad de que un naipe extraído al azar de una baraja sea una sota, posiblemente contestemos que es igual a $1/10$, pero si sabemos que se trata de una figura cambiaremos esa probabilidad a $1/3$. Podríamos decir que la probabilidad de sacar una sota es $1/10$, y la probabilidad de sacar una sota bajo la condición de que la carta sea una figura es $1/3$.

Hablando en términos más rigurosos, la nueva información reduce el espacio muestral, con lo que el número que expresa la probabilidad se verá afectado. Si el espacio muestral inicial es M y consideramos un suceso, S, no es la misma probabilidad la de un suceso cualquiera, S', que la de S' sabiendo que ha tenido lugar S (solemos decir S' *condicionado* por S); si en el primer caso la probabilidad es $p(S')$, en el segundo será $p(S' \cap S)/p(S)$.

La razón intuitiva se comprende fácilmente considerando sucesos equiprobables: Si $S = \{x_1, \ldots, x_n\}$ y $S' = \{x'_1, \ldots, x'_m\}$ tiene r elementos en común con S, entonces la probabilidad de S' condicionado por S, $p(S'|S)$, será igual al número de casos favorables entre el de casos posibles, que son n (pues ya sabemos que S ha tenido lugar), siendo r el número de los favorables (aquellos que están en S y en S'), esto es, $p(S'|S) = \frac{r}{n} = \frac{p(S' \cap S)}{p(S)}$.

Si no le convence esta justificación, piense que la probabilidad condicionada se define como $p(S'|S) = \frac{p(S' \cap S)}{p(S)}$ por decreto. Hay que advertir que el suceso S que condiciona tiene que tener una probabilidad positiva para que tenga sentido ese cociente.

Expongamos brevemente la situación: partimos de una espacio muestral, M, en el que tenemos definida una función de probabilidad, p, y tenemos un suceso, S, cuya probabilidad $p(S)$ no es nula. Podemos definir entonces una nueva probabilidad, p_S que llamamos *probabilidad condicionada por S*, que viene definida mediante $p(A|S) = \frac{p(A \cap S)}{p(S)}$ (para cada suceso A), lo cual supone que de cada suceso nos quedamos sólo con la parte que tiene en común con S y reevaluamos así su probabilidad. El concepto merece escribirse con detalle:

Definición. Sea M un espacio muestral, en el que hay definida una función de probabilidad p, y sea S un suceso cuya probabilidad sea positiva. Para cualquier suceso A, se define la probabilidad de A condicionado por S mediante el cociente:

$$p_S(A) = p(A|S) = \frac{p(A \cap S)}{p(S)}$$

Observación. Hay que destacar que p_S es una probabilidad con todas las de la ley, pues cumple los axiomas que definen a las funciones de probabilidad. En efecto:

- $p_S(A)$ es un número real comprendido entre 0 y 1, para cualquier suceso A, porque es el cociente de dos números $p(A \cap S)$ y $p(S)$ no negativos y el numerador es menor o igual que el denominador, al estar $A \cap S$ contenido en S.

- $p_S(M) = 1$, porque $M \cap S = S$.

- Si $A_1, A_2, \ldots$ son sucesos incompatibles dos a dos, entonces:

$$p_S(A_1 \cup A_2 \cup \ldots) = p_S(A_1) + p_S(A_2) + \ldots$$

puesto que:

$$p_S(A_1 \cup A_2 \cup \ldots) = \frac{p((A_1 \cup A_2 \cup \ldots) \cap S)}{p(S)} = \frac{p((A_1 \cap S) \cup (A_2 \cap S) \cup \ldots)}{p(S)}$$

$$= \frac{p(A_1 \cap S)}{p(S)} + \frac{p(A_2 \cap S)}{p(S)} + \ldots = p_S(A_1) + p_S(A_2) + \ldots$$

La observación anterior nos garantiza que cualquier propiedad o teorema que conozcamos acerca de las probabilidades en general es automáticamente cierta para la probabilidad condicionada, pues no es sino una probabilidad de pleno derecho.

La probabilidad condicionada nos permite calcular fácilmente la probabilidad de la intersección de dos sucesos, como expresa el siguiente teorema:

Teorema. Si los sucesos A y B tienen probabilidad positiva, entonces:

$$p(A \cap B) = p(A) \cdot p(B|A) = p(B) \cdot p(A|B)$$

Para más de dos sucesos, hay una fórmula análoga:

$$p(A \cap B \cap C) = p(A) \cdot p(B|A) \cdot p(C|A \cap B)$$

La demostración se sigue de la propia definición, sin más que despejar $p(A \cap B)$ de $p(B|A) = \frac{p(B \cap A)}{p(A)}$ y de $p(A|B) = \frac{p(A \cap B)}{p(B)}$.

Nótese que $p(A \cap B)$ no coincide con el producto $p(A) \cdot p(B)$ (aunque puede hacerlo en algún caso concreto). Esa doble igualdad nos sirve también para pasar de una probabilidad condicionada, $p(A|B)$, a la dual, $p(B|A)$, lo que aprovecharemos más adelante.

Ejemplo 2.5

De una urna con tres bolas blancas y cinco negras sacamos una bola y luego otra (sin devolver la primera a la urna). ¿Cuál es la probabilidad de que ambas bolas sean blancas?

Si llamamos A al suceso que consiste en que la primera bola sea blanca y B a que lo sea la segunda, nos están pidiendo $p(A \cap B)$. Como $p(A) = 3/8$ y $p(B|A) = 2/7$, la probabilidad buscada es $3/8 \cdot 2/7 = 3/28$.

Ejemplo 2.6

Se extraen sucesivamente tres naipes al azar de una baraja española (sin reemplazamiento). ¿Cuál es la probabilidad de que los tres sean figuras?

Llamemos S_j al suceso "sacar figura en la j-ésima extracción". Como hay 12 figuras entre las 40 cartas, la probabilidad de S_1 es $12/40 = 3/10$, la de S_2 condicionado por S_1 es $p(S_2|S_1) = 11/39$ (puesto que sólo qudan 39 naipes, de los que 11 son figuras), y por último $p(S_3|S_1 \cap S_2) = 10/38 = 5/19$. La probabilidad pedida es $p(S_1 \cap S_2 \cap S_3) = 3/10 \cdot 11/39 \cdot 5/19 = 11/494 \approx 0,022$.

2.5.1. Independencia de sucesos

De una manera imprecisa, decimos que dos sucesos son independientes cuando el conocimiento que tengamos acerca de si uno de ellos ha tenido lugar no aumenta ni disminuye nuestra información acerca del otro suceso. Esa idea se puede formular en términos inequívocos, comparando la probabilidad condicionada con la probabilidad sin condicionar. Enunciamos así la definición:

Sean A y B dos sucesos del mismo espacio probabilístico. Decimos que A *es independiente de* B cuando $p(A|B) = p(A)$.

Observación. En la definición va implícito que la probabilidad de B no es nula, para que tenga sentido $p(A|B)$.

Proposición. Si los sucesos A y B tienen probabilidad positiva, entonces las tres condiciones siguientes son equivalentes:

1. $p(A|B) = p(A)$.

2. $p(B|A) = p(B)$.

3. $p(A \cap B) = p(A) \cdot p(B)$.

La demostración es inmediata, recordando la definición de probabilidad condicionada, puesto que:

$$p(A|B) = p(A) \Leftrightarrow \frac{p(A \cap B)}{p(B)} = p(A) \Leftrightarrow p(A \cap B) = p(A) \cdot p(B) \Leftrightarrow$$

$$\Leftrightarrow \frac{p(A \cap B)}{p(A)} = p(B) \Leftrightarrow p(B|A) = p(B)$$

Por tanto, si A es independiente de B entonces B es también independiente de A, y decimos sencillamente que *los sucesos* A *y* B *son independientes*.

Debido a la mayor simetría de la tercera condición y al hecho de que no requiere imponer la condición de que las probabilidades sean positivas, suele elegirse esa formulación para definir la independencia de sucesos.

Definición. Dos sucesos cualesquiera de un espacio muestral (dotado de una función de probabilidad) son independientes cuando la probabilidad de su intersección es igual al producto de sus probabilidades:

$$p(A \cap B) = p(A) \cdot p(B)$$

Conviene subrayar que esa noción de independencia de sucesos está ligada a una cierta función de probabilidad: podría suceder que dos sucesos fuesen independientes con respecto a un cierta función de probabilidad y no lo fuesen respecto a otra.

Ejemplo 2.7

El experimento de lanzar dos veces una moneda sugiere considerar un espacio muestral formado por cuatro sucesos elementales: $M = \{CC, C+, +C, ++\}$. Si A es el suceso $A = \{CC, C+\}$ (que consiste en que la primera vez cale cara), y B es $B = \{C+, +C\}$ (salen una cara y una cruz), entonces se trata de dos sucesos independientes si calculamos las probabilidades por la regla de Laplace, puesto que $p(A) = p(B) = \frac{1}{2}$ y $p(A \cap B) = \frac{1}{4}$. Sin embargo, si la probabilidad viene dada por $p(CC) = \frac{4}{9}, p(C+) = p(+C) = \frac{2}{9}, p(++) = \frac{1}{9}$ (como corresponde a una moneda sesgada, que tiene doble probabilidad de caer de cara que de cruz), entonces los sucesos no son independientes, puesto que $p(A) = \frac{6}{9}$, $p(B) = \frac{4}{9}$ y $p(A \cap B) = \frac{2}{9}$.

Ejemplo 2.8

Al lanzar un dado dos veces, los sucesos $A =$ "sacar primero un 3"y $B =$ "sacar 7 como suma"son independientes, pero A y $C =$ "sacar 8 como suma"no lo son. La comprobación es inmediata, puesto que:

$$p(A) = p(B) = 1/6, \ p(C) = 5/36, \ p(A \cap B) = p(A \cap C) = 1/36$$

La independencia de tres o más sucesos presenta una cierta sutileza. Podría pensarse que bastaría con pedir que fuesen independientes dos a dos, o que la probabilidad de la intersección de los tres fuese igual al producto de las tres probabilidades, pero lo adecuado es pedirlo todo.

Definición. Decimos que los sucesos S_1, S_2 y S_3 son independientes cuando se cumplen las cuatro condiciones:

1. $p(S_1 \cap S_2) = p(S_1) \cdot p(S_2)$.

2. $p(S_1 \cap S_3) = p(S_1) \cdot p(S_3)$.

3. $p(S_2 \cap S_3) = p(S_2) \cdot p(S_3)$.

4. $p(S_1 \cap S_2 \cap S_3) = p(S_1) \cdot p(S_2) \cdot p(S_3)$.

Que las tres primeras condiciones no son suficientes lo muestra el siguiente ejemplo:

Ejemplo 2.9

Lanzamos dos monedas equilibradas. Se comprueba inmediatamente que los sucesos:

1. $S_1 =$ "salir cruz en la primera moneda".

2. $S_2 =$ "salir cara en la segunda moneda".

3. $S_3 =$ "salir lo mismo en las dos monedas".

son independientes dos a dos, pues la probabilidad de cada uno de ellos es $1/2$ y la de cada intersección es $1/4$ (por ejemplo, $S_1 \cap S_2$ es el suceso $+$C, $S_1 \cap S_3$ es $++$, y $S_2 \cap S_3$ es CC), pero la intersección es vacía (si sale cruz en la primera y cara en la segunda, no sale lo mismo en las dos), por lo que su probabilidad es 0, distinto del producto de las tres probabilidades, que es $1/8$.

La independencia de una cantidad mayor de sucesos se define análogamente, exigiendo que la probabilidad de cualquier intersección de ellos sea igual al producto de las probabilidades respectivas.

2.5.2. Teorema de la probabilidad total

La probabilidad condicionada, además de ser interesante en sí misma, puesto que describe cuál es la probabilidad cuando el espacio muestral se reduce al haber acaecido un cierto suceso, es una herramienta versátil y poderosa, que sirve tanto para calcular la probabilidad de un suceso descomponiéndolo en varios más sencillos y reuniendo las piezas, como para reajustar la asignación de probabilidades incorporando la nueva información (cambiando de una probabilidad a priori a una probabilidad a posteriori). La formulación precisa de estas afirmaciones es el contenido de dos importantes teoremas, a los que dedicamos las últimas secciones del capítulo.

Definición. Sea M un espacio muestral. Un *sistema completo de sucesos* es una partición de M, es decir, una familia de sucesos $S_1, S_2, \ldots, S_n$ incompatibles dos a dos que cubren todo el espacio muestral M:

- $S_i \cap S_j = \emptyset, \quad i, j \in \{1, 2, \cdots, n\}, \quad i \neq j.$

- $\bigcup_{i=1}^n S_i = M.$

Se exige también que $p(S_i) > 0 \; \forall i$, para poder condicionar por esos sucesos, aunque normalmente no lo haremos explícito. También se pueden considerar sistemas completos con una cantidad infinita (numerable) de sucesos, pero en este curso no van a aparecer.

Ejemplo 2.10

Si S es un suceso cualquiera, $\{S, S^c\}$ es un sistema completo de sucesos. Esa situación es posiblemente la de más frecuente aparición en la práctica. En el experimento de lanzar dos monedas al aire, los tres sucesos "salir dos caras", "salir dos cruces" y "salir una cara y una cruz" forman un sistema completo.

La primera ventaja de esos sistemas de sucesos se evidencia cuando descomponemos el universo M en varios "escenarios" diferentes en los cuales el estudio sea más sencillo: si A es un suceso que puede darse en varios escenarios diferentes, digamos S_1, S_2 y S_3, y conocemos las probabilidades de A en cada uno de ellos, $p(A|S_k)$, es posible calcular la probabilidad "total" de A aglutinando esas probabilidades "parciales". Eso es lo que dice con toda precisión el teorema de la probabilidad total:

Teorema de la Probabilidad Total. Sea M un espacio probabilístico. Sea A un suceso y sea $S_1, S_2, \ldots, S_n$ un sistema completo de sucesos. Entonces se tiene:

$$p(A) = \sum_{i=1}^{n} p(A|S_i)p(S_i)$$

Demostración: La demostración es fácil:

$$A = A \cap M = A \cap (S_1 \cup S_2 \cup \ldots) = (A \cap S_1) \cup (A \cap S_2) \cup \ldots$$

y como esos sucesos son incompatibles dos a dos, se tendrá:

$$p(A) = p(A \cap S_1) + p(A \cap S_2) + \ldots = p(A|S_1).p(S_1) + p(A|S_2).p(S_2) + \ldots$$

Observación. Como se indicó anteriormente, también pueden considerarse sistemas completos de sucesos que sean numerables, en vez de finitos, y el teorema es igualmente válido en ese caso (que no aparecerá a lo largo de este curso).

Ejemplo 2.11

En una caja hay 10 bolas, de las que 5 son blancas; en otra caja hay 8, con 4 blancas; y en una última caja hay 12 bolas, de las que tres tienen ese color. Se escoge una caja al azar y se extrae de ella una bola: ¿cuál es la probabilidad de que sea blanca?

De entrada, no es obvia la respuesta: la probabilidad pedida, $p(S)$, no se nos ofrece de manera inmediata (¿quizá será 12/30. porque hay doce bolas blancas de un total de treinta?). Lo que sí es evidente son las probabilidades de que la bola sea blanca si nos dicen de qué caja se saca: $5/10, 4/8$ y $3/12$ respectivamente; aprovechamos esta información parcial para calcular la probabilidad total:

Denotamos por A, B y C a los sucesos que consisten, respectivamente, en elegir la primera caja, la segunda y la tercera, y suponemos que son sucesos equiprobables, esto es, $p(A) = p(B) = p(C) = \frac{1}{3}$. Los sucesos A, B y C cumplen los requisitos del teorema anterior, por lo que calculamos la probabilidad $p(S)$ así:

$$p(S) = p(S|A) \cdot p(A) + p(S|B) \cdot p(B) + p(S|C) \cdot p(C)$$

$$= \frac{5}{10} \cdot \frac{1}{3} + \frac{4}{8} \cdot \frac{1}{3} + \frac{3}{12} \cdot \frac{1}{3} = \frac{5}{12}$$

Así, el teorema de la probabilidad total nos permite emplear una estrategia de "divide y vencerás" para calcular probabilidades. En una herramienta que conviene tener a mano y saber usar.

Ejemplo 2.12

La probabilidad de que un jugador de tenis gane un punto con su servicio es p, con independencia de lo que haya sucedido en los demás puntos. En un momento dado, el resultado es *deuce*. Calculemos la probabilidad de que el jugador que sirve gane ese juego.

La solución es sencilla de hallar si consideramos tres escenarios: que consiga los dos puntos siguientes el jugador que saca (S_1), que esos dos puntos los gane su rival (S_2) y que gane un punto cada uno (S_3). Las probabilidades de esos tres escenarios son, respectivamente, $p^2, (1-p)^2$ y $2p(1-p)$; en el primero de ellos, el jugador que sirve ha ganado el juego, en el segundo lo ha perdido, y en el tercero se encuentra en la misma situación de *deuce* que antes. Si llamamos x a la probabilidad pedida, el teorema de la probabilidad total nos asegura que:

$$x = 1 \cdot p^2 + 0 \cdot (1-p)^2 + x \cdot 2p(1-p)$$

Despejamos x ahí:

$$x = \frac{p^2}{1 - 2p + 2p^2} = \frac{p^2}{p^2 + (1-p)^2}$$

Sentada la utilidad del teorema de la probabilidad total e ilustrada con esos ejemplos, quedan pendientes dos cuestiones: cuándo usarlo y cómo hacerlo. No puede darse una respuesta definitiva a esas preguntas, pero sí una guía razonable: en primer lugar, si a la pregunta '¿cuál es la probabilidad de tal suceso?' la respuesta es 'depende', es fácil que este teorema venga al pelo; como depende de cuáles sean las circunstancias, es verosímil que las probabilidades sean sencillas de calcular en cada uno de esos casos particulares, y que el teorema de la probabilidad total permita soldar esas probabilidades parciales.

Así, en los dos ejemplos anteriores, el cálculo era fácil si sabíamos de qué caja provenía la bola o quién ganaba los dos primeros puntos, lo que dio la clave para resolver los ejercicios.

En segundo lugar, para aplicar el teorema es necesario definir un cierto sistema completo de sucesos, ¿cómo escoger los sucesos adecuados? El asunto tiene enjundia: un consejo natural es que se piense en sucesos relevantes para el problema planteado, pero eso no siempre es obvio; sí parece muy claro que en el ejemplo de las cajas y las bolas había que considerar qué caja era la escogida, pero en el otro ejemplo no se ve tan claro cómo conviene elegir el sistema completo de sucesos. En general, es probable que haya que pensarlo detenidamente hasta acertar con la buena elección.

Ejemplo 2.13

Lanzamos al aire una moneda (bien equilibrada) hasta que vemos que cae de cara dos veces consecutivas. ¿Cuál es la probabilidad de que eso suceda precisamente al cabo de n tiradas?

Como siempre, es importante empezar poniendo nombre a los actores involucrados en el problema. Si llamamos S_n al suceso "caen dos caras seguidas por primera vez al cabo de n tiradas", está claro que nos están pidiendo la probabilidad de S_n. ¿Cómo la calculamos?

Cuando n es un número pequeño, es fácil: $p(S_1) = 0$, porque con una sola tirada no podemos tener ya dos caras, $p(S_2) = 1/4$, porque S_2 significa que las dos veces ha salido cara, $p(S_3) = 1/8$, $p(S_4) = 2/16$, etc., pero así no podemos calcular la probabilidad cuando n es grande. ¿Podría ayudarnos el teorema de la probabilidad total? Si es así, ¿cuáles serían los escenarios que interesaría considerar?

No parece obvio cómo hacerlo, pero tras un tiempo de reflexión caemos en la cuenta de que hay un sistema completo de sucesos formado por tres escenarios que simplifica la situación. Los escenarios son estos:

- E_1 = "las dos primeras veces salió cara".

- E_2 = "la primera vez salió cara y la segunda cruz".

- E_3 = "la primera vez salió cruz".

Es evidente que forman un sistema completo y que sus probabilidades son:

$$p(E_1) = 1/4 = p(E_2), \quad p(E_3) = 1/2$$

Además, para cualquier $n > 2$, la probabilidad de S_n en cada uno de esos escenarios es casi obvia: $p(S_n|E_1) = 0$, puesto que si las dos primeras veces sale cara, ya no es en la n-sima tirada cuando se produce por primera vez, $p(S_n|E_2) = p(S_{n-2})$ y $p(S_n|E_3) = p(S_{n-1})$, puesto que en el segundo escenario se han consumido 2 tiradas y estamos como al principio, mientras que en el tercero se ha consumido una tirada, con el contador a cero.

El teorema de la probabilidad total nos permite concluir que $p(S_n)$ es igual a $1/4 \cdot 0 + 1/4 \cdot p(S_{n-2}) + 1/2 \cdot p(S_{n-1}) = \frac{p(S_{n-2}) + 2p(S_{n-1})}{4}$. Esa fórmula de recurrencia facilita el cálculo.

Para mayor claridad, escribimos $p(S_n)$ como $\frac{x_n}{2^n}$, y la fracción $\frac{p(S_{n-2}) + 2p(S_{n-1})}{4}$ se transforma en $\frac{x_{n-2} + x_{n-1}}{2^n}$, es decir, $x_n = x_{n-2} + x_{n-1}$, que es la relación de recurrencia de los números de Fibonacci.

Como $p(S_1) = 0$, $p(S_2) = 1/4$, $p(S_3) = 1/8$, deducimos que x_n es el número de Fibonacci de orden $n - 1$ y la probabilidad de S_n es $p(S_n) = \frac{F_{n-1}}{2^n}$. Por ejemplo, la probabilidad de que el primer par de caras consecutivas se obtenga en las tiradas 13 y 14 es $p(S_{14}) = \frac{F_{13}}{2^{14}} = \frac{233}{16384} \approx 0,01422$.

El teorema de la probabilidad total tiene otra consecuencia importante que se pondrá de manifiesto en el capítulo siguiente, al permitir calcular la esperanza de una variable aleatoria usando la misma estrategia de "divide y vencerás" para descomponer esa esperanza (que aún no se ha dicho lo que es, porque corresponde al siguiente capítulo) como una media ponderada de las esperanzas de unas variables aleatorias condicionadas y eventualmente más fáciles de calcular.

2.5.3. Teorema de Bayes

El teorema de Bayes nos dice cómo utilizar la información que nos da el resultado de un experimento para revisar las probabilidades que asignábamos a los diferentes escenarios, y nos capacita así para aprender de la experiencia.

El sentido que tiene es éste: supongamos que hay varias situaciones posibles a priori en las que se puede producir un suceso, a esas situaciones les tendremos asignadas unas probabilidades a priori (por ejemplo, si no sabemos nada de ellas, lo más lógico es asignarles a todas la misma probabilidad; ése era el caso del ejemplo 2.11, en el que los tres escenarios posibles corresponden a elegir la primera caja, la segunda y la tercera). Supongamos que conocemos también las probabilidades de que se produzca el suceso en cuestión en cada uno de los escenarios (las probabilidades condicionadas).

A estas alturas, ya podemos conocer la probabilidad de que ese suceso tenga lugar. Pero vamos un poco más lejos: supongamos que el experimento se realiza y el suceso efectivamente ocurre; ello modifica nuestra confianza en que los escenarios posibles sean uno u otro: las probabilidades respectivas se modifican al hilo de la información adicional (en el ejemplo anterior, si sacamos una bola y es blanca, será más probable que proceda de la primera caja que de la tercera, con lo que las probabilidades a posteriori ya no serán iguales).

El teorema de Bayes da una formulación precisa de cómo se han de evaluar las nuevas probabilidades. Dice así:

Teorema (Bayes). Sea p una función de probabilidad definida en un espacio muestral M, sea S un suceso y sea $S_1, S_2, \ldots, S_n$ un sistema completo de sucesos. Entonces

$$p(S_j|S) = \frac{p(S|S_j)p(S_j)}{p(S)} = \frac{p(S|S_j)p(S_j)}{\sum_{i=1}^{n} p(S|S_i)p(S_i)}$$

Demostración. La demostración es inmediata. La probabilidad $p(S_j|S)$ es igual a $\frac{p(S_j\cap S)}{p(S)}$. El numerador coincide con $p(S|S_j)p(S_j)$ (por la definición de $p(S|S_j)$) y el denominador es $\sum_{i=1}^{n} p(S|S_i)p(S_i)$ en virtud del teorema de la probabilidad total.

Ejemplo 2.14

Si de una de las cajas del ejemplo 2.11 se extrae una bola y resulta ser blanca, ¿cuál es la probabilidad de que la caja de que se extrajo fuese la segunda? Y si la bola era negra, ¿qué probabilidad hay de que estuviese en la primera caja?

La primera pregunta pide $p(B|S)$, que se calcula mediante la fórmula de Bayes:

$$p(B|S) = \frac{p(S|B).p(B)}{[p(S|A).p(A) + p(S|B).p(B) + p(S|C).p(C)]}$$

El denominador se calculó anteriormente y resultó ser $p(S) = 5/12$; el numerador es igual a $4/8 \cdot 1/3 = 1/6$, de suerte que la probabilidad de que la bola provenga de la caja B es $\frac{1/6}{5/12} = 2/5$.

La segunda cuestión es calcular $p(A|S^C)$, lo que se hace del mismo modo (con el teorema de Bayes):

$$p(A|S^C) = \frac{p(S^C|A).p(A)}{p(S^C)} = \frac{5/10 \cdot 1/3}{7/12} = \frac{2}{7}$$

Nótese que las probabilidades de los sucesos A, B y C se modifican cuando se ven condicionados por la extracción de una bola, sea blanca o negra, puesto que los sucesos no son independientes: el conocimiento de qué tipo de bola salió nos da una información que altera las probabilidades. Se suele hablar de *probabilidades a priori* (que serían iguales a un tercio) y *a posteriori* (que son algo mayores o menores según sea la información que se nos da. Así $\frac{2}{7}$ es menor que $\frac{1}{3}$ porque al ser negra la bola, es menos probable que sea de la caja primera, donde la proporción de bolas negras es menor o igual que en las otras dos.

Ejemplo 2.15

Supongamos que estamos observando el cielo en busca de aviones y que la probabilidad de que haya un avión volando es del 5 %. Supongamos también que disponemos de un radar que puede mostrar una señal en la pantalla o no, y que la probabilidad de que la muestre es del 99 % cuando hay un avión (se le escapa uno de cada cien) y del 10 % cuando no lo hay (produce una falsa alarma en esos casos). Si el radar detecta algo, ¿cuál será la probabilidad de que efectivamente haya un aeroplano sobrevolando la zona?

Ponemos nombres a los sucesos relevantes:

- A: hay un avión sobrevolando la zona.

- R: el radar muestra una señal.

El enunciado del problema nos dice que:

$$p(A) = 0,05, \ p(R|A) = 0,99, \ p(R|A^c) = 0,1$$

y nos pide $p(A|R)$.

Usando el teorema de Bayes, calculamos la probabilidad deseada.

$$p(A|R) = \frac{p(R|A).p(A)}{p(R|A).p(A) + p(R|A^c).p(A^c)} = \frac{0,99 \times 0,05}{0,99 \times 0,05 + 0,1 \times 0,95} =$$

$$= \frac{0,0495}{0,1445} = 0,34$$

Puede sorprender que la probabilidad calculada sale baja, pese a que estamos usando un radar bastante bueno. Eso sucede porque el suceso A es mucho menos probable que su contrario, lo que hace que las falsas alarmas cobren protagonismo, porque su coeficiente de ponderación es alto $(0, 95)$. El ejemplo siguiente lo ilustra de una manera extrema y nos brinda una lección interesante a la hora de tomar decisiones.

Ejemplo 2.16

Imaginemos una enfermedad de baja incidencia, que sólo afecta a una persona de cada 100000, para la cual hay un test de detección precoz que acierta en el 99, 9 % de los casos en que la persona que se somete al test está enferma y en el 99, 95 % de los casos en que está sana. Supongamos que una persona se somete a esta prueba y el resultado que le da es positivo (o sea, dice que está enferma). ¿Cuál es la probabilidad de que efectivamente esté infectada?

Para empezar, ponemos nombres a los sucesos significativos:

- A: la persona en cuestión está afectada por la enfermedad

- P: el resultado de la prueba es positivo

Conocemos los valores a priori de las probabilidades, porque los da el enunciado, así como las probabilidades de P tanto en el caso de que la persona esté infectada como en el de que no lo esté. Una cuenta elemental usando el teorema de Bayes nos da el valor de la probabilidad a posteriori:

$$p(A|P) = \frac{p(P|A).p(A)}{p(P|A).p(A) + p(P|A^c).p(A^c)} =$$

$$= \frac{0,999 \cdot 0,00001}{0,999 \cdot 0,00001 + 0,0005 \cdot 0,99999} = 0,0196$$

con lo que hay enormes probabilidades de que se esté tratando de un falso positivo, pese a que esa prueba sea excelente.

¿Es aconsejable usar esa prueba diagnóstica con el conjunto de la población? La respuesta es un rotundo 'no', pues se generarían muchas falsas alarmas. En cambio, si la incidencia del mal fuese alta (por ejemplo, en algún grupo de riesgo), sí podría ser recomendable su utilización. Si entre cierta población la incidencia es del 10 %, las mismas operaciones anteriores conducen a:

$$p(A|P) = \frac{p(P|A).p(A)}{p(P|A).p(A) + p(P|A^c).p(A^c)} =$$

$$= \frac{0,999 \cdot 0,1}{0,999 \cdot 0,1 + 0,0005 \cdot 0,9} = 0,9955$$

lo que aconseja la vacunación en ese grupo.

Ejercicios resueltos

2.3. Un grupo de n jinetes llega a la cantina, dejan los caballos en el establo y entran. Después de varias horas de puñetazos y whisky, van saliendo de uno en uno, borrachos, y cada uno monta un caballo al azar. ¿Cuál es la probabilidad de que el primer jinete salga con su caballo? ¿Y la de que lo haga el segundo? ¿Y ambos? ¿Y el tercero? ¿Y el j-ésimo? ¿Son independientes esos sucesos?

Resolución

Vamos a dar nombres a los sucesos que nos importan para este ejercicio:

- S_j: el jinete j-ésimo sale con su caballo.

- S_{ij}: el jinete i-ésimo sale con el caballo del j-ésimo.

Una manera sensata de abordar el problema (válido en casi todas las situaciones imaginables) consiste en resolverlo primero para casos sencillos, digamos que cuando el número de jinetes, n, es 2 o 3, y luego abordar el caso general (con la intuición y las pistas que hemos ganado resolviendo esos casos sencillos).

Cuando n es 2, sólo hay dos maneras en que los dos jinetes pueden tomar los caballos, que escribimos como $(1, 2)$ (para indicar que el primer jinete sale en el primer caballo y el segundo jinete en el segundo caballo) y $(2, 1)$ (para indicar que el primer jinete sale en el segundo caballo y el segundo jinete lo hace en el primer caballo). De esos dos casos, sólo el primero corresponde a S_1, por lo que el número de casos favorables a S_1 es 1, y el de casos posibles es 2, así que $p(S_1) = \frac{1}{2}$.

En cuanto a S_2, resulta que coincide con S_1, puesto que sólo en el primer caso sale el segundo jinete con su caballo, así que $p(S_2) = \frac{1}{2}$ también. De hecho, en este caso, $S_1 \cap S_2 = S_1$ y la probabilidad de la intersección es $p(S_1 \cap S_2) = p(S_1) = \frac{1}{2}$, que no coincide con el producto de las probabilidades, así que los sucesos no son independientes.

Cunado n es 3, hay seis formas diferentes de salir a caballo, que pueden escribirse como $(1,2,3), (1,3,2), (2,1,3), (2,3,1), (3,1,2)$ y $(3,2,1)$. De los seis casos, los dos primeros corresponden a S_1, el primero y el último a S_2, y el primero y el tercero a S_3, por lo que el número de casos favorables a cada S_j es 2. Como el total es 6, las probabilidades son $p(S_1) = p(S_2) = p(S_3) = \frac{1}{3}$. Por otra parte, $S_1 \cap S_2$ es sólo el primer caso, y la probabilidad de la intersección es $p(S_1 \cap S_2) = \frac{1}{6}$, que no es igual al producto de las probabilidades, así que los sucesos tampoco son independientes en este caso.

Podríamos abordar el caso $n = 4$, pero vamos a pasar ya al caso general. Hay dos maneras de abordarlo: de forma secuencial y de forma global.

- Si lo planteamos en forma secuencial, pensando en cómo calcular las probabilidades a medida que van saliendo los jinetes, está claro que $p(S_1) = \frac{1}{n}$, porque el primer jinete se encuentra n caballos en el establo y monta en uno al azar. Lo que quizá no esté igual de claro es que $p(S_2)$ también es $\frac{1}{n}$. Si no se acaba de entender bien, acudimos al teorema de la probabilidad total, distinguiendo si el primer jinete tomó el segundo caballo o no, es decir, usando el sistema completo de sucesos $\{S_{12}, S_{12}^c\}$; es evidente que $p(S_2|S_{12}) = 0$, porque si el primer jinete cogió el caballo del segundo, éste ya no puede montar en él, y que $p(S_2|S_{12}^c) = \frac{1}{n-1}$, porque si el primero no lo cogió, el segundo caballo sigue ahí, entre los $n-1$ restantes, a disposición de su jinete; además, $p(S_{12}) = \frac{1}{n}$ y $p(S_{12}^c) = \frac{n-1}{n}$. El teorema de la probabilidad total nos permite calcular $p(S_2)$:

$$p(S_2) = p(S_2|S_{12}) \cdot p(S_{12}) + p(S_2|S_{12}^c) \cdot p(S_{12}^c)$$

es decir, $0 \cdot \frac{1}{n} + \frac{1}{n-1} \cdot \frac{n-1}{n} = \frac{1}{n}$.

De modo similar se calcula $P(S_3)$ y $P(S_j)$; el resultado es el mismo en todos los casos: $\frac{1}{n}$.

- Visto globalmente, el número total de casos posibles es $n!$, que son las posibles maneras de colocar los n jinetes en los caballos, o los números de 1 a n en orden. El suceso S_j corresponde a los casos en que el número j está en la j-ésima posición, lo que da un total de $(n-1)!$ casos (pues los restantes $n-1$ números pueden ir colocados de cualquier manera. La regla de Laplace nos da la probabilidad de S_j: $p(S_j) = \frac{(n-1)!}{n!} = \frac{1}{n}$.

La dependencia entre los sucesos es evidente (y ya se vio para $n = 2$ y $n = 3$). La probabilidad de S_2 condicionado por S_1 es $\frac{1}{n-1}$ (si el primer jinete escogió su caballo, al segundo le quedan $n - 1$ monturas, entre las que se encuentra la suya), mientras que la probabilidad sin condicionar es $\frac{1}{n}$, según acabamos de ver.

2.4. Don Gil tiene tres pares de calzas, de los que cada día elige uno: un par es verde por dentro y por fuera, otro par es amarillo por ambos lados, y el tercer par es verde por un lado y amarillo por el otro. Las calzas se pueden dar la vuelta, con lo que no sabemos qué lado es el de dentro y cuál el de fuera. Un día vemos que las calzas que lleva puestas don Gil se ven verdes (por el lado de fuera, el otro no lo vemos), ¿qué probabilidad hay de que las calzas sean también verdes por el otro lado?

Resolución

Lo primero que hacemos es poner nombre a los sucesos relevantes: llamemos S_1 al suceso 'las calzas elegidas son las verdes', S_2 al suceso 'las calzas elegidas son las amarillas' y S_3 al suceso 'las calzas elegidas son las de dos colores', y llamemos V al suceso 'las calzas se ven verdes'.

La probabilidad que se nos pide es $p(S_1|V)$, puesto que el que el otro lado sea también verde es lo mismo que decir que se trata de la primera pareja de calzas.

Un error burdo consiste en decidir que esa probabilidad es 1/2, pues al verse verdes se descarta la tercera pareja, y sólo hay dos casos posibles; en realidad, ver una cara verde da más información que ésa, y la probabilidad correcta se calcula usando la fórmula de Bayes:

$$p(S_1|V) = \frac{p(V|S_1) \cdot p(S_1)}{\sum p(V|S_k) \cdot p(S_k)} = \frac{1 \cdot 1/3}{1 \cdot 1/3 + 0 \cdot 1/3 + 1/2 \cdot 1/3} = 2/3$$

2.5. En un concurso, el presentador muestra tres cajas tapadas: dos están vacías y la otra contiene un premio. El concursante debe elegir una caja, cuyo contenido será su recompensa. Una vez hecha la elección, el presentador abre una de las dos cajas rechazadas y muestra que está vacía (lo que siempre puede hacer, puesto que sólo una caja contiene premio), y le ofrece al concursante la oportunidad de reconsiderar su elección y escoger la otra caja (o bien reafirmarse en su primera opción).

¿Qué le conviene hacer al concursante, perseverar en su elección o modificarla? ¿O acaso es indiferente lo que haga?

Resolución

Este acertijo es enormemente popular y ha dado lugar a una extensa colección de respuestas, réplicas y contrarréplicas, con los argumentos más variados y peregrinos. Se conoce como 'problema de Monty Hall', porque se hizo célebre en un programa de televisión presentado por Monty Hall. Sin embargo, la solución es muy sencilla.

De una manera rápida, la probabilidad de acertar en la primera elección es $1/3$ y la de no hacerlo es $2/3$. Si el concursante cambia su elección inicial, está aumentando sus posibilidades (duplicándolas, de hecho), así que la estrategia buena es cambiar.

Sin embargo, mucha gente cae en el error de considerar que cuando el presentador muestra una caja vacía las probabilidades cambian (y pasan a ser de $1/2$ frente a $1/2$, haciendo indiferente la elección). Esta burda falacia resulta sorprendentemente difícil de desmontar ante la obstinación de algunos, así que quizá no sea una pérdida de tiempo exponer con detalle la situación desde un punto de vista matemático.

Numeramos las cajas del 1 al 3, de manera que la elegida por el consursante es la 3 (por ejemplo). Llamamos S_i al suceso 'el premio está en la i-ésima caja'. Los sucesos S_1, S_2, S_3 forman un sistema completo de sucesos cuyas probabilidades a priori son $p(S_1) = p(S_2) = p(S_3) = 1/3$, evidentemente.

Puesto que la caja elegida es la tercera, el presentador sólo puede abrir una de las otras dos; sea A_i el suceso 'el presentador abre la i-ésima caja'. Por la simetría de los casos, está claro que $p(A_1) = p(A_2) = 1/2$; pero si hay dudas, puede calcularse mediante el problema de la probabilidad total: puesto que si el premio está en la primera caja, el presentador se ve obligado a abrir la segunda, $p(A_1|S_1) = 0$, y por lo mismo, $p(A_1|S_2) = 1$, mientras que $p(A_1|S_3) = 1/2$, ya que si el premio está en la tercera caja (la escogida por el concursante), el presentador puede abrir cualquiera de las otras dos. Por tanto:

$$p(A_1) = p(A_1|S_1)p(S_1) + p(A_1|S_2)p(S_2) + p(A_1|S_3)p(S_3) =$$

$$= 0 \cdot 1/3 + 1 \cdot 1/3 + 1/2 \cdot 1/3 = 1/2$$

La gracia del concurso está en si la probabilidad de S_3 se verá modificada por la elección que haga el presentador al abrir una caja, es decir, si las probabilidades a posteriori $p(S_3|A_i)$ serán distintas de la probabilidad a priori $p(S_3) = 1/3$. Calculamos las probabilidades a posteriori mediante la fórmula de Bayes:

$$p(S_3|A_i) = \frac{p(A_i|S_3)p(S_3)}{p(A_i)} = \frac{1/2 \cdot 1/3}{1/2} = 1/3$$

Resulta, pues, que la probabilidad a posteriori es la misma que a priori. Al concursante le interesa cambiar, puesto que así duplica sus probabilidades de éxito.

Para hacer más clara la conclusión, pensemos en una situación análoga con mil cajas, y el presentador abre 998 vacías, dejando sólo la elegida por el concursante y otra. Parece obvio que la primera elección fue incorrecta casi con toda seguridad (sólo acertaríamos una vez de cada mil), por lo que cambiar es lo más inteligente.

2.6. Tres prisioneros esperan en su celda: a la mañana siguiente dos serán ejecutados y el tercero será indultado. El carcelero sabe qué suerte le espera a cada uno, pero no está autorizado a informarles. Uno de los reclusos se dirige a él en estos términos:

Ya sé que no puedes decirme si seré indultado o no, pero al menos hazme este favor: dime el nombre de uno de mis compañeros que será condenado. Para no faltar a tu obligación, haz esto: si a mí me van a ejecutar, dime el nombre del otro desdichado, y si a mí me van a liberar, echa a suertes entre los otros dos y dime uno de sus nombres.

El carcelero entiende que no viola el secreto dando esa información y señala a uno de los presos. El recluso que le preguntó le da las gracias y se alegra, pensando que sus posibilidades de ser indultado han crecido de 1/3 a 1/2.

¿Es correcto el razonamiento del preso? Si no lo es, ¿dónde está el error?

Resolución

Pongamos nombres a los infortunados, o con más propiedad, números: los presos 1, 2 y 3. Digamos que 1 es el preso que habla con el carcelero y 2 es el señalado por éste como condenado. Denotemos por I_k al suceso 'el indultado es el preso número k', y sea S el suceso 'el guarda señala a 2 como condenado'. Las probabilidades a priori son $p(I_k) = 1/3$ y la probabilidad a posteriori de I_1 se calcula por la fórmula de Bayes:

$$p(I_1|S) = \frac{p(S|I_1) \cdot p(I_1)}{p(S|I_1) \cdot p(I_1) + p(S|I_2) \cdot p(I_2) + p(S|I_3) \cdot p(I_3)} =$$

$$= \frac{1/2 \cdot 1/3}{1/2 \cdot 1/3 + 0 \cdot 1/3 + 1 \cdot 1/3} = 1/3$$

El razonamiento del recluso es falaz, para su desgracia.

El problema admite una segunda parte: el preso número 1, tras oír la respuesta del carcelero se la comunica al número 3, y le dice que las posibilidades de supervivencia de ambos han subido al 50 por ciento. El recluso se alegra, pero estima que en realidad la suya no es de 1 entre 2, sino de 2 entre 3. Discútalo.

El tercer recluso está en lo cierto. Puesto que la probabilidad de que el indultado sea el número 1 es de 1/3, como acabamos de ver, y la de que lo sea el número 2 es 0 (porque el carcelero así lo ha comunicado), la suya es igual a 2/3.

Este ejercicio es análogo al anterior, bajo un ropaje diferente: los presos son como las tres cajas, el indultado sería la que contiene el premio, el carcelero hace el papel del presentador y la información que da corresponde a destapar una caja vacía. A veces, formulaciones aparentemente muy distintas esconden un mismo modelo subyacente.

2.6. Recapitulación

Este capítulo pone las bases de la teoría de la probabilidad. Partiendo del concepto de fenómeno aleatorio o experimento aleatorio, como aquel cuyo resultado no se puede anticipar, modelizamos sus resultados mediante el espacio muestral, a cuyos subconjuntos denominamos sucesos.

En el álgebra de Boole de los sucesos, se define la probabilidad, como cualquier función que satisfaga ciertas condiciones (axiomas de Kolmogorov). Un ejemplo sencillo (pero no el único, desde luego) es el que proporciona la regla de Laplace, válida cuando el espacio muestral es finito y hay razones para suponer que es razonable asignar la misma probabilidad a todos los sucesos elementales.

Tras ver unas primeras propiedades, abordamos la probabilidad condicionada, que permite reajustar la asignación de probabilidades cuando se dispone de nueva información. Con su ayuda, dimos una fórmula para calcular la probabilidad de la intersección de sucesos. También estudiamos la independencia de sucesos, que se puede entender como el hecho de que uno de ellos no da ninguna información sobre el otro.

El capítulo se cierra con dos teoremas importantes: el de la probabilidad total, que simplifica el cálculo de probabilidades descomponiendo el espacio muestral en varios escenarios, y el de Bayes, que evalúa la probabilidad a posteriori de un escenario, cuando se sabe que ha tenido lugar cierto suceso.

2.7. Ejercicios propuestos

1. Razone si son verdaderas o falsas las siguientes afirmaciones.

   a) Dos sucesos incompatibles son independientes.

   b) Dos sucesos independientes son incompatibles.

   c) Si A y B son sucesos independientes, entonces A y B^C también son independientes.

   d) Si A y B son sucesos independientes, entonces A^C y B^C también son independientes.

   e) Si A y B son sucesos incompatibles, entonces A y B^C también son incompatibles.

   f) Si A y B son sucesos incompatibles, entonces A^C y B^C también son incompatibles.

2. En una caja hay seis bolas blancas y doce bolas rojas. Se lanza un dado y se retiran tantas bolas rojas como indique el resultado de la tirada. A continuación se extrae al azar una de las bolas restantes.

   a) ¿Cuál es la probabilidad de que la bola sea blanca?

   b) Si la bola es blanca, ¿cuál es la probabilidad de que al tirar el dado hubiera salido un seis?

3. De una baraja española (de 40 cartas) se van sacando naipes hasta que sale un as. ¿Cuál es la probabilidad de que el primer as salga en la séptima extracción?

4. Una caja contiene 6 bolas numeradas del 1 al 6. Se van extrayendo sucesivamente (sin volver a introducirlas) hasta sacar las 6. ¿Cuál es la probabilidad de que salgan ordenadas de menor a mayor? ¿Y si sólo se extraen dos bolas? ¿Y si son tres?

5. En un tablero de ajedrez se sitúa un rey negro en una casilla elegida al azar. Después se escoge otra casilla (diferente de la ocupada por el rey) y se sitúa en ella un caballo blanco. ¿Cuál es la probabilidad de que el caballo esté dando jaque al rey?

6. De una baraja española se extraen cinco naipes, que resultan ser espadas. Sin volver a introducirlos, se extrae un sexto naipe. ¿Cuál es la probabilidad de que esa carta sea un caballo?

7. Mi despertador funciona mal: el 20 % de las mañanas no suena. Cuando funciona, la probabilidad de que llegue tarde al trabajo es 0,2; cuando no lo hace, esa probabilidad es 0,9. Calcule:

   - La probabilidad de que un día determinado llegue a tiempo al trabajo.
   - La probabilidad de que un día determinado llegue tarde y haya sonado el despertador.
   - La probabilidad de que un día determinado haya sonado el despertador, sabiendo que ese día llegué tarde al trabajo.

8. Para hacer un cierto examen, podemos seguir tres estrategias: la primera es buena, y con ella aprobamos, la segunda es mala y nos condena a suspender, y la tercera lleva a un punto en el que tendremos que elegir entre las dos primeras estrategias (lo que haremos de manera equiprobable).

   Un alumno atolondrado decide su estrategia lanzando un dado: si sale 1, 2 o 3, adopta la primera estrategia; si sale 4 o 5, la segunda, y si sale 6, la tercera. Se pregunta:

   - ¿Cuál es la probabilidad de que apruebe el examen?
   - Si finalmente lo aprobó, ¿cuál es la probabilidad de que haya elegido la tercera estrategia?

Capítulo **3**

VARIABLES ALEATORIAS UNIDIMENSIONALES

Contenido

3.1. Introducción

Es muy frecuente que nos interese estudiar algún valor asociado al resultado de un experimento aleatorio, más que el propio resultado. Por ejemplo, el número de caras al lanzar una moneda 7 veces, la diferencia entre el número de caras y el de cruces, el número de lanzamientos de un dado hasta conseguir un 5, la duración de un aparato o la resistencia de un tipo de hormigón. Esos son ejemplos de variables aleatorias, a las que vamos a dedicar este capítulo.

Una variable aleatoria puede verse (de una manera algo heterodoxa, pero muy sugerente) como un número que no siempre vale lo mismo (por eso se le llama "variable"), sino que depende del resultado de un fenómeno aleatorio (de ahí el apellido "aleatoria"). Así, el resultado obtenido al lanzar un dado es un número (entre 1 y 6), pero si realizamos varias veces el experimento seguramente no obtengamos siempre el mismo valor; y el tiempo que hay que esperar hasta que llega un autobús a la parada entre las 3 y las 3:10 es otro número que depende del día en que lo midamos. Los ejemplos son innumerables.

La descripción expuesta en el párrafo anterior puede parecer imprecisa, y lo es, pero es posible darle un sentido absolutamente correcto y convertirla en una definición. Eso es lo que haremos en la próxima sección, con ayuda del concepto matemático de función.

La situación general es la siguiente: tenemos un espacio muestral, M, que estará asociado a un experimento aleatorio, y en él tenemos definida una función de probabilidad, p (dicho de otra manera, tenemos un espacio probabilístico formado por M y p); así pues, podemos hablar de sucesos y de las probabilidades asignadas a ellos. Lo que hace una variable aleatoria es codificar el espacio muestral con un determinado criterio, que será el que nos interese en cada momento, de suerte que nos van a interesar las probabilidades de que la variable aleatoria tome tales valores o tales otros.

Según sea el espacio muestral, puede hablarse de variables aleatorias discretas o continuas. Las variables aleatorias suponen un modelo matemático para gestionar la incertidumbre más potente que el álgebra de sucesos.

3.2.   Definición y ejemplos

Definición. Una *variable aleatoria* es una función con valores reales cuyo dominio es un espacio muestral (mejor dicho, un espacio probabilístico), es decir $X : M \to \mathbb{R}$.

Observaciones.

1. Esa es la forma de traducir con exactitud la idea de una cantidad que depende del resultado de un experimento aleatorio. X toma diferentes valores $X(s)$, según cuál sea el suceso elemental s.

2. Se suelen emplear letras mayúsculas del final del abecedario (X, Y, Z) para representar las variables aleatorias; las minúsculas se reservan para referirse a números. También se utilizan letras griegas (ξ, η).

3. Si X es una variable aleatoria y x es un número real, la fórmula $X = x$ describe un suceso, que está compuesto por todos los sucesos elementales a los que X les asocia precisamente el valor x. Del mismo modo, $a < X < b$ es otro suceso (el formado por aquellos sucesos elementales cuyo valor asociado está comprendido entre a y b).

4. Por eso tiene sentido hablar de la probabilidad de que la variable aleatoria X valga x o tome valores entre a y b o cualquier otra condición: nos estamos refiriendo al hablar así a la probabilidad que tienen asignados los sucesos indicados. Y precisamente eso es lo primero que nos interesa conocer al estudiar una variable aleatoria: la probabilidad que le corresponde a cada valor o a cada conjunto de valores de la misma. Si A es un subconjunto de $\mathbb{R}$:

$$p(A) = p(X \in A) = p(\{s \in M : X(s) \in A\})$$

Ejemplo 3.1

Si X es el número de caras obtenidas al lanzar una moneda tres veces, X es una variable aleatoria que puede tomar los valores $0, 1, 2$ y 3 con las probabilidades:

$$p(X = 0) = \frac{1}{8} \, , \; p(X = 1) = \frac{3}{8} \, , \; p(X = 2) = \frac{3}{8} \, , \; p(X = 3) = \frac{1}{8}$$

Ejemplo 3.2

Si X es el número de lanzamientos de un dado hasta obtener un 5, entonces X es una variable aleatoria que puede tomar los valores $1, 2, \ldots$, con probabilidad:

$$p(X = 1) = \frac{1}{6}, p(X = 2) = \frac{5}{6} \cdot \frac{1}{6} = \frac{5}{36}, p(X = 3) = \frac{25}{216}, \ldots, p(X = k) = \frac{5^{k-1}}{6^k}$$

Nótese que la suma de las probabilidades en todos los casos es igual a 1.

Ejemplo 3.3

En un tablero de ajedrez, elegimos una casilla y colocamos en ella un caballo. El número de casillas a las que puede saltar desde ahí es una variable aleatoria, X, que toma los valores 2, 3, 4, 6 y 8. El cálculo de las probabilidades con que esa variable aleatoria toma cada uno de los valores es un ejercicio sencillo.

Ejemplo 3.4

Si dividimos un segmento de longitud l por un punto al azar, la longitud del segmento que queda a la izquierda es una variable aleatoria, X, que puede tomar todos los valores del intervalo $[0, l]$. En este caso, apenas tiene sentido decir cuál es la probabilidad de que X toma un valor concreto (y en todo caso, esa probabilidad sería 0, porque el número de posibilidades es infinito), y lo relevante es hablar de la probabilidad de que el valor de X esté comprendido entre ciertos extremos (por ejemplo, entre 0 y $l/3$). Si el corte se produce sin que ninguna parte del segmento tenga preferencia sobre otras, esa probabilidad deberá ser proporcional a la longitud del intervalo.

Como se ve, las variables aleatorias pueden ser de muy diversos tipos, y adoptar desde unos pocos valores (una cantidad finita) hasta una infinidad numerable o no numerable. Para estudiar todas las variables aleatorias, y al mismo tiempo poder distinguir diversos tipos de ellas, tenemos un arma poderosa: la función de distribución.

3.3.   Función de distribución

3.3.1.   Definición y primeras propiedades

Es la herramienta universal para estudiar una variable aleatoria. La función de distribución da la 'probabilidad acumulada' y se define así:

$$F(x) = p(X \leq x)$$

Ejemplo 3.5

Volviendo al último ejemplo, la probabilidad de que el segmento mida al menos x es nula si x es negativo, y vale 1 si $x > l$, porque es seguro que el segmento medirá al menos l. Para x entre 0 y l la función de distribución vale $F(x) = \frac{x}{l}$, puesto que el corte se da al azar (y se entiende que de manera 'equiprobable' en cada punto).

Ejemplo 3.6

Si la variable aleatoria sólo toma dos valores: 1 con probabilidad $0,3$ y 4 con probabilidad $0,7$, la función de distribución es una función escalonada que vale 0 a la izquierda de 1, $0,3$ cuando $x \in [1,4)$ y 1 cuando $x \geq 4$.

Observación

Una función de distribución puede ser continua (como en el primer ejemplo) o no serlo (como en el segundo), pero satisface siempre las siguientes condiciones, como se comprueba fácilmente:

1. $\forall x \in \mathbb{R} \quad 0 \leq F(x) \leq 1$.

2. $F(x)$ tiende a 0 cuando x tiende a $-\infty$, y a 1 cuando x tiende a $+\infty$.

3. F es una función creciente (si $x < y$, entonces $F(x) \leq F(y)$).

4. F es una función continua por la derecha (el valor de F en un punto de discontinuidad coincide con el valor del límite por la derecha en ese punto).

Con ayuda de la función de distribución se calcula cómodamente cualquier probabilidad que pudiera interesarnos. En particular:

- La probabilidad de que la variable aleatoria X tome valores en un intervalo semiabierto $(a, b]$ se expresa mediante la función de distribución como $F(b) - F(a)$, puesto que así estamos restando la probabilidad de que X esté en $(-\infty, a]$ de la probabilidad de estar en $(-\infty, b]$.

- La probabilidad de que la variable aleatoria X tome un valor concreto, a, es igual a la diferencia entre el valor de la función de distribución en ese punto, $F(a)$, y el límite por la izquierda, $F(a-)$, es decir, es igual al salto que muestra la función de distribución en ese punto.

3.3.2. Tipos de variables aleatorias

Hay dos tipos principales de variables aleatorias: discretas y continuas, que se distinguen atendiendo a cómo sea la función de distribución.

Definición. Una variable aleatoria X es *continua* cuando su función de distribución es una función continua. Si la función de distribución es escalonada, es decir, F presenta discontinuidades de salto y es constante en el intervalo entre dos discontinuidades, decimos que X es una *variable aleatoria discreta*.

Observaciones.

1. Se demuestra en Cálculo que una función creciente no puede tener demasiadas discontinuidades: a lo sumo una cantidad finita o infinita numerable, por eso podemos decir que una variable aleatoria discreta sólo toma una cantidad finita de valores o una cantidad numerable. En cambio, los valores que toma una variable aleatoria continua llenan todo un intervalo. A veces se usa esa propiedad para distinguir entre los dos tipos de variables.

2. En las variables aleatorias discretas, el tamaño del salto en cada punto es igual a la probabilidad de que la variable aleatoria tome ese valor.

3. El estudio de las variables aleatorias discretas y el de las continuas siguen vías paralelas: hay muchas semejanzas, pero conviene separarlas.

4. Por lo general, las variables aleatorias discretas son más fáciles de entender, más intuitivas, mientras que las continuas pueden ser más abstractas y evasivas. A cambio, las cuentas son más sencillas en el caso continuo (aunque no siempre), porque podemos usar la potencia del cálculo diferencial e integral: aunque parezca mentira, casi siempre es más fácil integrar que sumar (sobre todo cuando el número de sumandos es infinito, lo que se conoce como 'sumar una serie').

5. También es posible que la función de distribución sea una mezcla de ambos tipos (con discontinuidades, y sin ser constante en los trechos entre esas discontinuidades); esas variables aleatorias, llamadas *mixtas*, escapan al interés de este curso.

Ejemplos 3.7

- El número de monedas que tienen en la mano dos amigos que se juegan el vermú a los chinos es una variable aleatoria discreta, que toma una cantidad finita de valores.

- El número de intentos hasta que cae por primera vez una moneda de cara es otra variable aleatoria discreta, que toma una cantidad infinita (numerable) de valores.

- La longitud de un segmento, el tiempo de espera hasta que llega el primer metro a nuestro andén y la resistencia de una viga son ejemplos de variables aleatorias continuas, que toman valores en todo un intervalo.

- También son variables aleatorias discretas el número de erratas en una página de un libro, el número de vehículos que llegan a un cierto cruce de carreteras en un intervalo de cinco minutos, la cantidad de fallos antes de conseguir el primer acierto y muchas otras magnitudes.

- Otras variables aleatorias continuas son la duración de una lámpara, la altura alcanzada por el oleaje en un puerto, la carga de pandeo de un pilar, etc.

3.4.   Variables aleatorias discretas

3.4.1.   Función de masa de probabilidad

Si X es una variable aleatoria discreta, y $x_1, x_2, \ldots$ son los distintos valores que puede adoptar, toda la información sobre X la recoge la *función de masa de probabilidad* (abreviadamente FMP), también llamada *función de cuantía*.

$$p_k = p(x_k) = p(X = x_k)$$

Nótese que los valores $p_k = p(x_k)$ son todos positivos (o nulo) y que la suma de todos ellos $p_1 + p_2 + \ldots$ es igual a 1.

Observación.

Salta a la vista que la FMP se obtiene de la función de distribución sin más que tomar nota de los saltos que se producen en cada una de las discontinuidades (que son precisamente los valores x_k que toma la variable aleatoria).

A la inversa, la función de distribución se reconstruye a partir de la FMP haciendo:

$$F(x) = \sum_{x_k \leq x} p_k$$

Ejemplo 3.8

En el espacio muestral $M = \{C, +\}$, correspondiente al lanzamiento de una moneda, definimos X como $X(C) = 0, X(+) = 1$ con la probabilidad:

$$p(X = 0) = p(X = 1) = \frac{1}{2}$$

Esa asignación de probabilidades corresponde a una moneda equilibrada. Para una moneda sesgada, tendríamos:

$$p(X = 0) = 1 - p, \quad p(X = 1) = p$$

Ejemplo 3.9

En el espacio muestral

$$M = \{CC, C+, +C, ++\}$$

correspondiente al lanzamiento de dos monedas, definimos X como el número de caras obtenidas. Si la moneda está bien equilibrada, la función de masa de X está definida por:

$$p(0) = \frac{1}{4}, \quad p(1) = \frac{1}{2}, \quad p(2) = \frac{1}{4}$$

Si la moneda no está bien equilibrada, la función de masa de X estará dada por:

$$p(0) = (1-p)^2, \quad p(1) = 2p(1-p), \quad p(2) = p^2$$

siendo p la probabilidad de sacar cara en un lanzamiento.

Ejemplo 3.10

Si X representa el número total de lanzamientos de una moneda hasta que sale la primera cara, estamos ante una variable aleatoria discreta que puede tomar los valores $1, 2, 3, \ldots$ de acuerdo con la FMP $p(n) = \frac{1}{2^n}$.

3.4.2.   Esperanza de una variable aleatoria discreta

La *esperanza* de una variable aleatoria discreta, X, es una media ponderada de los valores que puede tomar, y se define como:

$$E[X] = x_1 \cdot p(x_1) + x_2 \cdot p(x_2) + \ldots = \sum_k x_k \cdot p(x_k) = \sum_x x \cdot p(x)$$

Se suele emplear la notación μ o μ_X para la esperanza.

Ejemplo 3.11

La esperanza del número de cruces obtenidas al lanzar tres monedas bien equilibradas es igual a:

$$E[X] = 0 \cdot p(X = 0) + 1 \cdot p(X = 1) + 2 \cdot p(X = 2) + 3 \cdot p(X = 3) =$$

$$= 0 \cdot \frac{1}{8} + 1 \cdot \frac{3}{8} + 2 \cdot \frac{3}{8} + 3 \cdot \frac{1}{8} = \frac{3}{2}$$

La esperanza es un número que se puede interpretar como un cierto "valor promedio"de la variable aleatoria X, una especie de centro de gravedad de los valores que toma. Los valores de la variable con alta probabilidad influyen mucho en la esperanza, mientras que los valores con probabilidad baja tienen poca influencia. Creer que la esperanza es el valor más probable sería un error grosero, como muestra el ejemplo anterior: nunca vamos a obtener $\frac{3}{2}$ cruces al lanzar tres monedas, pero si efectuamos una gran cantidad de lanzamientos (n) es de esperar que el número de cruces no se aleje mucho de $n \cdot \frac{3}{2}$.

Observación.

Si la variable aleatoria toma una cantidad infinita de valores, podría darse el caso de que la esperanza no existiera, porque la suma que la define pudiera ser infinita, como vemos aquí:

Ejemplo 3.12

En el espacio muestral $M = \{1, 2, 3, \ldots\}$ definimos X como $X(k) = 2^k$ con la probabilidad $p(2^k) = 2^{-k}$. Así la serie que define la esperanza de X es:

$$2 \cdot 1/2 + 4 \cdot 1/4 + 8 \cdot 1/8 + \ldots = 1 + 1 + 1 + \ldots = \infty$$

Por ello, a las variables aleatorias discretas que toman infinitos valores se les suele exigir que la serie $\sum x_k \cdot p(x_k)$ sea absolutamente convergente. De todos modos, en este curso apenas vamos a encontrar variables aleatorias que no tengan esperanza finita.

Observación.

El cálculo de la esperanza de una variable aleatoria discreta que toma una cantidad infinita de valores da lugar a una suma infinita (o serie, como la suelen llamar en Matemáticas), lo que a veces presenta dificultades. Posiblemente, el alumno tenga un conocimiento muy somero del tema, por lo que puede ser oportuno recordar (o dar a conocer) algunos hechos elementales:

1. La suma $1 + r + r^2 + r^3 + \ldots = \sum_0^\infty r^n$ se conoce como serie geométrica y su suma es igual a $\frac{1}{1-r}$ cuando r está entre -1 y 1. Para comprobarlo, se multiplica esa suma por r y se resta de la serie original, lo que cancela casi todos los términos.

2. La serie $\sum_0^\infty n \cdot r^n$ se suma con el mismo truco. Su valor es $\frac{r}{(1-r)^2}$ cuando r está entre -1 y 1. La misma idea funciona con series como $\sum_0^\infty n^2 \cdot r^n$.

3. La suma $1 + x + x^2/2 + x^3/6 + \ldots = \sum_0^\infty \frac{x^n}{n!}$ es igual a e^x, puesto que es el desarrollo en serie de Taylor de la función exponencial alrededor del origen.

Ejemplo 3.13

La esperanza del número total de lanzamientos de una moneda equilibrada hasta que sale la primera cara es:

$$E[X] = \sum_1^\infty n \cdot \frac{1}{2^n} = \frac{1/2}{(1-1/2)^2} = 2$$

3.4.3. Transformación de variables aleatorias

Si X es una variable aleatoria y $g : \mathbb{R} \to \mathbb{R}$ es una función real de variable real, entonces $Y = g(X)$ es otra variable aleatoria.

La función de masa de probabilidad, p_Y, se puede expresar como:

$$p_Y(y) = \sum_{g(x)=y} p_X(x)$$

Es decir, la probabilidad de que Y tome un cierto valor y es la suma de las probabilidades de que X tome todos los valores x que se transforman en y ($g(x) = y$).

Para calcular la esperanza $E[Y] = E[g(X)]$, en principio deberíamos usar la función de masa de probabilidad correspondiente, p_Y, y con ella evaluar la esperanza como $E[Y] = \sum y.p_Y(y)$. Pero hay una fórmula alternativa:

Proposición. La esperanza de $Y = g(X)$ es igual a $\sum_x g(x).p_X(x)$.

La demostración, muy sencilla, no la veremos. En su lugar, comprobamos que es así en un ejemplo:

Ejemplo 3.14.

Sea X una variable aleatoria que toma los valores $-2, -1, 0, 1$ y 2 con probabilidades $p_X(-2) = 0,3, p_X(-1) = p_X(0) = p_X(2) = 0,2, p_X(1) = 0,1$.

La variable aleatoria $Y = X^2$ toma los valores $4, 1$ y 0, con probabilidades respectivas $p_Y(4) = 0,5, p_Y(1) = 0,3$ y $p_Y(0) = 0,2$, por lo que:

$$E[Y] = 4 \cdot 0,5 + 1 \cdot 0,3 + 0 \cdot 0,2 = 2,3$$

La fórmula alternativa da el valor:

$$(-2)^2 \cdot 0,3 + (-1)^2 \cdot 0,2 + 0^2 \cdot 0,2 + 1^2 \cdot 0,1 + 2^2 \cdot 0,2 = 1,2 + 0,2 + 0 + 0,1 + 0,8 = 2,3$$

Observación.

Esa proposición también es válida para variables aleatorias continuas (que se estudiarán en la siguiente sección), con los cambios obvios. La usaremos sin ningún reparo.

Se advierte que $E[X^2] \neq E[X]^2$. En el ejemplo anterior, la esperanza de X es $-0'3$. En general, la esperanza de $g(X)$ no coincide con $g(E[X])$, aunque sí lo hace cuando la función g es polinómica de primer grado:

Proposición. Si X es una variable aleatoria discreta, e $Y = aX + b$, entonces la esperanza de la nueva variable Y es $E[Y] = a \cdot E[X] + b$.

Demostración

$$E[Y] = \sum (ax + b) \cdot p_X(x) = a \sum x \cdot p_X(x) + b \sum p_X(x) = a \cdot E[X] + b$$

Así pues, la esperanza se comporta bien con las sumas y los productos por escalares. También con la suma de dos variables aleatorias. Por eso decimos que *la esperanza es lineal*. También nos referimos con ello a una propiedad más general:

Linealidad de la esperanza. Si X e Y son dos variables aleatorias (discretas) definidas en el mismo espacio muestral, entonces $aX + bY$ es otra variable aleatoria, con su propia esperanza. En el próximo capítulo se verá que la esperanza de esta variable aleatoria es:

$$E[aX + bY] = aE[X] + bE[Y]$$

Esta propiedad puede leerse en clave de Álgebra lineal: las variables aleatorias (discretas) definidas en un espacio probabilístico (M, p) forman un espacio vectorial U (puesto que la suma de dos variables aleatorias es otra variable aleatoria, lo mismo que los múltiplos de una de ellas), y la esperanza asigna a cada una de esas variables aleatorias un número real, por lo que la función E que asigna a cada variable aleatoria su esperanza es una función del espacio vectorial U al espacio vectorial $\mathbb{R}$. Pues bien, la propiedad anterior dice sencillamente que se trata de una forma lineal.

3.4.4. Momentos de orden k. Varianza.

El *momento de orden k* de una variable aleatoria discreta, X, se define como:

$$E[X^k] = \sum x^k \cdot p(x)$$

y suele escribirse como α_k. El momento de orden 1 es la esperanza.

El *momento central de orden k* de una variable aleatoria discreta, X, suele denotarse por β_k y se define como:

$$E[(X - \mu)^k]$$

En forma desarrollada es:

$$\beta_k = \sum (x - \mu)^k \cdot p(x)$$

El momento central de orden 2 se denomina *varianza*. Se suele escribir como σ^2 o σ_X^2. La raíz cuadrada de la varianza recibe el nombre de *desviación típica*, y se indica por σ (o σ_X).

Hay otra expresión (más cómoda) para la varianza:

Proposición. $\sigma_X^2 = V[X] = E[X^2] - E[X]^2$.

Demostración. $V[X] = \sum (x - \mu)^2 \cdot p(x) = \sum (x^2 - 2x \cdot \mu + \mu^2) \cdot p(x) =$
$\sum x^2 \cdot p(x) - 2\mu \sum x \cdot p(x) + \mu^2 \cdot \sum p(x) = E[X^2] - 2\mu \cdot \mu + \mu^2 \cdot 1 = E[X^2] - E[X]^2$

La varianza goza de estas propiedades, fáciles de comprobar:

- $V[X + b] = V[X]$

- $V[aX] = a^2 V[X]$

La varianza (y la desviación típica) mide cómo de dispersa es una variable aleatoria, y es así un indicador de su grado de aleatoriedad: si la varianza es muy pequeña, los valores de X estarán muy agrupados en torno a su media, y por tanto X será poco aleatoria en cierto sentido, mientras que si la varianza es muy alta, los valores están muy repartidos y X es muy impredecible. En el caso extremo, una varianza nula indica que X es esencialmente constante.

Por otra parte, *la varianza no es lineal* (a diferencia de la esperanza), porque en general $V[X + Y] \neq V[X] + V[Y]$ (habrá que esperar al capítulo siguiente para verlo con precisión). Volveremos sobre esto al estudiar la covarianza. En el lenguaje del Álgebra lineal, la varianza es una forma cuadrática (y no una forma lineal).

En este curso no estudiaremos momentos de orden superior a dos, pero en ciertas situaciones pueden ser relevantes los de órdenes 3 y 4, conocidos como *coeficiente de asimetría* y *curtosis* (una vez normalizados oportunamente).

3.5. Variables aleatorias continuas

Una variable aleatoria es *continua* cuando lo es su función de distribución. Estas variables aleatorias toman valores en todo $\mathbb{R}$ o al menos en un intervalo. Si X es una variable aleatoria continua, no hablamos de la probabilidad de que X tome cierto valor, sino de *la probabilidad de que X tome valores en cierto subconjunto (a menudo, un intervalo)*.

No tiene interés preguntar la probabilidad de que una variable aleatoria continua tome un valor determinado, puesto que esa probabilidad es 0. Basta recordar que $p(X = x)$ es la diferencia $F(x) - F(x-)$ entre el valor de la función de distribución en ese punto, $F(x)$, y el límite por la izquierda, $F(x-)$; si F es continua, el límite coincide con el valor de la función y $p(X = x)$ es 0.

Cuando una variable aleatoria sea continua, supondremos que su función de distribución no sólo es continua, sino que también es derivable en todos los puntos o en casi todos (el que no lo sea en una cantidad finita no representa

ningún problema), de manera que la función de distribución puede recons-
truirse a partir de su derivada (mediante integración). La razón por la cual
no tiene importancia si la derivada no existe en un punto (o incluso en una
cantidad finita de puntos) es que esa derivada, llamada *función de densidad*,
sólo se emplea en cálculos bajo el signo integral, y el valor de una integral no
se altera si se modifica el integrando en un punto o en una cantidad finita de
ellos.

Esa suposición no es restrictiva en la práctica, pues nunca nos vamos a
topar con una variable aleatoria que no se ajuste a ella, aunque en teoría
puede darse el caso de que una función de distribución sea tan rara que los
puntos en que no es derivable imposibiliten la reconstrucción de la función a
partir de su derivada. Tales funciones no nos interesan en este curso (aunque
pueden tener cabida en otras asignaturas; un ejemplo notable es la llamada
'escalera del diablo' o función de Cantor).

3.5.1.   Función de densidad

A la derivada de la función de distribución de una variable aleatoria continua la llamaremos *función de densidad*, y juega un papel central en el estudio
de estas variables. De hecho, es muy frecuente definir una variable aleatoria
continua precisando cuál es su función de densidad, f.

Observaciones.

1. La función de densidad es la herramienta fundamental para el estudio
   de las variables aleatorias continuas, como lo era la FMP en el caso de
   las discretas. Así, la probabilidad de que X tome valores en un conjunto
   A es igual a

$$p(X \in A) = \int_A f(x)dx \qquad p(a \leq X \leq b) = \int_a^b f(x)dx$$

2. La función de densidad, f, cumple dos condiciones muy naturales:

   - $f(x) \geq 0 \ \forall x$
   - $\int_{-\infty}^{+\infty} f(x)dx = 1$

3. La función de densidad es a las variables aleatorias continuas lo que la función de masa de probabilidad es a las discretas. De hecho, los conceptos estudiados para variables discretas se traducen al caso de las continuas sustituyendo la función de masa por la de densidad, y cambiando sumas por integrales. Puede observarlo en las dos condiciones anteriores, que son la versión continua de lo que en el caso discreto expresamos como:

   - $p(x_k) \geq 0 \ \forall k$
   - $\sum p(x_k) = 1$

4. La función de densidad puede verse como una medida de cuán probable es que la variable aleatoria tome valores próximos a un valor dado. Se dijo antes que la probabilidad de que X tome un valor concreto, x, es 0. Sin embargo, la probabilidad de que tome valores próximos a ese x es igual a $p(x - \varepsilon \leq X \leq x + \varepsilon) = \int_{x-\varepsilon}^{x+\varepsilon} f(t)dt \approx 2 \cdot \varepsilon \cdot f(x)$ (para ε pequeño), que es el valor de la función de densidad en x multiplicado por la longitud del pequeño entorno $[x - \varepsilon, x + \varepsilon]$.

5. El párrafo anterior deja claro que el valor $f(x)$ no da la probabilidad de que la variable aleatoria tome el valor x (que es siempre 0), a diferencia de la función de masa para variables aleatorias discretas, sino cómo se condensa la probabilidad en torno a x. De ahí el nombre de función de densidad de probabilidad, pues nos indica si la probabilidad es más o menos densa alrededor de ese valor. Una diferencia importante entre el caso continuo y el discreto es que la función de densidad no tiene por qué estar acotada superiormente, mientras que la función de cuantía (o FMP) sí lo está.

Ejemplo 3.15

Si definimos $f(x) = \text{máx}\{0, 1 - |x - 1|\} = \begin{cases} x & , & 0 \leq x \leq 1 \\ 2 - x & , & 1 < x \leq 2 \\ 0 & , & x \notin [0,2] \end{cases}$,

tenemos una función de densidad, cuya gráfica es como un triángulo con base en el intervalo $[0,2]$.

La probabilidad de que la variable aleatoria tome valores entre $0,39$ y $0,41$ es $0,008$, la de que los tome entre $0,99$ y $1,01$ es $0,0199$, y la de que los tome entre $1,19$ y $1,21$ es $0,016$, en concordancia con los valores de la función de densidad: $f(0,4) = 0,4$, $f(1) = 1$, $f(1,2) = 0,8$.

Ejemplo 3.16

Si definimos $f(x) = \text{máx}\{0, x - x^2\} = \begin{cases} x - x^2 & , & x \in [0,1] \\ 0 & , & x \notin [0,1] \end{cases}$, tenemos

una función cuya gráfica es como una joroba apoyada en el intervalo $[0,1]$.

No es una función de densidad porque al integrar f en toda la recta (lo que es tanto como hacer $\int_0^1 f(x)dx$) no resulta 1 sino $1/6$, de modo que si queremos una función de densidad proporcional a ella, debemos multiplicar f por el factor 6.

Ejemplo 3.17

Si definimos una función dándole un valor constante en un intervalo y 0 fuera de él, tenemos una función de densidad de probabilidad si la constante se ajusta para que la integral sobre ese intervalo valga 1. Este ejemplo nos muestra una función de densidad que no es continua (lo que no tiene nada de raro).

Ejemplo 3.18

La función que vale 0 en los números negativos y e^{-x} en los positivos es una función de densidad, puesto que la integral sobre todo $\mathbb{R}$ es igual a 1. Nótese que esta función tampoco es continua. La función de distribución de la variable aleatoria descrita mediante esa función de densidad se calcula integrando f:
$F(x) = \int_{-\infty}^x f(t)dt$.

El resultado es:

$$F(x) = \begin{cases} 0 & , \quad x < 0 \\ 1 - e^{-x} & , \quad x \geq 0 \end{cases}$$

Ejemplo 3.19

La función $f(x) = e^{-x^2/2}$ no es una función de densidad porque su integral en toda la recta no vale 1. Se puede demostrar (no es inmediato, pero mediante integrales dobles se convierte en un cálculo accesible, aunque laborioso) que esa integral vale $\sqrt{2\pi}$. Por tanto, $f(x) = \frac{1}{\sqrt{2\pi}} e^{-x^2/2}$ sí es una función de densidad. La gráfica de f tiene una forma que recuerda a una campana, y se conoce como *campana de Gauss*. Las variables aleatorias que describe tienen gran presencia e importancia, y les dedicaremos un amplio espacio en este curso.

Observación

Aunque la función de densidad se usa a menudo con preferencia a la de distribución (en el caso de las variables aleatorias continuas), muchas veces es inevitable recurrir a ésta para conocer aquélla. El ejemplo siguiente ilustra esta afirmación:

Ejemplo 3.20

Sea X una variable aleatoria continua cuya función de densidad vale 1 en el intervalo $[0, 1]$ y 0 fuera de él, ¿cuál es la función de densidad de la variable aleatoria $Y = X^2$?

Empezamos por calcular la función de distribución de Y, F_Y. Sabemos que la de X está dada por $F_X(x) = x$ cuando $0 < x < 1$ (y por 0 a la izquierda de 0 y 1 a la derecha de 1), como se comprueba integrando la función de densidad.

Como X toma valores entre 0 y 1, su cuadrado, Y, también los tomará ahí, por lo que claramente F_Y valdrá 0 y 1 a uno y otro lado del intervalo $[0, 1]$; lo delicado es saber cuánto vale $F_Y(x)$ cuando x está entre 0 y 1.

Pero eso es sencillo:

$$F_Y(x) = p(Y \leq x) = p(X^2 \leq x) = p(X \leq \sqrt{x}) = F_X(\sqrt{x}) = \sqrt{x}$$

Derivando, obtenemos la función de densidad de Y: fuera del intervalo $[0, 1]$ vale 0 y para x entre 0 y 1 vale $f_Y(x) = \frac{1}{2\sqrt{x}}$.

He aquí un ejemplo de una función de densidad no acotada.

3.5.2. Esperanza y varianza de una variable aleatoria continua

En general, los conceptos para variables aleatorias continuas se definen de manera análoga a como se hizo para variables aleatorias discretas, sustituyendo las sumas por integrales. También suelen ser muy similares las demostraciones de las correspondientes propiedades, por lo que las omitiremos.

De ese modo, definimos la *esperanza*, los *momentos* de cualquier orden y la *varianza* de una variable aleatoria continua mediante:

$$E[X] = \mu = \int_{-\infty}^{+\infty} x \cdot f(x)dx, \quad E[X^k] = \alpha_k = \int_{-\infty}^{+\infty} x^k \cdot f(x)dx$$

$$V[X] = \sigma^2 = E[(X - \mu)^2] = \int_{-\infty}^{+\infty} (x - \mu)^2 \cdot f(x)dx$$

Se comprueba igual que en el caso discreto que $V[X] = E[X^2] - E[X]^2$

Ejemplo 3.21

Si la variable aleatoria X tiene como función de densidad $f(x) = 2x$, para $0 \leq x \leq 1$ (y $f \equiv 0$ fuera del intervalo $[0,1]$), entonces $E[X] = \mu = \int_0^1 x \cdot 2x dx = 2/3$, y $\sigma^2 = 1/18$, pues $E[X^2] = \int_0^1 x^2 \cdot 2x dx = 1/2 \Rightarrow \sigma^2 = 1/2 - 4/9 = 1/18$.

Observaciones. La fórmula anterior para la varianza también se puede utilizar para calcular $E[X^2]$ si conocemos $E[X]$ y $V[X]$, puesto que:

$$E[X^2] = V[X] + E[X]^2$$

Al estudiar las variables aleatorias discretas, se dijo que la esperanza es lineal, mientras que la varianza no lo es (es cuadrática). Tales propiedades son válidas para todas las variables aleatorias, tanto discretas como continuas.

La esperanza y la varianza son dos parámetros que por sí solos nos dan una gran información acerca de una variable aleatoria. De hecho, el mero conocimiento de ellas dos es suficiente para poder hacer ya afirmaciones relevantes sobre una variable aleatoria; si además sabemos de qué tipo es ésta (por ejemplo, normal o de Poisson), no necesitamos ningún otro dato.

3.5.3. Desigualdades de Markov y de Chebychev

Desigualdad de Markov. Si X es una variable aleatoria que no toma valores negativos y k es un número positivo, entonces:

$$p(X \geq k) \leq \frac{E[X]}{k}$$

Desigualdad de Chebychev. Si X es una variable aleatoria con esperanza μ y varianza σ^2, y c es un número positivo, entonces:

$$p(|X - \mu| \geq c) \leq \frac{\sigma^2}{c^2}$$

Para demostrar la primera desigualdad en el caso continuo (el discreto es análogo), escribimos:

$$E[X] = \int_0^\infty x f(x)dx = \int_0^k x f(x)dx + \int_k^\infty x f(x)dx$$

La primera integral es mayor que 0, y la segunda es mayor que $\int_k^\infty k f(x)dx$, que es lo mismo que $k \int_k^\infty f(x)dx$, o sea, que $kp(X \geq k)$. Por tanto:

$$E[X] \geq kp(X \geq k)$$

Despejando, tenemos la desigualdad de Markov.

La segunda desigualdad es consecuencia de la primera. Basta observar que $|X - \mu| \geq c$ es lo mismo que $(X - \mu)^2 \geq c^2$, por lo que la desigualdad de Markov asegura que:

$$p(|X - \mu| \geq c) = p((X - \mu)^2 \geq c^2) \leq \frac{E[(X - \mu)^2]}{c^2} = \frac{\sigma^2}{c^2}$$

¿Qué significado tienen esas dos desigualdades? La primera nos asegura que una variable aleatoria positiva no toma valores muy a la derecha de su media si no es con baja probabilidad, pues si k es mucho mayor que $E[X]$, el cociente $\frac{E[X]}{k}$ es muy pequeño.

La segunda desigualdad garantiza que la probabilidad de que la variable aleatoria X tome valores fuera de un intervalo $[\mu - n\sigma, \mu + n\sigma]$ decrece al aumentar n, (es menor o igual que $\frac{1}{n^2}$), como se ve haciendo $c = n\sigma$.

En particular, podemos asegurar que en el intervalo $[\mu - 2\sigma, \mu + 2\sigma]$ están contenidas las tres cuartas partes de la masa de probabilidad de la variable, y en el intervalo $[\mu - 3\sigma, \mu + 3\sigma]$, ocho novenas partes.

Y eso, sin conocer apenas nada acerca de la variable; si sabemos que se distribuye de una manera "normal" (algo que precisaremos en el próximo capítulo, y que es la forma más frecuente e importante para las variables aleatorias), los porcentajes se elevan al 95, 5 y el 99, 75 por ciento respectivamente, lo que nos autoriza para llamar "raro" a un valor que se aleje de la media más de dos desviaciones típicas, y "rarísimo" a uno que se distancie en más de tres.

En general, la desigualdad de Chebychev da una cota mejor que la de Markov, porque usa más información. Ambas cotas son bastante pobres, puesto que han de valer para cualquier tipo de variable aleatoria; si sabemos algo más (por ejemplo, que es normal), podemos mejorar la acotación.

Ejemplo 3.22

Imaginemos una sucesión de variables aleatorias $X_1, X_2, \ldots$ que tengan todas ellas la misma función de distribución (lo que sucede, por ejemplo, cuando representan el mismo experimento aleatorio repetido una y otra vez) y que sean independientes (lo cual quiere decir que el conocimiento de una o varias de ellas no proporciona ninguna información sobre las demás; el concepto se definirá en la próxima sección); se dice que son variables aleatorias independientes e idénticamente distribuidas. Naturalmente, todas ellas tendrán la misma esperanza, μ, y la misma varianza, σ^2.

Veamos qué sucede cuando las sumamos. Evidentemente, no podemos sumarlas todas, pero sí podemos formar la suma de las n primeras, $S_n = \sum_{k=1}^{n} X_k$, y hacer que n tienda a infinito.

La variable aleatoria "suma de las n primeras variables X_k" tendrá esperanza $E[S_n] = n\mu$ y varianza $V[S_n] = n\sigma^2$, debido a la independencia de los sumandos (como se verá enseguida). Así pues, la dispersión aumenta al crecer n y la variable aleatoria S_n queda muy repartida por toda la recta. Lo verdaderamente interesante ocurre al dividir por el número de sumandos:

La variable aleatoria $M_n = \frac{S_n}{n}$ (promedio de las n primeras variables X_k) tiene esperanza $E[M_n] = \mu$ y varianza $V[M_n] = \frac{\sigma^2}{n}$ (estas afirmaciones, como las del párrafo anterior, se justificarán en el siguiente capítulo), de manera que la primera se mantiene siempre en el mismo lugar y la varianza disminuye al crecer n, lo que supone que los valores se van aglomerando cada vez más junto a ese valor central, y podemos decir (de una manera imprecisa, por ahora) que el límite de M_n es la constante μ.

Podemos precisar esa afirmación calculando la probabilidad de que la distancia entre M_n y μ supere algún valor dado. Sea, pues, ϵ un número positivo; ¿qué podemos decir de la probabilidad $p(|M_n - \mu| \geq \epsilon)$?

La desigualdad de Chebychev acude en nuestra ayuda para asegurarnos que esa probabilidad es menor (o igual) que $\frac{V[M_n]}{\epsilon^2}$. El numerador es igual a $V[M_n] = \frac{\sigma^2}{n}$, lo que deja la cota como:

$$p(|M_n - \mu| \geq \epsilon) \leq \frac{\sigma^2}{n\epsilon^2}$$

Cuando n tiende a infinito, esa cota tiende a 0, y lo mismo le sucederá al valor inferior. Podemos, pues afirmar que el límite cuando n tiende a infinito de $p(|M_n - \mu| \geq \epsilon)$ es 0, sea cual sea el número $\epsilon > 0$. Esta afirmación supone una formulación precisa de la que hicimos más arriba ("el límite de M_n es la constante μ") y se conoce con el nombre de *ley débil de los grandes números*.

Ejercicios resueltos

3.1. Se lanza una moneda al aire y definimos X como el lado del que cae la moneda (cara o cruz). ¿Es X una variable aleatoria? ¿De qué tipo? ¿Cuál es su función de masa o de densidad? ¿Cuál es su esperanza?

Resolución

X no es una variable aleatoria porque los valores que toma no son numéricos (una variable aleatoria toma como valores números reales, lo pide la propia definición). Así que no tiene sentido hablar de su función de densidad, ni de su esperanza ni de nada.

3.2. Se lanza una moneda al aire y definimos X de esta forma:

$$X = \begin{cases} 1 & \text{si la moneda cae de cara} \\ 0 & \text{si la moneda cae de cruz} \end{cases}$$

¿Es X una variable aleatoria? ¿De qué tipo? ¿Cuál es su función de masa o de densidad? ¿Cuál es su esperanza? ¿Y su varianza?

Resolución

X sí es una variable aleatoria. Es discreta, porque sólo puede tomar dos valores (0 y 1).

La función de masa de probabilidad es:

$$p(0) = 1/2, p(1) = 1/2$$

si la moneda está equilibrada; si no lo está, y la probabilidad de que caiga de cara es igual a p, entonces la función de masa de probabilidad es:

$$p(0) = 1 - p, p(1) = p$$

La esperanza se calcula multiplicando cada valor por su probabilidad y sumando los resultados, es decir:

$$E[X] = 1 \cdot p + 0 \cdot (1 - p) = p$$

La varianza es igual a $E[X^2] - E[X]^2$. Calculamos la esperanza de X^2 elevando cada valor al cuadrado, multiplicando el resultado por la probabilidad de ese valor y sumando, es decir:

$$E[X^2] = 1^2 \cdot p + 0^2 \cdot (1 - p) = p$$

Por tanto $V[X] = E[X^2] - E[X]^2 = p - p^2 = p(1 - p)$.

3.3. Se lanza una moneda al aire tres veces y definimos X como el número de caras. ¿Es X una variable aleatoria? ¿De qué tipo? ¿Cuál es su función de masa o de densidad? ¿Cuál es su esperanza? ¿Y su varianza?

Resolución

X es una variable aleatoria discreta, pues sólo toma los valores 0, 1, 2 y 3.

Si la moneda está equilibrada, la función de masa de probabilidad es:

$$p(0) = 1/8 \ , \ p(1) = 3/8 \ , \ , p(2) = 3/8 \ , \ p(3) = 1/8$$

porque hay 8 resultados posibles, de los cuales en uno se muestran tres caras, en tres se ven dos caras, en otros tres casos hay una sola cara y en un único caso no cae ninguna cara.

Si la moneda no está equilibrada, la función de masa de probabilidad es:

$$p(0) = (1 - p)^3 \ , \ p(1) = 3p(1 - p)^2 \ , \ p(2) = 3p^2(1 - p) \ , \ p(3) = p^3$$

siendo p la probabilidad de que caiga de cara. La esperanza se calcula multiplicando cada valor por su probabilidad y sumando los resultados, es decir:

$$E[X] = 3 \cdot p^3 + 2 \cdot 3p^2(1 - p) + 1 \cdot 3p(1 - p)^2 + 0 \cdot (1 - p)^3 = 3p$$

La varianza es igual a $E[X^2] - E[X]^2$. Calculamos la esperanza de X^2 elevando cada valor al cuadrado, multiplicando el resultado por la probabilidad de ese valor y sumando, es decir:

$$E[X^2] = 3^2 \cdot p^3 + 2^2 \cdot 3p^2(1-p) + 1^2 \cdot 3p(1-p)^2 + 0^2 \cdot (1-p)^3 = 3p + 6p^2$$

Por tanto $V[X] = E[X^2] - E[X]^2 = 3p + 6p^2 - 9p^2 = 3p(1-p)$.

Se podría haber enfocado el ejercicio de otra forma, viendo X como la suma de tres variables aleatorias $X = X_1 + X_2 + X_3$, cada una de las cuales vale 1 o 0 según sea el resultado de la tirada correspondiente (como en el ejercicio anterior); así, por ejemplo, si las dos primeras tiradas son caras y la tercera es cruz, será $X_1 = X_2 = 1$ y $X_3 = 0$, con lo que $X = X_1 + X_2 + X_3 = 1 + 1 + 0 = 2$, refleja las dos caras en total.

Visto así, la esperanza de X es la suma de las esperanzas de las tres variables aleatorias X_i, que ya hemos calculado en el ejercicio anterior (p), lo que da el valor $3p$ para la esperanza de X. Ahí aprovechamos que la esperanza es lineal.

En cuanto a la varianza, también podemos decir que la varianza de X es la suma de las varianzas de los tres sumandos, porque las tres variables X_i son independientes (ya que las tiradas de la moneda no están ligadas entre sí), y de ahí sacamos el resultado $3p(1-p)$. Nos remitimos al capítulo siguiente para justificar plenamente estas afirmaciones.

3.4. La función de densidad de una variable aleatoria continua, X, es:

$$f(x) = k \cdot e^{-|x|}$$

Se pide:

1. El valor de k.

2. La probabilidad de que X valga más de 1.

3. La esperanza de X.

4. La varianza de X.

Resolución

Como el valor absoluto se maneja mal, escribimos la función de densidad de una forma más larga, pero más manejable

$$f(x) = \begin{cases} k \cdot e^x & x < 0 \\ k \cdot e^{-x} & x \geq 0 \end{cases}$$

1. Para que sea una función de densidad, no puede tomar valores negativos, lo que obliga a que k sea mayor o igual que 0. Como además la integral tiene que ser igual a 1, deducimos que $k = 1/2$ puesto que:

$$\int_{-\infty}^{+\infty} e^{-|x|}dx = \int_{-\infty}^{0} e^x dx + \int_{0}^{+\infty} e^{-x}dx = 1 + 1 = 2$$

2. La probabilidad de que X supere a 1 es:

$$p(X > 1) = \int_{1}^{+\infty} k \cdot e^{-x}dx = e^{-1}/2$$

3. La esperanza de X es (integrando por partes):

$$E[X] = \int_{-\infty}^{+\infty} xke^{-|x|}dx = \int_{-\infty}^{0} xke^x dx + \int_{0}^{+\infty} xke^{-x}dx = -k + k = 0$$

Se podría sospechar el resultado por la simetría que exhibe la función de densidad, que es una función par.

4. Análogamente, la esperanza de X^2 es:

$$E[X^2] = \int_{-\infty}^{+\infty} x^2 ke^{-|x|}dx = \int_{-\infty}^{0} x^2 ke^x dx + \int_{0}^{+\infty} x^2 ke^{-x}dx = 1 + 1 = 2$$

Por lo que la varianza de X es:

$$V[X] = E[X^2] - E[X]^2 = 2 - 0 = 2$$

3.5. Una variable aleatoria continua, Z, tiene por función de densidad $f(x) = \frac{1}{\sqrt{2\pi}} \cdot e^{-x^2/2}$. ¿Cuál será la función de densidad de $X = Z^2$ ¿Y la de $Y = aZ + b$, siendo a un número positivo y b un número cualquiera?

Resolución

Nos centramos en las funciones de distribución. La de X valdrá 0 en la semirrecta negativa; lo dudoso es cuánto vale $F_X(x)$ cuando x es positivo. Ya hemos visto cómo calcularlo:

$$F_X(x) = p(X \le x) = p(Z^2 \le x) = p(-\sqrt{x} \le Z \le \sqrt{x}) = F_Z(\sqrt{x}) - F_Z(-\sqrt{x})$$

Derivando, obtenemos la función de densidad de X:

$$f_X(x) = \frac{1}{2\sqrt{x}} f_Z(\sqrt{x}) + \frac{1}{2\sqrt{x}} f_Z(-\sqrt{x}) = \frac{1}{2\sqrt{x}} \frac{1}{\sqrt{2\pi}} e^{-x/2} + \frac{1}{2\sqrt{x}} \frac{1}{\sqrt{2\pi}} e^{-x/2} =$$

$$= \frac{1}{\sqrt{2\pi x}} e^{-x/2}$$

Se entiende que ese valor corresponde a $x > 0$. Para $x < 0$, $f_X(x) = 0$.

En cuanto a $Y = aZ + b$, se tiene:

$$F_Y(x) = p(Y \le x) = p(aZ + b \le x) = p(Z \le \frac{x-b}{a}) = F_Z(\frac{x-b}{a})$$

Derivando:

$$f_Y(x) = \frac{1}{a} f_Z(\frac{x-b}{a}) = \frac{1}{a} \frac{1}{\sqrt{2\pi}} e^{-(x-b)^2/2a^2} = \frac{1}{a\sqrt{2\pi}} e^{-(x-b)^2/2a^2}$$

3.6. Función característica

Hay diversas maneras de describir y estudiar una variable aleatoria, más allá de la función de distribución, la de masa de probabilidad o la de densidad. Destaca entre ellas la función característica. Dedicaremos esta sección a definirla y conocer sus primeras propiedades. En un capítulo posterior, le sacaremos un gran rendimiento.

3.6.1. Función generadora de momentos

Empecemos definiendo la función generadora de momentos, que es similar a la función característica y parece más natural.

Definición. Dada una variable aleatoria, X, la función $M = M_X$ definida por la fórmula:

$$M(t) = E[e^{tX}]$$

se conoce como función generadora de momentos de X.

Observaciones.

1. Si la variable aleatoria es discreta y toma los valores x_k con probabilidad p_k, entonces la función M viene dada por:

$$M(t) = \sum_k e^{tx_k} \cdot p_k$$

2. Si la variable es continua con función de densidad f, entonces:

$$M(t) = \int_{-\infty}^{+\infty} e^{tx} \cdot f(x)dx$$

3. En ambos casos, haciendo $t = 0$ se observa que $M(0) = 1$.

4. En cualquier caso, se tiene:

$$M(t) = E[e^{tX}] = E[\sum_{n=0}^{\infty} \frac{t^n}{n!} \cdot X^n] = \sum_{n=0}^{\infty} \frac{t^n}{n!} \cdot E[X^n] = \sum_{n=0}^{\infty} \frac{E[X^n]}{n!} \cdot t^n$$

5. Comparando la última expresión con el desarrollo de Taylor de la función M alrededor de 0, se ve que $M(0) = 1$ y los valores en 0 de las sucesivas derivadas de M son precisamente los momentos $E[X^n]$, lo que explica el nombre dado a esta función y facilita el cálculo de los momentos.

6. El factor e^{tx} que aparece en el integrando puede tomar valores muy grandes cuando x está lejos de 0 (a un lado u otro, según sea el signo de t), por lo que la integral podría no existir para algunos valores de la variable t, y así el dominio de definición de M no será en general todo $\mathbb{R}$, sino un cierto subconjunto de la recta real. Enseguida veremos algún ejemplo que ilustre esta situación.

7. La objeción anterior puede llegar a ser más grave; de hecho, existen variables aleatorias cuya función generadora de momentos no existe. Ese defecto importante de la función generadora de momentos será corregido por la función característica.

Ejemplos 3.23

- La función generadora de momentos de una variable aleatoria que toma dos valores: el 1 con probabilidad p y el 0 con probabilidad $1 - p$, es:

$$M(t) = e^t \cdot p + e^0 \cdot (1 - p) = 1 - p + p \cdot e^t$$

- Si X es el número de cruces en dos tiradas de una moneda, la función generadora de momentos de X es:

$$M(t) = e^0 \cdot 1/4 + e^t \cdot 1/2 + e^{2t} \cdot 1/4 = \frac{1 + 2e^t + e^{2t}}{4}$$

puesto que X toma los valores 0 y 2 con probabilidad 1/4 y el valor 1 con probabilidad 1/2, suponiendo que la moneda esté bien equilibrada.

- La función generadora de momentos de una variable aleatoria continua cuya función de densidad vale 1 en el intervalo [0,1] y 0 fuera de él, es:

$$M(t) = \int_{-\infty}^{+\infty} e^{tx} \cdot f(x) dx = \int_0^1 e^{tx} dx = \frac{e^t - 1}{t}$$

En realidad, en esa fórmula se produce una indeterminación cuando $t = 0$. No hace falta decir que el valor en $t = 0$ es 1, no sólo porque ése es el valor del límite, sino porque $M(0)$ siempre vale 1.

Podemos escribir la función $M(t) = \frac{e^t - 1}{t}$ recordando que $e^t = 1 + t + t^2/2 + t^3/6 + t^4/24 + \ldots$. Así, los primeros términos del desarrollo de Taylor de M son $1 + t/2 + t^2/6 + t^3/24 + \ldots$; en esa fórmula leemos los momentos de órdenes 1, 2 y 3, multiplicando por $n!$ el coeficiente de t^n; esos momentos son: $1/2$, $1/3$ y $1/4$.

- Si X es una variable aleatoria continua cuya función de densidad vale e^{-x} para $x \geq 0$ y 0 para $x < 0$, su función generadora de momentos es:

$$M(t) = \int_0^{+\infty} e^{tx} \cdot e^{-x} dx = \int_0^{+\infty} e^{(t-1)x} dx$$

Esa integral es inmediata: $\frac{e^{(t-1)x}}{t-1}$, y guarda una sorpresa en su interior: si t es mayor que 1, esa integral es divergente (tiende a ∞ cuando $t \to \infty$), por lo que sólo tiene sentido para valores de t menores que 1, en cuyo caso el límite en infinito es 0 y el valor de la integral es $\frac{1}{1-t}$. Así, la función M sólo está definida en el intervalo $(-\infty, 1)$, donde vale $M(t) = \frac{1}{1-t}$.

Si desarrollamos el cociente $M(t) = \frac{1}{1-t}$ como $1 + t + t^2 + t^3 + t^4 + t^5 + \ldots$, podemos leer directamente los momentos de X de órdenes 1, 2, 3, etc. a saber: 1, 2, 6, etc.

Propiedades. La función M tiene algunas propiedades interesantes, de las que destacaremos dos:

1. Si M_X es la función generadora de momentos de X, y a, b son dos números reales, con $a \neq 0$, entonces la función generadora de momentos de $Y = aX + b$ viene dada por:

$$M_Y(t) = e^{bt} \cdot M_X(at)$$

2. Si X e Y son variables aleatorias independientes, entonces la función generadora de momentos de su suma es el producto de M_X por M_Y.

Las demostraciones son muy sencillas. La primera propiedad es consecuencia de la linealidad de la esperanza; la segunda, de la independencia de las variables aleatorias e^{tX} y e^{tY}.

En efecto, se tiene:

$$M_Y(t) = E[e^{tY}] = E[e^{t(aX+b)}] = E[e^{taX} \cdot e^{tb}] = e^{bt} \cdot M_X(at)$$

ya que $E[e^{taX}] = M_X(at)$ y $E[e^{tb}] = e^{tb}$ puesto que e^{tb} es una constante.

Por su parte,

$$M_{X+Y}(t) = E[e^{t(X+Y)}] = E[e^{tX+tY}] = E[e^{tX} \cdot e^{tY}] = E[e^{tX}] \cdot E[e^{tY}]$$

por la independencia de las dos variables aleatorias.

Observación. No se ha dicho qué es eso de que dos variables aleatorias sean independientes (se hará en el próximo capítulo), pero el lector puede sospechar que significará que los sucesos definidos por una de esas variables aleatorias sean independientes de los definidos por la otra. El hecho relevante aquí (y que se demostrará en el siguiente capítulo) es que la esperanza del producto es igual al producto de las esperanzas, gracias a la independencia.

3.6.2. Función característica

Para corregir la deficiencia de la función generadora de momentos señalada antes: la posibilidad de que no esté definida para ciertos valores de t, introducimos la función característica de una variable aleatoria.

Definición. Dada una variable aleatoria, X, la función característica de X es la función definida por la fórmula:

$$\varphi(t) = E[e^{itX}]$$

donde i es la unidad imaginaria.

Observaciones.

1. Esa definición supone un cierto conocimiento de variable compleja, que hasta ahora no se había mencionado. De hecho, hasta aquí no se cuestionaba que una variable aleatoria tomase valores reales. La dificultad, en todo caso, es mínima y puede esquivarse observando que la exponencial e^{it} no es otra cosa que la suma $\cos(t) + i \cdot sen(t)$, de manera que la función característica podría desglosarse como $E[\cos(tX)] + i \cdot E[sen(tX)]$, aunque no es recomendable hacerlo.

2. Hay una relación obvia entre la función característica y la función generadora de momentos, puesto que $\varphi(t) = M(it)$, en el caso en que ambas funciones existan. Pero puede no existir M, aunque exista φ.

3. La expresión $\varphi(t) = \int_{-\infty}^{+\infty} e^{itx} \cdot f(x)dx$ (válida para el caso en que la variable aleatoria sea continua) pone de manifiesto que ha desaparecido el problema causado por el crecimiento del factor exponencial, puesto que su lugar lo ocupa ahora e^{itx}, que tiene módulo 1, lo que hace que la función característica exista siempre. He ahí una ventaja decisiva de ésta sobre la función generadora de momentos.

4. La fórmula integral que define la función característica recuerda mucho (sólo cambia el signo del exponente) a la de la transformada de Fourier, un asunto que se estudia en Análisis superior y al que aquí no podemos dedicar más que un comentario. Digamos solamente que la existencia de

transformada inversa garantiza que dos funciones con la misma transformada son esencialmente idénticas, lo que se traduce en que dos variables aleatorias con la misma función característica tienen las mismas funciones de densidad. Por eso, para comprobar que dos variables aleatorias tienen la misma distribución, basta ver que tienen la misma función característica, lo que hace de éstas una herramienta poderosa. La formulación precisa de este resultado constituye el teorema de Lévy, cuyo nivel es superior al que se busca en este curso.

Ejemplo 3.24

Sustituyendo t por it en las funciones generadoras de momentos que calculamos previamente, podemos afirmar que:

- La función característica de una variable aleatoria que toma el valor 1 con probabilidad p y el 0 con probabilidad $1 - p$, es:

$$\varphi(t) = 1 - p + p \cdot e^{it}$$

- La función característica de una variable aleatoria continua cuya función de densidad vale 1 en el intervalo [0,1] y 0 fuera de él, es:

$$\varphi(t) = \frac{e^{it} - 1}{it}$$

- La función característica de una variable aleatoria continua cuya función de densidad vale e^{-x} para $x \geq 0$ y 0 para $x < 0$ es:

$$\varphi(t) = \frac{1}{1 - it}$$

Se observa que esa función está definida para cualquier valor de t, no sólo para los menores que 1 (limitación que aquejaba a la función generadora de momentos).

Propiedades. La función característica goza de algunas propiedades análogas a las que se expusieron para la función generadora de momentos (y se demuestran de manera semejante), junto con otras nuevas. Reseñamos algunas a continuación.

1. φ puede usarse para calcular los momentos de X, con la misma comodidad que M, puesto que $E[X^n]$ es igual al valor en 0 de la n-sima derivada de φ dividido por i^n.

2. Se sigue de ahí que el desarrollo de Taylor de $\varphi(t)$ alrededor de 0 empieza con los términos $1 + iE[X]t - \frac{1}{2}E[X^2]t^2$ y el término complementario es $O(t^3)$.

3. La función característica de una suma es igual al producto de las funciones características (si las variables aleatorias sumadas son independientes), y la función característica de $aX + b$ es el producto de e^{itb} por $\varphi_X(at)$.

4. Escribiendo $-t$ en el lugar de t, se observa que $\varphi(-t)$ es el conjugado de $\varphi(t)$: $\varphi(-t) = \overline{\varphi(t)}$.

5. Si la función de densidad (o la de masa) es par, $f(-x) = f(x)$, entonces $\varphi(-t) = \varphi(t)$. Se deduce de la observación anterior que en este caso, la función característica es real, pues $\varphi(t) = \varphi(-t) = \overline{\varphi(t)}$.

Ejemplo 3.25

La función característica de una variable aleatoria cuya función de densidad vale 1/2 en el intervalo [-1,1] y 0 fuera de él, es $\varphi(t) = \frac{sen(t)}{t}$, como se comprueba rápidamente: la integral es inmediata, y sólo hay que recordar que $\frac{e^{it} - e^{-it}}{2i} = sen(t)$.

Como $sen(t) = t - t^3/3! + t^5/5! + \ldots$, los primeros términos del desarrollo en serie de McLaurin de esa función característica son $1 - t^2/3! + t^4/5!$, y ahí leemos los primeros momentos de la variable aleatoria, en particular, $E[X] = 0, E[X^2] = V[X] = 1/3$.

Ejercicios resueltos

3.6. Una variable aleatoria, X, tiene como función de densidad:

$$f(x) = \frac{1}{\pi(1 + x^2)}$$

Queremos conocer la esperanza y la varianza de X. ¿Qué se puede asegurar acerca de la existencia de la función generadora de momentos? ¿Y de la función característica?

Resolución

$E[X] = \int_{-\infty}^{\infty} \frac{x}{\pi(1+x^2)} dx$ no existe (es una integral divergente), por lo que X no tiene esperanza (ni tampoco varianza). Por la simetría de la función de densidad, a veces se dice que la esperanza de X es 0, pero en rigor no existe.

Se puede asegurar que la función generadora de momentos de X no existe, por no existir algunos de los momentos (esperanza, varianza, etc.) Sin embargo, la función característica sí existe (¡siempre!). De hecho, en este caso es $\varphi(t) = e^{-|t|}$, aunque no es fácil demostrarlo (se puede hacer usando integración por residuos, una potente herramienta que se estudia en cursos de variable compleja, de un nivel superior al que se busca en este texto).

Se observa que aunque la función característica existe, como es inevitable, no es una función derivable en 0, en lo cual se refleja el hecho de que la variable aleatoria X no tiene esperanza finita.

3.7. Calcule la función generadora de momentos y la función característica de cada una de las siguientes variables aleatorias discretas (se da la función de masa de probabilidad), y use una de ellas para calcular la esperanza y la varianza:

1. $p(-1) = p(1) = 1/2$.

2. $p(-1) = p(1) = 1/4, p(0) = 1/2$.

3. $p(n) = \frac{1}{2^n}$, para $n = 1, 2, 3, \ldots$.

Resolución

1. $M(t) = \frac{1}{2} \cdot e^{-t} + \frac{1}{2} \cdot e^{t} = \cosh(t); \quad \varphi(t) = \frac{1}{2} \cdot e^{-it} + \frac{1}{2} \cdot e^{it} = \cos(t)$

$$M'(t) = senh(t), \quad M''(t) = \cosh(t)$$

$$E[X] = M'(0) = 0, E[X^2] = M''(0) = 1 \Rightarrow V[X] = 1$$

2. $M(t) = \frac{1}{4} \cdot e^{-t} + \frac{1}{2} \cdot e^{0} + \frac{1}{4} \cdot e^{t} = \frac{1+\cosh(t)}{2} = \cosh^2(t/2)$

$$\varphi(t) = \frac{1}{4} \cdot e^{-it} + \frac{1}{2} \cdot e^{0} + \frac{1}{4} \cdot e^{it} = \frac{1 + \cos(t)}{2} = \cos^2(t/2)$$

$$M'(t) = senh(t)/2, \quad M''(t) = \cosh(t)/2$$

$$E[X] = M'(0) = 0, E[X^2] = M''(0) = 1/2 \Rightarrow V[X] = 1/2$$

3. $M(t) = \sum \frac{1}{2^n} \cdot e^{nt} = \sum \left(\frac{e^t}{2}\right)^n = \frac{e^t/2}{1-e^t/2} = \frac{e^t}{2-e^t} \quad (t < \log 2)$

$$\varphi(t) = M(it) = \frac{e^{it}}{2 - e^{it}}$$

$$M'(t) = \frac{2e^t}{(2 - e^t)^2}, \quad M''(t) = \frac{8e^t - 2e^{2t}}{(2 - e^t)^3}$$

$$E[X] = M'(0) = 2, E[X^2] = M''(0) = 6 \Rightarrow V[X] = E[X^2] - E[X]^2 = 2$$

En los dos primeros casos, $\varphi(t)$ es real; eso se debe a que las funciones de densidad (de masa, en estos casos) son funciones pares.

3.8. Calcule la función generadora de momentos y la función característica de una variable aleatoria continua cuya función de densidad es:

$$f(x) = \frac{1}{\sqrt{2\pi}} \cdot e^{-x^2/2}$$

(Debe saber que $\int_{-\infty}^{\infty} e^{-x^2/2} dx = \sqrt{2\pi}$)

Sugerencia: $-x^2 + 2tx = -x^2 + 2tx - t^2 + t^2 = -(x-t)^2 + t^2$.

Use la función característica para calcular la esperanza y la varianza de esa variable aleatoria.

Resolución

$$M(t) = \int_{-\infty}^{\infty} e^{tx} \cdot f(x) dx = \frac{1}{\sqrt{2\pi}} \cdot \int_{-\infty}^{\infty} e^{tx} \cdot e^{-x^2/2} dx = \frac{1}{\sqrt{2\pi}} \cdot \int_{-\infty}^{\infty} e^{(-x^2+2tx)/2} dx$$

Completamos los cuadrados en el exponente:

$$-x^2 + 2tx = -x^2 + 2tx - t^2 + t^2 = -(x-t)^2 + t^2$$

con lo cual la integral queda como:

$$\int_{-\infty}^{\infty} e^{(-(x-t)^2+t^2)/2} dx = e^{t^2/2} \int_{-\infty}^{\infty} e^{-(x-t)^2/2} dx$$

ya que el factor $e^{t^2/2}$ no depende de x, y puede sacarse de la integral. Haciendo ahora el cambio de variable $x - t = s$, la integral queda $\int_{-\infty}^{\infty} e^{-s^2/2} ds = \sqrt{2\pi}$, que se cancela con el factor que hay al principio, de modo que el resultado es $M(t) = e^{t^2/2}$

La función característica es $\varphi(t) = M(it) = e^{(it)^2/2} = e^{-t^2/2}$

Las dos primeras derivadas son inmediatas y en 0 valen 0 y -1, por lo que $E[X] = \varphi'(0)/i = 0$, $E[X^2] = -\varphi''(0) = 1$ y así $V[X] = 1$. Es más fácil aún si se aprovecha el conocido desarrollo de la exponencial: $e^x = 1 + x + x^2/2 + \cdots$ para escribir $e^{-t^2/2} = 1 - t^2/2 + t^4/8 + \cdots$ donde se leen cómodamente esas derivadas (y las siguientes).

3.9. Calcule la función generadora de momentos y la función característica de una variable aleatoria continua cuya función de densidad es:

$$f(x) = \frac{1}{2}e^{-|x|} = \begin{cases} \frac{1}{2}e^x & x < 0 \\ \frac{1}{2}e^{-x} & x \geq 0 \end{cases}$$

Resolución

$M(t) = \int_{-\infty}^{\infty} e^{tx} \cdot f(x)dx = \frac{1}{2} \cdot \int_{-\infty}^{0} e^{tx} \cdot e^x dx + \frac{1}{2} \cdot \int_{0}^{\infty} e^{tx} \cdot e^{-x} dx = \frac{1}{2} \cdot \int_{-\infty}^{0} e^{(t+1)x}dx + \frac{1}{2} \cdot \int_{0}^{\infty} e^{(t-1)x}dx$

Las dos integrales son inmediatas, puesto que una primitiva para la primera es $\frac{e^{(t+1)x}}{t+1}$, y para la segunda es $\frac{e^{(t-1)x}}{t-1}$. Si $t \leq -1$, la primera diverge en $-\infty$, y si $t \geq 1$ es la segunda la que diverge en ∞, por lo que la función generadora de momentos sólo está definida en el intervalo $(-1, 1)$, donde vale:

$$M(t) = \frac{1}{2(t+1)} - \frac{1}{2(t-1)} = \frac{1}{1-t^2}$$

La función característica es:

$$\varphi(t) = M(it) = \frac{1}{1+t^2}$$

Si hubiésemos calculado esta última directamente, efectuando los cálculos en las integrales, habríamos llegado a un punto muy semejante al que llegamos con M, pero sin problemas de divergencia, puesto que $\frac{e^{(it+1)x}}{it+1}$ tiende a 0 cuando x tiende a $-\infty$, y $\frac{e^{(it-1)x}}{it-1}$ también tiende a 0 cuando x tiende a ∞.

Si queremos conocer la esperanza y la varianza, podemos derivar (lo que es sencillo), o mejor aún, escribir el desarrollo de $\frac{1}{1-t^2}$: $1 + t^2 + t^4 + t^6 + \dots$ donde se leen todos los momentos: los de orden impar son 0 y los de orden par son el factorial del orden.

Se observa una curiosa relación entre este ejercicio y el 3.6: la función característica que resulta en aquel es la función de densidad en este (salvo la constante $\frac{1}{2}$, necesaria para que la integral en toda la recta valga 1) y viceversa (allí, la constante es $\frac{1}{\pi}$). Esto ilustra de alguna manera cómo la función de densidad y la función característica son en cierto sentido 'duales' una de la otra (el ejercicio 3.6 demuestra que la función $f(x) = e^{-x^2/2}$ es, en ese sentido, su propia dual). Esta línea de pensamiento nos llevaría a terrenos muy alejados del interés de este curso, propios de la disciplina conocida como Análisis de Fourier.

3.7. Recapitulación

En este capítulo hemos estudiado las variables aleatorias en general. Una variable aleatoria es una cantidad que depende del resultado de un experimento aleatorio o, como lo diría un matemático (es decir, con más precisión, pero que se entiende peor), una función definida en un espacio probabilístico y con valores en $\mathbb{R}$.

La función de distribución recoge la probabilidad acumulada por debajo de cada valor, y es la herramienta esencial para estudiar una variable aleatoria.

Se clasifican las variables aleatorias en dos grandes grupos, según sea su función de distribución: las variables aleatorias discretas y las continuas. Las primeras toman valores salteados, con huecos entre ellos, y la cantidad total de los posibles valores es finita o a lo sumo numerable; las segundas pueden adoptar valores en todo un intervalo, que pudiera ser toda la recta real. También hay variables mixtas.

Una herramienta alternativa a la función de distribución (y más inmediata) para estudiar las variables aleatorias discretas es la función de masa de probabilidad, que precisa qué probabilidad hay de que la variable adopte cada uno de los posibles valores: $p_i = p(x_i)$. Como es natural, todos los p_i tienen que ser positivos, y su suma debe valer 1.

En las variables aleatorias continuas, la función de densidad desempeña el papel que en las discretas corresponde a la función de masa. La función de densidad nunca es negativa, y su integral en toda la recta es igual a 1.

Definimos dos importantes cantidades asociadas a una variable aleatoria (discreta o continua): su esperanza y su varianza. La primera es lineal y representa una suerte de valor central; la segunda es cuadrática y mide la dispersión.

Por último estudiamos la función característica de una variable aleatoria, junto con su pariente pobre: la función generadora de momentos. En capítulos posteriores prestará importantes servicios.

3.8.   Ejercicios propuestos

1. De una variable aleatoria, X, sabemos que toma 5 valores diferentes, que su esperanza es 2 y que la esperanza de X^2 es 3, 4 o 5, pero no recordamos el valor exacto. Razone si son correctas o falsas las siguientes afirmaciones:

   - Por lo dicho, $E[X^2]$ puede ser cualquiera de los tres valores.
   - $E[X^2]$ sólo puede ser 4 o 5.
   - $E[X^2]$ tiene que ser 4, ya que $E[X]$ es 2.
   - $E[X^2]$ tiene que ser 5.

2. La función de densidad de una variable aleatoria, X, vale $a + 3x - 3x^2$ para $x \in [0,1]$ y 0 fuera de ese intervalo. Se pide:

   - El valor de a.
   - La esperanza de X, μ.
   - La desviación típica de X, σ.
   - La probabilidad de que X tome valores entre $\mu - 2\sigma$ y $\mu + 2\sigma$.

3. Una máquina produce piezas cuya longitud en cm. sigue la función de densidad
$$f(x) = \begin{cases} \frac{k}{x^4} & 1 \le x \\ 0 & x < 1 \end{cases}$$

   Se pide:

- Calcular el valor de k y el valor medio de la longitud de las piezas.
- Calcular la probabilidad de que una pieza producida por esa máquina sea aceptable, si las piezas aceptables son las de más de 3 cm.

4. La función de densidad de una variable aleatoria es

$$f(x) = \begin{cases} 4x^3 & 0 \le x \le 1 \\ 0 & x \notin [0,1] \end{cases}$$

Se pide:

- Comprobar que es efectivamente una función de densidad.
- Calcular la función de distribución.
- Calcular la esperanza y la varianza de esa variable aleatoria.

5. El tiempo de vida (en años) de los individuos de cierta especie es una variable aleatoria con función de densidad

$$f(x) = \begin{cases} 0 & x \le 0 \\ a(1-x^2)x^2 & 0 < x < 1 \\ 0 & x \ge 1 \end{cases}$$

- Halle el valor de a.
- Calcule la probabilidad de que un individuo viva menos de 9 meses.
- Calcule la esperanza de vida de los ejemplares de esa especie.

6. Sea $f(x) = \frac{k}{1+x^2}$, con $k \in \mathbb{R}$.

- Calcule el valor de k para que f sea función de densidad de una variable aleatoria, X.
- Calcule la esperanza y la varianza de X.
- ¿Qué se puede asegurar acerca de la existencia de la función generadora de momentos? ¿Y de la función característica?

7. En un cine de verano hay 800 sillas. El número de espectadores viene dado por una variable aleatoria con esperanza 600 y desviación típica 100.

¿Qué se puede decir de la probabilidad de que la demanda de entradas iguale o supere el aforo del cine?

8. En una varilla de longitud l hacemos un corte, y llamamos X_1 a la longitud del trozo de la izquierda.

   - Calcule la función de distribución y la función de densidad de X_1.

   - Damos luego otro corte a la misma varilla y llamamos X_2 a la longitud del trozo que deja a la izquierda este segundo corte. Si X es la longitud del mayor de los trozos, calcule la función de distribución y la función de densidad de X. Calcule también la esperanza y la varianza de X.

9. La función generadora de momentos de una variable aleatoria, X, es $M(t) = \frac{1}{\sqrt{1-2t}}$ para $t < 1/2$. Se pide:

   - La función característica de X.

   - La esperanza y la varianza de X.

   - La función característica de $X_1 + X_2$ si las X_j son variables aleatorias independientes con la misma distribución que X.

Capítulo **4**

VARIABLES ALEATORIAS
BIDIMENSIONALES

Contenido

4.1. Introducción

Es muy frecuente que al enfrentarnos con un problema haya que considerar
varias características asociadas a un mismo experimento aleatorio y estudiar
la posible relación entre ellas: peso y altura, edad y tensión arterial, nivel de
estudios y salario, grosor de un pilar y carga de pandeo, temperatura de un
material y resistencia, humedad y tiempo de fraguado, ...

En esas situaciones, no estudiamos una variable aleatoria que tome valo-
res en $\mathbb{R}$, sino en $\mathbb{R}^2$ o en algún espacio $\mathbb{R}^n$, por lo que podemos hablar de
vectores aleatorios o variables aleatorias bidimensionales (o multidimensiona-
les). En aras de la sencillez, nos centraremos en el caso de vectores aleatorios
bidimensionales.

La idea es que si tenemos dos variables aleatorias X, Y sobre el mismo
espacio muestral, M, entonces a cada suceso elemental $s \in M$ le asociamos dos
números reales $X(s)$ e $Y(s)$ que no vamos a considerar separadamente, sino
como las componentes de un vector $\overrightarrow{X}(s) = (X(s), Y(s)) \in \mathbb{R}^2$.

Definición. Un vector aleatorio bidimensional es una aplicación

$$\overrightarrow{X} = (X, Y) : M \to \mathbb{R}^2$$

donde M es un espacio muestral (dotado de una función de probabilidad).

En general, un vector aleatorio será una n-upla $\overrightarrow{X} = (X_1, X_2, \ldots, X_n)$
formada por n variables aleatorias X_i, $i = 1, 2, \ldots, n$ definidas todas ellas en
el mismo espacio probabilístico, M.

Como en el caso de las variables aleatorias unidimensionales, lo que nos
interesa de las bidimensionales es poder resolver cualquier cuestión relativa a
la probabilidad de los sucesos descritos por ellas. Para ello, conviene distinguir
el caso continuo del discreto.

Si bien en el caso de vectores aleatorios discretos el protagonismo lo tiene
la función de masa de probabilidad y en los continuos lo ostenta la función de

densidad, la herramienta fundamental, común a los dos casos sigue siendo la función de distribución, que se define de manera semejante al caso unidimensional:

Definición.

Dado un vector aleatorio bidimensional $\vec{X} = (X, Y)$ sobre el espacio probabilístico M, se llama *función de distribución conjunta* de las dos variables a la función real de dos variables reales definida por:

$$F_{\vec{X}}(x, y) = p(X \leq x, Y \leq y) = p(\{s \in M : X(s) \leq x\} \cap \{s \in M : Y(s) \leq y\})$$

La función de distribución conjunta $F_{\vec{X}}$ de una variable aleatoria bidimensional $\vec{X} = (X, Y)$ satisface propiedades análogas a las de la función de distribución de una variable aleatoria unidimensional:

1. $F_{\vec{X}}$ es creciente y continua por la derecha en cada una de las variables.

2. $0 \leq F_{\vec{X}}(x, y) \leq 1$, para todo $(x, y) \in \mathbb{R}^2$.

3. $F_{\vec{X}}(\infty, \infty) = 1$, $F_{\vec{X}}(-\infty, y) = F_{\vec{X}}(x, -\infty) = 0$.

4. $p(a < X \leq b, c < Y \leq d) = F_{\vec{X}}(b, d) - F_{\vec{X}}(a, d) - F_{\vec{X}}(b, c) + F_{\vec{X}}(a, c)$.

De la función de distribución conjunta se pueden deducir las funciones de distribución de cada una de las variables aleatorias por separado, que reciben el nombre de *distribuciones marginales*. Se definen como

$$F_X(t) = \lim_{y \to \infty} F_{\vec{X}}(t, y), \qquad F_Y(t) = \lim_{x \to \infty} F_{\vec{X}}(x, t)$$

Se advierte que son las funciones de distribución de las variables aleatorias X e Y separadamente, es decir

$$F_X(t) = p(X \leq t), \qquad F_Y(t) = p(Y \leq t)$$

4.2.   Variables aleatorias bidimensionales discretas

Cuando las variables aleatorias X e Y son discretas, decimos que el vector aleatorio (X, Y) es discreto, o que tenemos una variable aleatoria bidimensional discreta. En este caso, toda la información sobre la variable aleatoria (X, Y) está recogida en la función de masa de probabilidad conjunta:

$$p(X = x_i, Y = y_j) = p_{ij}$$

donde x_i e y_j son los diferentes valores que pueden tomar las variables aleatorias X e Y respectivamente. A menudo, esas probabilidades se representan en una tabla de doble entrada.

Si elegimos un valor concreto de los que toma la variable X, y sumamos las probabilidades conjuntas de todos los casos en que X adopta ese valor e Y los toma todos, obtenemos la llamada *probabilidad marginal* de X, que no es más que la probabilidad de esa variable aleatoria considerada individualmente. Lo mismo se puede decir de Y.

$$p_{i.} = p(X = x_i) = \sum_j p(X = x_i, Y = y_j) \ \ i = 1, 2, \ldots$$

$$p_{.j} = p(Y = y_j) = \sum_i p(X = x_i, Y = y_j) \ \ j = 1, 2, \ldots$$

Ejemplo 4.1

El experimento aleatorio que consiste en lanzar un dado y una moneda tiene asociado el espacio muestral $M = \{1C, 1+, 2C, 2+, \ldots, 6C, 6+\}$

Los 12 sucesos elementales tiene la misma probabilidad: $\frac{1}{12}$. Si consideramos las variables aleatorias $X = $ "número que sale al lanzar el dado" e $Y = $ "1 si sale cara, 0 si sale cruz", entonces la distribución de probabilidad bidimensional está reflejada en la tabla

	1	2	3	4	5	6
1	1/12	1/12	1/12	1/12	1/12	1/12
0	1/12	1/12	1/12	1/12	1/12	1/12

Si sumamos por filas, lo que obtenemos son las probabilidades marginales para Y:

$$p_Y(0) = p_Y(1) = \frac{1}{2}$$

Si sumamos por columnas, el resultado son las probabilidades marginales de X:

$$p_X(x) = \frac{1}{6} \quad \forall x$$

Ejemplo 4.2

En el juego de los chinos entre dos personas, cada una de ellas esconde en su mano una cierta cantidad de monedas, de 0 a 3.

Si llamamos X al total de monedas e Y vale 0 cuando ambos jugadores tienen la misma cantidad de monedas, 1 si la diferencia es de una moneda, y 2 cuando hay 2 o 3 monedas de diferencia entre las que esconden ambos jugadores, entonces la tabla siguiente recoge las probabilidades del vector aleatorio (X, Y):

	0	1	2	3	4	5	6
0	1/16	0	1/16	0	1/16	0	1/16
1	0	1/8	0	1/8	0	1/8	0
2	0	0	1/8	1/8	1/8	0	0

Las probabilidades marginales para Y son:

$$p_Y(0) = \frac{1}{4} \quad , \quad p_Y(1) = p_Y(2) = \frac{3}{8}$$

en tanto que las probabilidades marginales de X son:

$$p_X(0) = p_X(6) = \frac{1}{16}, \ p_X(1) = p_X(5) = \frac{1}{8}, \ p_X(2) = p_X(4) = \frac{3}{16}, \ p_X(3) = \frac{1}{4}$$

Puesto que la probabilidad marginal de X no es más que la probabilidad de esa variable aleatoria (olvidando que forma pareja con Y), la esperanza de X se podrá calcular usando esa probabilidad marginal, como $E[X] = \sum_i x_i \cdot p_{i \cdot}$, la de X^2 como $E[X^2] = \sum_i x_i^2 \cdot p_{i.}$, y la varianza como la diferencia $E[X^2] - E[X]^2$. Lo mismo podemos decir de la otra variable aleatoria.

Así, en el ejemplo 4.2, la esperanza de Y es igual a:

$$E[Y] = 0 \cdot 1/4 + 1 \cdot 3/8 + 2 \cdot 3/8 = 9/8$$

la de Y^2 es:

$$E[Y^2] = 0^2 \cdot 1/4 + 1^2 \cdot 3/8 + 2^2 \cdot 3/8 = 15/8$$

y la varianza de Y es:

$$V[Y] = 15/8 - 81/64 = 39/64$$

Para X, resulta:

$$E[X] = 3, \quad V[X] = 5/2$$

Los cálculos son triviales.

4.3. Variables aleatorias bidimensionales continuas

Cuando las variables aleatorias X e Y son continuas, el vector aleatorio (X, Y) se llamará *continuo* también. El estudio de las variables bidimensionales continuas es similar al de las discretas, pero ahora la información sobre la variable (X, Y) la guarda la función de densidad conjunta, en lugar de la función de masa de probabilidad. Un suceso no será ahora un conjunto de unos cuantos puntos cuya probabilidad calculamos sumando las probabilidades individuales, sino una región, A, del plano $\mathbb{R}^2$, cuya probabilidad se calcula mediante una integral doble:

$$\int \int_A f(x, y) dx dy$$

La función de densidad, f, que se obtiene derivando la de distribución respecto de las dos variables:

$$f(x, y) = \frac{\partial^2 F(x, y)}{\partial x \partial y}$$

será no negativa y tendrá una integral total igual a 1: $\int \int_{\mathbb{R}^2} f(x, y) dx dy = 1$.

De igual manera, la función de distribución se obtiene integrando la de densidad.

Quizá sería oportuno repasar la integración doble, si es que la ha estudiado el alumno alguna vez. Si no, piense que hacer una integral doble es como hacer dos integrales simples, una tras otra (aunque según sea la región del plano en que se integra, pueden aparecer dificultades).

Los conceptos estudiados para variables aleatorias bidimensionales discretas se trasladan al caso continuo sin gran dificultad: el principal cambio es sustituir las sumas por integrales. Así, las funciones de densidad marginales se definen como:

$$f_X(t) = \int_{\mathbb{R}} f(t, y) dy \ , \ f_Y(t) = \int_{\mathbb{R}} f(x, t) dx$$

Esas definiciones tienen un sentido geométrico sencillo: la gráfica de f es una superficie, cuya altura sobre cada punto representa la densidad de probabilidad en ese punto. Entre esa gráfica y el plano xy encierran un sólido de volumen igual a 1. Al cortar ese sólido con un plano $x = cte.$ obtenemos una superficie cuya área nos da el valor de la densidad marginal f_X para ese valor de x. Del mismo modo, los cortes con los planos $y = cte.$ describen la otra función de densidad marginal, f_Y.

Análogamente a lo que sucede en el caso discreto, la esperanza y la varianza de cada una de las variables X e Y se pueden calcular mediante las funciones de densidad marginales. Las fórmulas son las naturales:

$$E[X] = \int_{\mathbb{R}} t \cdot f_X(t) dt$$

$$E[Y] = \int_{\mathbb{R}} t \cdot f_Y(t) dt$$

$$E[X^2] = \int_{\mathbb{R}} t^2 \cdot f_X(t) dt$$

$$E[Y^2] = \int_{\mathbb{R}} t^2 \cdot f_Y(t) dt$$

$$V[X] = E[X^2] - E[X]^2$$
$$V[Y] = E[Y^2] - E[Y]^2$$

4.4. Suma y producto de variables aleatorias

A menudo es interesante considerar una variable aleatoria construida a partir de otras más sencillas (por ejemplo sumándolas). Es obvio que si X e Y son dos variables aleatorias definidas en el mismo espacio probabilístico, y g es una función real de dos variables reales, entonces, $Z = g(X, Y)$ es otra variable aleatoria. En particular, $X + Y$, $X \cdot Y$ son variables aleatorias. También lo es cualquier combinación lineal $aX + bY + c$.

Observación. Hablamos sólo de dos variables aleatorias por mantenernos en la máxima sencillez, pero está claro que lo dicho se extiende al caso de cualquier número de variables: por ejemplo, la suma $X_1 + X_2 + \ldots + X_n$ es una variable aleatoria que se mencionó al hablar de la ley débil de los grandes números (ejemplo 3.22) y que también se verá en el próximo capítulo, al estudiar variables aleatorias binomiales.

Si las variables X e Y son discretas, también lo será $Z = g(X, Y)$; y si son continuas, Z será del mismo tipo. La función de masa de probabilidad de Z (en el caso discreto) se puede expresar cómodamente en términos de la función de masa de probabilidad conjunta de $g(X, Y)$:

$$p_Z(z) = \sum p_{X,Y}(x, y)$$

donde la suma se toma sobre todos los valores (x, y) tales que $g(x, y) = z$. En particular, para la suma y el producto se tiene:

$$p_{X+Y}(z) = \sum_{x+y=z} p_{X,Y}(x, y) \qquad p_{X \cdot Y}(z) = \sum_{x \cdot y=z} p_{X,Y}(x, y)$$

Ejemplo 4.3

Consideremos dos variables aleatorias, X e Y, que toman los valores 0 y 1 de acuerdo con las probabilidades siguientes:

	0	1
0	1/3	1/6
1	1/4	1/4

Entonces, $X + Y$ toma los valores $0, 1$ y 2 con probabilidades respectivas $1/3, 5/12$ y $1/4$. El primer valor es el que corresponde al caso $X = Y = 0$, que es el único en que la suma es nula; el segundo es la suma de $1/6 + 1/4$, que son las probabilidades de que X valga 1 e Y valga 0 y de que X valga 0 e Y valga 1, y el último caso corresponde a $X = Y = 1$, que da una suma igual a 2.

La variable aleatoria $X \cdot Y$ toma el valor 0 con probabilidad 3/4 (suma de los tres casos en que el producto es nulo) y el valor 1 con probabilidad 1/4.

Es especialmente interesante el comportamiento de la esperanza con la suma de dos o más variables aleatorias:

Proposición

La esperanza de la suma de dos variables aleatorias, $X + Y$, es igual a la suma de sus esperanzas. $E[X + Y] = E[X] + E[Y]$. Más en general, la esperanza de cualquier combinación lineal $a_1 X_1 + a_2 X_2 + \ldots + a_n X_n$ es igual a la correspondiente combinación lineal de las esperanzas:

$$E[a_1 X_1 + a_2 X_2 + \ldots + a_n X_n] = a_1 E[X_1] + a_2 E[X_2] + \ldots + a_n E[X_n]$$

Dicho de otro modo, la esperanza es lineal.

Lo demostramos sólo para dos variables aleatorias discretas, por simplificar:

$$E[X + Y] = \sum_{x,y}(x + y)p(X = x, Y = y) =$$

$$= \sum_{x,y} xp(X = x, Y = y) + \sum_{x,y} yp(X = x, Y = y) =$$

$$= \sum_{x}\sum_{y} xp(X = x, Y = y) + \sum_{y}\sum_{x} yp(X = x, Y = y) =$$

$$= \sum_{x} x \sum_{y} p(X = x, Y = y) + \sum_{y} y \sum_{x} p(X = x, Y = y) =$$

$$= \sum_{x} xp(X = x) + \sum_{y} yp(Y = y) = E[X] + E[Y]$$

Observación. La propiedad es cierta tanto en el caso discreto como en el continuo, por lo que la esperanza es lineal sin restricciones. Sin embargo, no es cierto en general que la esperanza de $g(X, Y)$ sea igual a $g(E[X], E[Y])$; por ejemplo, la esperanza del producto no coincide con el producto de las esperanzas más que en casos especiales, que estudiaremos en la próxima sección.

4.5. Independencia de variables aleatorias. Covarianza

Intuitivamente, que dos variables aleatorias sean independientes significa que cualquier información que tengamos acerca de una de ellas no nos dice nada sobre la otra.

Para definirlo con precisión, atenderemos a que sean independientes los sucesos que corresponden a esas variables aleatorias (la independencia de sucesos se estudió en un capítulo anterior: dos sucesos son independientes cuando la probabilidad de su intersección es igual al producto de sus probabilidades).

Definición

Sea (X, Y) un vector aleatorio. Se dice que las variables aleatorias X e Y son *independientes* cuando los sucesos $X \leq x$ e $Y \leq y$ son independientes para todos los valores de x y de y, es decir, cuando la función de distribución conjunta es igual al producto de las marginales:

$$F_{\vec{X}}(x, y) = F_X(x) \cdot F_Y(y) \quad \forall x \ \forall y$$

Si las variables aleatorias son discretas, la independencia se puede formular en términos de la función de masa de probabilidad:

Proposición

Si (X, Y) un vector aleatorio discreto, y $x_1, \ldots, x_n$ son los distintos valores que adopta la variable X, e $y_1, \ldots, y_m$ los que toma Y, entonces las variables aleatorias X e Y son *independientes* cuando los sucesos $X = x_i$ e $Y = y_j$ son independientes para todos los valores de i y de j, es decir, cuando:

$$p(X = x_i, Y = y_j) = p(X = x_i) \cdot p(Y = y_j) \quad \forall i \ \forall j$$

Dicho brevemente, cuando la probabilidad conjunta es igual al producto de las probabilidades marginales.

La independencia de dos variables aleatorias continuas es más delicada, debido a que los sucesos $X = x$ e $Y = y$ tienen probabilidad nula. No obstante, al derivar respecto de ambas variables en la condición que define la independencia, se llega a una condición expresada en términos de las funciones de densidad análoga a la que se da en el caso discreto con las funciones de masa de probabilidad:

Proposición

Dos variables aleatorias continuas X e Y son *independientes* cuando:

$$f_{\vec{X}}(x, y) = f_X(x) \cdot f_Y(y) \quad \forall x \ \forall y$$

Es decir, cuando la densidad conjunta es igual al producto de las densidades marginales.

Tanto esta proposición como la anterior (referida al caso discreto) son sencillas de demostrar y omitiremos los detalles.

Una condición necesaria (aunque no suficiente) para que dos variables aleatorias continuas sean independientes es que el soporte de la probabilidad (es decir, la región del plano en que la función de densidad no es 0) sea un rectángulo de lados paralelos a los ejes.

En el caso discreto, una condición análoga es que no haya huecos (es decir, ceros) en la tabla, porque la probabilidad conjunta en ese hueco es 0 y las marginales no; lo mismo sucede en el caso continuo si el soporte no es un rectángulo: habrá puntos en que la densidad conjunta sea 0, pero no se anulen las marginales.

Ejemplo 4.4

Unas páginas más atrás vimos dos ejemplos. En el primero (dado y moneda), las variables aleatorias X e Y son independientes, puesto que las probabilidades conjuntas valen siempre $1/12$ y las marginales para X valen $1/6$ y para Y valen $1/2$.

En cambio, las variables aleatorias X e Y del ejemplo siguiente (juego de los chinos) no son independientes: la probabilidad de $X = 3$ e $Y = 1$ es $1/8$, mientras que las probabilidades marginales son $1/4$ y $3/8$, cuyo producto no es $1/8$.

Más fácil aún: en la casilla '$X = 3$, $Y = 0$' hay un 0, lo que indica que la probabilidad conjunta es nula, mientras que las marginales no lo son. Así, siempre que veamos un hueco (un 0) en la tabla, es señal inequívoca de que las variables aleatorias no son independientes (pero ¡cuidado con razonar al revés!).

Observación

Si las variables aleatorias X e Y son independientes, y tomamos unas nuevas variables $g(X)$ y $h(Y)$ obtenidas a partir de ellas mediante algunas funciones inyectivas g y h (por ejemplo, X^3, e^Y), entonces las nuevas variables también son independientes. La razón es clara, si X no nos da ninguna información sobre Y, tampoco $g(X)$, que se construye sobre X, nos dará información sobre $h(Y)$, que es 'pariente cercano' de Y. La demostración rigurosa no es difícil.

Un parámetro relacionado con la independencia es la *covarianza* de dos variables aleatorias, que se define así (tanto en el caso continuo como en el discreto):

Definición

$$Cov(X,Y) = \sigma_{XY} = E[(X - E[X]) \cdot (Y - E[Y])]$$

Definición

Las variables aleatorias X e Y son *incorreladas* cuando su covarianza es nula.

El sentido intuitivo de la covarianza es fácil de descubrir; para mayor claridad, supongamos que las variables aleatorias son discretas y que las medias μ_X y μ_Y son 0. Los productos $x_i \cdot y_j$ son positivos cuando ambos factores tienen el mismo signo (y negativos si tienen signos opuestos); si tienen más peso los del primer caso, la covarianza será positiva, mientras que será negativa si pesan más los otros. Así pues, una covarianza positiva indica que las dos variables tienden a ser simultáneamente mayores que sus medias (y simultáneamente menores, también), y una covarianza negativa es señal de que cuando una de las variables supera a su esperanza la otra variable tiende a quedarse por debajo de la suya.

La covarianza se puede calcular de una manera sencilla usando la fórmula siguiente:

Proposición

$$Cov(X,Y) = E[X \cdot Y] - E[X] \cdot E[Y]$$

La demostración es sencilla:

$$(X - \mu_X) \cdot (Y - \mu_Y) = X \cdot Y - \mu_X \cdot Y - \mu_Y \cdot X + \mu_X \cdot \mu_Y \Rightarrow$$

$$Cov(X, Y) = E[(X - \mu_X) \cdot (Y - \mu_Y)] = E[X \cdot Y] - \mu_X \cdot E[Y] - \mu_Y \cdot E[X] +$$
$$\mu_X \cdot \mu_Y =$$
$$= E[X \cdot Y] - E[X] \cdot E[Y] - E[Y] \cdot E[X] + E[X] \cdot E[Y] = E[X \cdot Y] - E[X] \cdot E[Y]$$

Es natural pensar que cuando dos variables aleatorias sean independientes habrán de ser incorreladas. Y así es, en efecto:

Proposición

Si X e Y son independientes, entonces $E[X \cdot Y] = E[X] \cdot E[Y]$ y, por tanto, $Cov(X, Y) = 0$.

La demostración es casi inmediata; veámosla en el caso continuo (el otro caso es similar, cambiando integrales por sumas y funciones de densidad por funciones de masa de probabilidad).

La esperanza de $X \cdot Y$ es la integral doble $\int \int_{\mathbb{R}^2} x \cdot y \cdot f(x, y) dx dy$. La independencia de las variables aleatorias permite sustituir la densidad conjunta $f(x, y)$ por el producto de las densidades marginales, y así la integral doble se transforma en el producto de las integrales simples $(\int_{\mathbb{R}} x \cdot f_X(x) dx) \cdot (\int_{\mathbb{R}} y \cdot f_Y(y) dy)$, que es precisamente $E[X] \cdot E[Y]$.

El enunciado recíproco es falso, como muestra el siguiente ejemplo:

Ejemplo 4.5

Consideramos el vector aleatorio (X, Y) que toma los cuatro valores $(\pm 1, 0)$, $(0, \pm 1)$, todos con la misma probabilidad, $\frac{1}{4}$.

Las variables, X e Y no son independientes, puesto que cada una de ellas nos da información sobre la otra: si sabemos que X toma el valor 1, entonces ya sabemos que Y ha de tomar el valor 0, lo que también se puede comprobar viendo que la probabilidad del valor $(0, 1)$ no es igual al producto de las probabilidades marginales $P(X = 0) \cdot P(Y = 1)$.

Sin embargo, son incorreladas, como resulta fácil de comprobar: las esperanzas de X e Y son ambas nulas (el cálculo es muy sencillo), y la del producto es 0 porque $X \cdot Y$ siempre vale 0.

También sirve el ejemplo anterior del juego de los chinos: las variables X e Y no son independientes, pero son incorreladas. Si calculamos la esperanza de $X \cdot Y$ obtenemos el valor 27/8, que coincide con el producto de las esperanzas de X y de Y (3 y 9/8).

Se dijo, varias páginas más atrás, que la varianza no es lineal, por lo que en general no es cierto que la varianza de $X+Y$ sea igual a la suma de las varianzas de X y de Y. La diferencia viene dada precisamente por la covarianza, puesto que:

Proposición

Si X e Y son dos variables aleatorias, entonces:

$$V[X + Y] = V[X] + V[Y] + 2 \cdot Cov(X, Y)$$

La demostración es un ejercicio sencillo. Se escribe:

$$V[X + Y] = E[(X + Y)^2] - E[X + Y]^2$$

se desarrolla:

$$(X + Y)^2 = X^2 + 2XY + Y^2$$

y se usa la linealidad de la esperanza, junto con la proposición 1.

Esta proposición tiene dos consecuencias inmediatas:

Consecuencia 1ª.

Si X e Y son dos variables aleatorias cualesquiera, entonces:

$$V[X - Y] = V[X] + V[Y] - 2 \cdot Cov(X, Y)$$

Consecuencia 2ª.

Si las variables aleatorias X e Y son independientes, entonces:

$$V[X \pm Y] = V[X] + V[Y]$$

En realidad, basta con que X e Y sean incorreladas para poder concluir que la varianza de su suma (y la de su diferencia) es la suma de sus varianzas, pero lo interesante es que la independencia a menudo es evidente, por cómo vienen dadas las variables X e Y, y de ahí colegimos la fórmula para la varianza de su suma. No debe cometerse el grosero error de igualar la varianza de la diferencia a la diferencia de las varianzas (si así fuera, la varianza podría llegar a ser negativa, en cuanto el sustraendo superase al minuendo).

La covarianza se mide en las unidades en que venga X multiplicada por las unidades de Y, y es sensible a los cambios de escala. Si dividimos la covarianza σ_{XY} entre el producto de las desviaciones típicas, obtenemos un parámetro que no tiene dimensiones, y es por ello indiferente al cambio de unidades de medida. Recibe el nombre de coeficiente de correlación, y se denota por ρ_{XY}:

Definición

El coeficiente de correlación entre las variables aleatorias X e Y es:

$$\rho_{XY} = \frac{\sigma_{XY}}{\sigma_X \cdot \sigma_Y}$$

Se puede comprobar que el coeficiente de correlación toma valores siempre en el intervalo $[-1, 1]$. En el fondo, eso es un caso particular de una desigualdad análoga a la de Schwarz, que se estudia en Álgebra lineal, para formas bilineales semidefinidas positivas, pero no vamos a explorar ese territorio.

El cuadrado del coeficiente de correlación se denomina coeficiente de determinación:

$$\rho_{XY}^2 = \frac{\sigma_{XY}^2}{\sigma_X^2 \cdot \sigma_Y^2}$$

que tiene un sentido similar al que tenía en Estadística descriptiva.

4.6.   Función característica

De modo análogo a lo que se hizo para variables aleatorias unidimensionales, definimos la función característica de una variable aleatoria bidimensional. Naturalmente, será una función de dos variables: $\varphi(t_1, t_2)$.

Definición. Dada una variable aleatoria bidimensional, (X, Y), su función característica es la función definida por la fórmula:

$$\varphi(t_1, t_2) = E[e^{it_1 X + it_2 Y}] = E[e^{it_1 X} \cdot e^{it_2 Y}]$$

donde i es la unidad imaginaria.

Propiedades

La función característica tiene varias propiedades notables. Destacaremos las siguientes:

1. $\varphi(0, 0) = 1$

2. $\varphi(t, 0) = E[e^{itX}] = \varphi_X(t)$

3. $\varphi(0, t) = E[e^{itY}] = \varphi_Y(t)$

 Así pues, las funciones características de X e Y son las marginales de la función característica conjunta.

4. $\varphi(t, t) = \varphi_{X+Y}(t)$

5. Si X e Y son independientes, entonces $\varphi(t_1, t_2) = \varphi_X(t_1) \cdot \varphi_Y(t_2)$

6. Si X e Y son independientes, entonces $\varphi_{X+Y} = \varphi_X \cdot \varphi_Y$

Demostración.

- Las primeras propiedades son inmediatas; para demostrarlas basta con darle a la variable el valor 0.

- La cuarta propiedad es fácil de demostrar:

$$\varphi(t, t) = E[e^{it(X+Y)}] = \varphi_{X+Y}(t)$$

- Si X e Y son independientes, entonces $e^{it_1 X}$ y $e^{it_2 Y}$ también lo son, por lo que la esperanza de su producto coincide con el producto de sus esperanzas:

$$\varphi(t_1, t_2) = E[e^{it_1 X} \cdot e^{it_2 Y}] = E[e^{it_1 X}] \cdot E[e^{it_2 Y}] = \varphi_X(t_1) \cdot \varphi_Y(t_2)$$

debido a la independencia de las variables aleatorias.

- Por último, si X e Y son independientes, entonces:

$$\varphi_{X+Y}(t) = \varphi(t, t) = \varphi_X(t) \cdot \varphi_Y(t)$$

4.7. Variables aleatorias condicionadas

La probabilidad condicionada, que tan importante papel jugó en el capítulo 2 (recuerde los teoremas de la probabilidad total y de Bayes), tiene cabida también en el estudio de las variables aleatorias. Tiene sentido considerar tanto una variable aleatoria condicionada por un suceso como por otra variable aleatoria. Como solemos hacer, distinguiremos las variables discretas de las continuas para exponer esta idea.

Definición. Sea X una variable aleatoria discreta definida en el espacio probabilístico (M, p), y sea S un suceso con $p(S) > 0$. Se define la variable aleatoria $X|S$ (que se lee X *condicionada por* S) mediante su FMP:

$$p_{X|S}(x) = p((X = x)|S) = \frac{p((X = x) \cap S)}{p(S)}$$

Si Y es otra variable aleatoria discreta definida en el mismo espacio probabilístico (M, p), se define la variable aleatoria $X|Y$ (X *condicionada por* Y) mediante la siguiente FMP:

$$p_{X|Y}(x|y) = p(X = x|Y = y) = \frac{p((X = x) \cap (Y = y))}{p(Y = y)} = \frac{p_{XY}(x, y)}{p_Y(y)}$$

para cada par de valores x e y tales que la probabilidad marginal $p_Y(y)$ no se anule.

Observación.

Se comprueba inmediatamente que $p_{X|S}$ es una FMP, puesto que no toma valores negativos y la suma de los $p_{X|S}(x)$ para los diferentes valores de x es igual a 1. Dejamos los detalles para el lector. Lo mismo puede decirse de $p_{X|Y}$. Así tenemos una nueva variable aleatoria, $X|S$, cuya esperanza y varianza están bien definidas y sabemos calcular mediante la correspondiente FMP.

El teorema de la probabilidad total asegura que si $\{S_1, S_2, \ldots, S_n\}$ es un sistema completo de sucesos, entonces la probabilidad $p(X = x)$ se puede descomponer como una media ponderada de las probabilidades condicionadas $p((X = x)|S_i)$. Con la notación que acabamos de introducir, escribimos:

$$p(X = x) = \sum_i p_{X|S_i}(x) \cdot p(S_i)$$

De ahí se deduce una importante consecuencia, que enunciamos separadamente:

Teorema de la esperanza total. Si X es una variable aleatoria en M y $\{S_1, S_2, \ldots, S_n\}$ es un sistema completo de sucesos, entonces la esperanza de X es igual a:

$$E[X] = \sum_i E[X|S_i] \cdot p(S_i)$$

La demostración ocupa una línea: multiplicando $p(X = x) = \sum_i p_{X|S_i}(x) \cdot p(S_i)$ por los diferentes valores de x y sumando, a la izquierda queda $E[X]$, y a la derecha $\sum_i E[X|S_i] \cdot p(S_i)$

De la misma manera que el teorema de la probabilidad total simplificaba el cálculo de algunas probabilidades, mediante la técnica de 'divide y vencerás', el teorema de la esperanza total permite calcular algunas esperanzas usando la misma estrategia, como muestra este ejemplo:

Ejemplo 4.6

Sea X el número de tiradas de un dado hasta que sale un 5 por primera vez. Para calcular la esperanza y la varianza de X, condicionamos por dos sucesos: S es el suceso 'sacar un 5 en la primera tirada', y S^c es su complementario. El teorema de la esperanza total nos permite escribir:

$$E[X] = E[X|S] \cdot p(S) + E[X|S^c] \cdot p(S^c) = E[X|S] \cdot \frac{1}{6} + E[X|S^c] \cdot \frac{5}{6}$$

Ahora bien, $X|S$ vale 1 con probabilidad 1, pues si ha sucedido S, ya hemos sacado el primer 5, y X será igual a 1, por lo que $E[X|S] = 1$. Y en el supuesto S^c, es decir, que no saliera un 5 a la primera, se ha gastado un intento y estamos como al principio, por lo que la FMP de $X|S^c$ es la misma de X más 1; escribimos $X|S^c = X + 1$, abusando del signo =. De ahí deducimos que $E[X|S^c] = E[X+1] = E[X] + 1$. Sustituyendo en la fórmula anterior, se tiene:

$$E[X] = 1 \cdot \frac{1}{6} + (E[X] + 1) \cdot \frac{5}{6} = 1 + E[X] \cdot \frac{5}{6}$$

que es una ecuación de primer grado de la que se despeja $E[X] = 6$.

Con la misma estrategia, calculamos $E[X^2]$:

$$E[X^2] = E[X^2|S] \cdot p(S) + E[X^2|S^c] \cdot p(S^c) = 1 \cdot \frac{1}{6} + E[(X+1)^2] \cdot \frac{5}{6} =$$

$$= \frac{1}{6} + E[X^2 + 2X + 1] \cdot \frac{5}{6}$$

De ahí, usando la linealidad de la esperanza y el valor ya calculado $E[X] = 6$, se despeja $E[X^2]$, que resulta ser 66. Por tanto, $V[X] = E[X^2] - E[X]^2 = 30$.

Para variables aleatorias continuas, no hay más que seguir los pasos del caso discreto, sustituyendo la FMP por la función de densidad, y las sumas por integrales. De todas maneras, hay algunas sutilezas en las que no vamos a entrar; nos conformaremos con escribir la fórmula de la función de densidad de la variable aleatoria X *condicionada por* Y, que será

$$f_{X|Y}(x|y) = \frac{f_{XY}(x, y)}{f_Y(y)}$$

siempre que la densidad marginal $f_Y(y)$ no sea 0.

Para terminar este apartado, advirtamos que la independencia de dos (o más) variables aleatorias se puede traducir en términos de las variables aleatorias condicionadas: X e Y son independientes si y sólo si la función de densidad (o de masa de probabilidad) condicionada es igual a la no condicionada:

$$f_{X|Y}(x|y) = f_X(x) \quad \forall x, y$$

Ejercicios resueltos

4.1. Tenemos un dado con 4 caras (un tetraedro regular) numeradas del 1 al 4. Lo lanzamos dos veces y observamos sobre qué cara cae. Sean:

- X_1 = el número sobre el que cae el dado la primera vez.

- X_2 = el número sobre el que cae el dado la segunda vez.

- $X = \begin{cases} 0 & \text{si } X_1 + X_2 \text{ es par} \\ 1 & \text{si } X_1 + X_2 \text{ es impar} \end{cases}$

¿Son independientes X_1 y X? ¿Son incorreladas?

Resolución

La tabla que recoge la probabilidad conjunta de X_1 y X es

	1	2	3	4
0	1/8	1/8	1/8	1/8
1	1/8	1/8	1/8	1/8

Las probabilidades marginales para X son $p_X(0) = p_X(1) = 1/2$, como se comprueba sumando las filas. Sumando las columnas, obtenemos las probabilidades marginales para X_1, que valen todas $1/4$.

Como la probabilidad conjunta siempre vale $1/8$, que es igual al producto de las probabilidades marginales, las variables aleatorias son independientes: ninguna información sobre una de ellas nos dice nada acerca de la otra. En consecuencia, también son incorreladas.

4.2. Lanzamos ahora un dado con 6 caras en las que hay dos unos, dos doses y dos treses. Lo lanzamos dos veces y observamos sobre qué número sale. Como antes, definimos:

- $X_1 = $ el número sobre el que cae el dado la primera vez.

- $X_2 = $ el número sobre el que cae el dado la segunda vez.

- $X = \begin{cases} 0 & \text{si } X_1 + X_2 \text{ es par} \\ 1 & \text{si } X_1 + X_2 \text{ es impar} \end{cases}$

¿Son independientes X_1 y X? ¿Son incorreladas?

Resolución

Aquí, la tabla que recoge la probabilidad conjunta de X_1 y X es:

	1	2	3
0	2/9	1/9	2/9
1	1/9	2/9	1/9

Las probabilidades marginales para X ahora son $p_X(0) = 5/9, p_X(1) = 4/9$, y para X_1 valen todas $1/3$.

Como la probabilidad conjunta no siempre coincide con el producto de las probabilidades marginales (de hecho, no lo hace nunca), las variables aleatorias no son independientes: si sabemos que X vale 0 (es decir que las dos veces salieron números de la misma paridad, es poco probable que en la primera tirada saliera un 2: el conocimiento del valor que adopta X nos da cierta información sobre X_1.

En cambio, sí que son incorreladas. Para ello calculamos las esperanzas de cada variable aleatoria y la de su producto:

$$E[X] = 0 \cdot 5/9 + 1 \cdot 4/9 = 4/9, \quad E[X_1] = 1 \cdot 1/3 + 2 \cdot 1/3 + 3 \cdot 1/3 = 2$$

$$E[X \cdot X_1] = 1 \cdot 1 \cdot 1/9 + 1 \cdot 2 \cdot 2/9 + 1 \cdot 3 \cdot 1/9 = 8/9$$

Como la esperanza de $X_1 \cdot X$ es igual al producto de las esperanzas de los factores, la covarianza es nula y las variables son incorreladas:

$$Cov(X, X_1) = E[X \cdot X_1] - E[X] \cdot E[X_1] = 8/9 - 2 \cdot 4/9 = 0$$

4.3. Consideramos dos variables aleatorias cuya función de densidad conjunta es:

$$f(x, y) = \begin{cases} k & (x, y) \in A \\ 0 & (x, y) \notin A \end{cases}$$

siendo A el triángulo de vértices $(0,0), (2,2), (-2,2)$, y k una constante a determinar. Discuta si las variables aleatorias son independientes o no, y si son incorreladas o no.

Resolución

Conviene hacer un dibujo, como tantas veces.

La región A es un triángulo de área 4, por lo que la integral de f en todo el plano vale $4k$, y k deberá ser igual a $\frac{1}{4}$.

Haciendo $x = cte.$, obtenemos la densidad marginal f_X: $f_X(x) = \int_{\mathbb{R}} f(x, y) dy$. Evidentemente, esa integral vale 0 si $|x| > 2$ y $\frac{2 - |x|}{4}$ cuando $|x| \leq 2$, por lo que:

$$f_X(x) = \begin{cases} \frac{2 - |x|}{4} & |x| \leq 2 \\ 0 & |x| > 2 \end{cases}$$

De la misma manera, haciendo $y = cte.$ obtenemos:

$$f_Y(y) = \int_{\mathbb{R}} f(x, y) dx = \begin{cases} \frac{y}{2} & 0 \leq y \leq 2 \\ 0 & |y - 1| > 1 \end{cases}$$

Las variables no son independientes, puesto que el producto $f_X(x) \cdot f_Y(y)$ no es igual a $f(x, y)$ (por ejemplo, $f(1, \frac{3}{2}) = \frac{1}{4}$, $f_X(1) = \frac{1}{4}$, $f_Y(\frac{3}{2}) = \frac{3}{4}$). (Calcule

$f(0,1)$ y compárelo con el producto de las densidades marginales. Discuta el resultado).

Las esperanzas marginales se calculan integrando:

$$\mu_X = \int_{\mathbb{R}} x \cdot f_X(x)dx = \int_{-2}^{0} x \cdot \frac{2+x}{4}dx + \int_{0}^{2} x \cdot \frac{2-x}{4}dx = 0$$

$$\mu_Y = \int_{\mathbb{R}} y \cdot f_Y(y)dy = \int_{0}^{2} \frac{y^2}{2}dy = \frac{4}{3}$$

Análogamente:

$$E[X^2] = \int_{\mathbb{R}} x^2 \cdot f_X(x)dx = \int_{-2}^{0} x^2 \cdot \frac{2+x}{4}dx + \int_{0}^{2} x^2 \cdot \frac{2-x}{4}dx = \frac{2}{3}$$

$$E[Y^2] = \int_{\mathbb{R}} y^2 \cdot f_Y(y)dy = \int_{0}^{2} \frac{y^3}{2}dy = 2$$

$$E[X \cdot Y] = \int \int_{\mathbb{R}^2} x \cdot y \cdot f(x,y)dxdy = \int \int_{A} \frac{xy}{4}dxdy = 0$$

Por lo que las varianzas respectivas son:

$$\sigma_X^2 = E[X^2] - E[X]^2 = \frac{2}{3}, \quad \sigma_Y^2 = E[Y^2] - E[Y]^2 = \frac{2}{9}$$

Y la covarianza:

$$\sigma_{XY} = E[X \cdot Y] - E[X] \cdot E[Y] = 0$$

Las variables son incorreladas (aunque no son independientes).

Si queremos calcular la probabilidad de que $X + Y$ sea mayor que 1, integramos la densidad $f(x,y)$ sobre la región en la que se cumple esa condición, que es un semiplano (dibújelo). Como la densidad es nula fuera del triángulo A y vale $\frac{1}{4}$ dentro de A, integramos $\frac{1}{4}$ sobre la intersección de A con el semiplano, que es otro triángulo, A', de área $\frac{9}{4}$, por lo que la probabilidad es $\frac{9}{16}$. En este sencillo ejemplo, la probabilidad no es más que el cociente entre el área de A'

y la de A: eso es análogo a la regla de Laplace para variables discretas y se cumple aquí porque la densidad de probabilidad es uniforme (que es la manera de traducir la equiprobabilidad al caso continuo).

Observación. Podríamos haber deducido que las variables X e Y no eran independientes del hecho de que el soporte de la variable bidimensional (X, Y) es un triángulo, puesto que, como se dijo, una condición necesaria (aunque no suficiente) para que sean independientes las variables es que ese soporte sea un rectángulo de lados paralelos a los ejes.

4.4. Sea la variable aleatoria bidimensional (X, Y) con función de densidad $f(x, y) = x + y$ cuando x e y están en $[0, 1]$ (y $f(x, y) = 0$ en otro caso). Se piden las funciones de densidad marginales, la esperanza y la varianza de X, la covarianza de (X, Y) y discutir la independencia de las dos variables.

Resolución

Las densidades marginales se calculan mediante unas integrales sencillas: $f_X(x) = \int_{-\infty}^{+\infty} f(x, y) dy$ vale $x + \frac{1}{2}$ si $x \in [0, 1]$ (y vale 0 fuera de ese intervalo). Análogamente, $f_Y(y)$ vale $y + \frac{1}{2}$ si $y \in [0, 1]$ (y vale 0 fuera de ese intervalo).

$$E[X] = \int_{-\infty}^{+\infty} x f_X(x) dx = \int_0^1 (x^2 + \frac{x}{2}) dx = \frac{7}{12}$$

$$E[X^2] = \int_{-\infty}^{+\infty} x^2 f_X(x) dx = \int_0^1 (x^3 + \frac{x^2}{2}) dx = \frac{5}{12}$$

$$V[X] = E[X^2] - E[X]^2 = \frac{5}{12} - \frac{49}{144} = \frac{11}{144}$$

$E[X \cdot Y]$ se calcula mediante la integral doble de $x \cdot y \cdot (x + y)$ en el cuadrado $[0, 1] \times [0, 1]$. Mediante integrales iteradas (Fubini), esa integral es $\frac{1}{3}$.

La esperanza de Y es igual que la de X (tienen la misma función de densidad), o sea, $E[Y] = E[X] = \frac{7}{12}$.

La covarianza de (X,Y) es igual a $E[X \cdot Y] - E[X] \cdot E[Y] = \frac{1}{3} - \frac{49}{144} = \frac{-1}{144}$. Como la covarianza no es nula, las variables aleatorias no pueden ser independientes.

4.5. Sea X el número de lanzamientos de una moneda (equilibrada) hasta que salen por primera vez dos caras seguidas. Calculemos la esperanza y la varianza de X.

Resolución

Consideramos tres sucesos, que forman un sistema completo: S_1 es el suceso 'las dos primeras veces sale cara', S_2 es el suceso 'la primera vez sale cruz', y S_3 es el suceso 'la primera vez sale cara y la segunda sale cruz'. El teorema de la esperanza total nos permite escribir:

$$E[X] = E[X|S_1] \cdot p(S_1) + E[X|S_2] \cdot p(S_2) + E[X|S_3] \cdot p(S_3) =$$
$$= E[X|S_1] \cdot \frac{1}{4} + E[X|S_2] \cdot \frac{1}{2} + E[X|S_3] \cdot \frac{1}{4}$$

Ahora bien, $X|S_1$ vale 2 con probabilidad 1; en el supuesto S_2, hemos gastado una tirada y estamos como al principio: escribimos $X|S_2 = X + 1$. Análogamente $X|S_3 = X + 2$. De ahí deducimos, sustituyendo en la fórmula anterior:

$$E[X] = 2 \cdot \frac{1}{4} + (E[X] + 1) \cdot \frac{1}{2} + (E[X] + 2) \cdot \frac{1}{4} = \frac{3}{2} + E[X] \cdot \frac{3}{4}$$

que es una ecuación de primer grado de la que se despeja $E[X] = 6$.

Con la misma estrategia, calculamos $E[X^2]$:

$$E[X^2] = E[X^2|S_1] \cdot \frac{1}{4} + E[X^2|S_2] \cdot \frac{1}{2} + E[X^2|S_3] \cdot \frac{1}{4}$$

Escribiendo 4 en lugar de $X^2|S_1$, $X^2 + 2X + 1$ en el de $X^2|S_2$, $X^2 + 4X + 4$ en el de $X^2|S_3$, usando la linealidad de la esperanza y el valor ya calculado $E[X] = 6$, se despeja $E[X^2]$, que resulta ser 58. Por tanto,

$$V[X] = E[X^2] - E[X]^2 = 22$$

4.8.   Recapitulación

En este capítulo hemos estudiado las variables aleatorias bidimensionales (y multidimensionales en general) o vectores aleatorios. Distinguimos entre discretas y continuas, y estudiamos en ambos casos la función de distribución conjunta y las marginales así como la función de masa de probabilidad o la de densidad (según el caso) conjunta y marginales.

Los vectores aleatorios permiten hablar de variables independientes (en las que la probabilidad conjunta es igual al producto de las probabilidades marginales) y dependientes, así como de variables correladas e incorreladas. El parámetro clave es la covarianza (y su pariente, el coeficiente de correlación). Dos variables aleatorias independientes son necesariamente incorreladas, pero no a la inversa.

La varianza de la suma (y de la diferencia) de dos variables aleatorias independientes es igual a la suma de sus varianzas; si no se da la independencia de las variables, hay que corregir sumando (o restando) el doble de la covarianza.

Finalmente vimos cómo condicionar una variable aleatoria por un suceso o por los valores de otra variable aleatoria. El teorema de la esperanza total es una útil consecuencia del de la probabilidad total. Mostramos algún ejemplo de cómo aprovecharlo para facilitar ciertos cálculos.

4.9.   Ejercicios propuestos

1. Sea la variable aleatoria bidimensional (X, Y) con función de densidad

$$f(x, y) = \begin{cases} k & \text{si } (x, y) \in R \\ 0 & \text{en caso contrario} \end{cases}$$

   siendo R el rectángulo $[0, 1] \times [0, 2]$, es decir, $0 \le x \le 1$, $\quad 0 \le y \le 2$. Se pide:

   - Calcular el valor de k.
   - Calcular las funciones de densidad marginales.
   - Calcular la esperanza y la varianza de X.
   - Calcular la covarianza de (X, Y) y discutir la independencia de las dos variables.

2. Responda a las mismas cuestiones del ejercicio anterior si R es el triángulo de vértices $(0, 0), (0, 4)$ y $(2, 0)$. También si R es el cuadrado de vértices $(-1, 0), (0, 1), (1, 0)$ y $(0, -1)$.

3. Responda a esas mismas cuestiones en los casos en que R es cada una de las figuras de los ejercicos anteriores y la función de densidad vale $k(x + y)$ en R (y 0 fuera de R). También cuando $f(x, y) = kx$ en R.

4. Las concentraciones de dos sustancias en las células vienen descritas por sendas variables aleatorias, X e Y, que toman valores en los intervalos $0 < X < 1$, $0 < Y < 4$, de acuerdo con la función de densidad:

$$f(x, y) = kx^2 y$$

   - Halle el valor de k.
   - Discuta si X e Y son independientes o no.
   - Calcule la esperanza de cada una de las dos variables aleatorias.
   - Si se elige un individuo al azar, ¿cuál es la probabilidad de que X sea mayor que 0,5 e Y sea menor que 2?

5. Se considera la variable aleatoria (X, Y) con función de densidad

$$f(x,y) = \begin{cases} x + y & 0 \leq x \leq 1, \qquad 0 \leq y \leq 1 \\ 0 & \text{en el resto} \end{cases}$$

   Discuta si X e Y son independientes, calcule las funciones de densidad marginales, $E[X], V[X]$, la función de distribución y la función de densidad de la variable aleatoria $Y|(X \leq \frac{1}{2})$ y su esperanza $E[Y|(X \leq \frac{1}{2})]$.

6. Se eligen al azar e independientemente dos números reales, X e Y, comprendidos entre 0 y 1 (con densidad constante). Calcule la probabilidad de que su suma sea menor que $0,5$.

7. En el experimento de lanzar una moneda tres veces, consideramos dos variables aleatorias:

   $X =$ número de cruces

   $Y =$ número de rachas

   (Una racha es una cadena maximal de resultados consecutivos iguales; por ejemplo, si lanzamos 8 veces y nos sale CCC++CC+ tenemos cuatro rachas: la primera de tres caras, luego una racha de dos cruces, seguida de otra de dos caras y de una última racha de una sola cruz).

   Se pide la función de masa conjunta de ambas variables, así como las funciones de masa y de distribución marginales. ¿Son X e Y independientes?

   Discuta la situación si la moneda se lanza cuatro veces.

Capítulo **5**

PRINCIPALES TIPOS DE VARIABLES ALEATORIAS

Contenido

5.1.   Introducción

En el capítulo tercero estudiamos las variables aleatorias en general. En éste vamos a enfocar la lente sobre los tipos principales de variables aleatorias, atendiendo a su descripción, sus parámetros (esperanza y varianza, en particular), su función de densidad o de masa de probabilidad y su función característica, además de discutir qué situaciones modelan. También veremos algunas propiedades destacadas cuando las haya.

Entre las variables aleatorias discretas, describiremos las uniformes, de Bernoulli, binomiales, geométricas y de Poisson; entre las continuas, nos fijaremos en las uniformes, exponenciales y normales, con un breve epígrafe dedicado a otros tres tipos que se usan mucho en Estadística (especialmente, en los contrastes de hipótesis): χ^2, t de Student y F de Fisher.

Empezamos estudiando las variables aleatorias discretas más importantes:

5.2.   Variables aleatorias discretas

5.2.1.   Variables aleatorias uniformes

Llamaremos variable aleatoria *uniforme* (discreta) a una que tome diferentes valores, $x_1, x_2, \ldots, x_n$, todos con la misma probabilidad:

$$p(X = x_k) = \frac{1}{n}, \quad k = 1, 2, \ldots n$$

La esperanza de una variable aleatoria de este tipo es:

$$E[X] = \mu = \frac{x_1 + x_2 + \ldots + x_n}{n}$$

La varianza es:

$$V[X] = \frac{x_1^2 + x_2^2 + \ldots + x_n^2}{n} - \mu^2$$

Si un experimento puede tener varios resultados y consideramos que todos ellos tienen la misma probabilidad, es natural describir el resultado del experimento mediante una variable aleatoria de este tipo.

Las situaciones que se modelizan por medio de variables aleatorias uniformes discretas son aquellas en que no tenemos ninguna razón para inclinarnos en favor de una opción frente a otras; en ese sentido, puede decirse que las variables aleatorias uniformes modelan situaciones de indiferencia o de ignorancia, siempre bajo la hipótesis de que los diferentes resultados se puedan considerar equiprobables.

Ejemplo 5.1

Si lanzamos un dado y X es el número que muestra, entonces X es una variable aleatoria uniforme, que toma cada uno de los valores 1, 2, 3, 4, 5 y 6 con probabilidad $\frac{1}{6}$. La esperanza de X es igual a $\frac{7}{2}$, y la varianza es $\frac{35}{12}$.

5.2.2. Variables aleatorias de Bernoulli

Un experimento cuyos resultados se puedan dividir en dos clases (éxito o fracaso) es una *prueba de Bernoulli*. Se le puede asociar la variable aleatoria X, que toma el valor 1 cuando el resultado es un éxito y 0 cuando el resultado es un fracaso.

Ejemplo 5.2

Si lanzamos una moneda y llamamos "éxito" a obtener cara, hemos realizado una prueba de Bernoulli. Lo mismo sucede si lanzamos un dado y el éxito es sacar más de 4 puntos, si extraemos dos cartas de una baraja y nos fijamos en si son del mismo palo o no, o si medimos la resistencia de una viga de hormigón y nos interesa saber si supera un cierto umbral o no lo supera. La clave para estar ante una prueba de Bernoulli es la dicotomía.

En una prueba de Bernoulli, toda la información está en la probabilidad de éxito, a la que denotamos por p. La probabilidad de fracaso será $1-p$, que abreviamos como q. La función de masa de probabilidad de la variable de

Bernoulli X es $p(X = 0) = q, p(X = 1) = p$. Puede escribirse de una manera compacta como $p(X = x) = p^x(1 - p)^{1-x}$, para $x = 0, 1$.

La esperanza de una variable de Bernoulli es igual a p y la varianza es $p \cdot q$, como se comprueba fácilmente:

$$E[X] = E[X^2] = 0 \cdot p(X = 0) + 1 \cdot p(X = 1) = 0 \cdot q + 1 \cdot p = p$$

$$V[X] = E[X^2] - E[X]^2 = p - p^2 = p \cdot (1 - p) = p \cdot q$$

La función generadora de momentos es $M(t) = q + p \cdot e^t$, y la función característica es $\varphi(t) = q + p \cdot e^{it}$. De esas fórmulas se deducen también fácilmente la esperanza y la varianza.

La importancia de las variables de Bernoulli estriba en la capacidad que tienen de servir de ladrillos elementales con los que construir modelos más complejos. El siguiente epígrafe lo pone de manifiesto.

5.2.3. Variables aleatorias binomiales

Una variable aleatoria binomial es la suma de n variables de Bernoulli independientes, $X = X_1 + \ldots + X_n$, con el mismo parámetro, p. Puede verse cada variable X_k como el resultado de una prueba de Bernoulli, de modo que X_k vale 1 si la k-ésima prueba resultó exitosa, y 0 si fracasó. De esa manera, la suma $X_1 + \ldots + X_n$ añade una unidad por cada éxito. Así pues, una variable aleatoria binomial cuenta el número de éxitos que se han registrado al realizar varias veces de forma independiente una misma prueba de Bernoulli.

Para indicar que X es una variable aleatoria binomial con parámetros n y p, empleamos la notación $X \sim B(n, p)$, donde n indica el número de veces que se realiza el experimento y p es la probabilidad de éxito en cada una de ellas. Se observa que $X \sim B(1, p)$ indica que X es una variable de Bernoulli.

Ejemplo 5.3

Si el experimento consiste en lanzar un dado 5 veces y el resultado que nos interesa es sacar 1 o 2, tenemos una distribución binomial con parámetros $n = 5, p = 1/3$. La probabilidad de obtener éxito 2 veces será igual al producto $\begin{pmatrix} 5 \\ 2 \end{pmatrix} \cdot (1/3)^2 \cdot (2/3)^3$ (piense por qué antes de seguir).

Cada factor tiene un sentido claro: el número combinatorio $\begin{pmatrix} 5 \\ 2 \end{pmatrix}$ representa la cantidad total de formas en que se pueden escoger las posiciones de los 2 éxitos entre las 5 tiradas; $(1/3)^2$ es la probabilidad de que esas dos tiradas sean exitosas, y $(2/3)^3$ la de que las otras tres no lo sean.

El ejemplo anterior ilustra claramente cuál será en general la probabilidad en una variable aleatoria binomial: $p(X = k) = \begin{pmatrix} n \\ k \end{pmatrix} \cdot p^k \cdot q^{n-k}$

La esperanza de una variable aleatoria binomial $X \sim B(n, p)$ es igual a la suma de las esperanzas de los sumandos, es decir $n \cdot p$ (por la linealidad de la esperanza), y la varianza es igual a la suma de las varianzas, $n \cdot p \cdot q$, por tratarse de variables aleatorias independientes. Lo anotamos:

$$E[X] = n \cdot p, \; V[X] = n \cdot p \cdot q$$

La función generadora de momentos es $M(t) = (q + p \cdot e^t)^n$, y la función característica es $\varphi(t) = (q + p \cdot e^{it})^n$, puesto que en ambos casos se tendrá el producto de las correspondientes funciones de los sumandos (de nuevo, debido a la independencia). De esas fórmulas se pueden deducir también fácilmente la esperanza y la varianza, sin más que derivar y evaluar en 0.

Las variables aleatorias de este tipo gozan de una propiedad aditiva: al sumar varias de este tipo, el resultado también es binomial (siempre que los sumandos sean independientes).

Proposición.

Si sumamos dos (o más) variables aleatorias binomiales independientes con el mismo parámetro p, el resultado es otra variable aleatoria binomial; esquemáticamente: $B(n,p) + B(m,p) = B(n+m,p)$.

La razón es clara: la primera variable aleatoria puede verse como suma de n pruebas independientes de Bernoulli, y la segunda es la suma de otras m pruebas independientes, con lo que la suma de las dos variables consiste en $n + m$ pruebas de Bernoulli, es decir, una binomial.

La demostración es sencilla, usando las funciones características; la de la primera variable aleatoria será $\varphi_1(t) = (q + p \cdot e^{it})^n$, y la de la segunda $\varphi_2(t) = (q + p \cdot e^{it})^m$; la de su suma es el producto de ambas, por tratarse de variables aleatorias independientes, es decir, $\varphi(t) = (q + p \cdot e^{it})^{n+m}$, que corresponde a una $B(n+m,p)$.

Se da una situación análoga con otros tipos de variables aleatorias que veremos más adelante, como las de Poisson o las normales, pero no con todas. Y en todos los casos la demostración es sencilla usando la función característica.

5.2.4. Variables aleatorias geométricas

Cuando realizamos una serie de pruebas de Bernoulli (tales como lanzar una moneda) independientes y con probabilidad de éxito p, y nos interesamos por cuántas hemos de realizar hasta que se produzca el primer éxito, estamos ante una *variable aleatoria geométrica*.

Si llamamos X al *número de intentos hasta que se produce el primer éxito*, entonces X es una variable aleatoria geométrica que toma los valores $1, 2, 3, \ldots$

La función de masa de probabilidad de X es fácil de calcular. Una forma indirecta de hacerlo consite en observar que la probabilidad de que X sea mayor que n es q^n, puesto que $X > n$ significa que las n primeras pruebas acabaron en fracaso.

Por tanto, la función de distribución de X es:

$$F(n) = p(X \leq n) = 1 - p(X > n) = 1 - q^n$$

De ahí se deduce la función de masa de probabilidad:

$$p_X(n) = p(X = n) = F(n) - F(n-1) = -q^n + q^{n-1} = (1-q) \cdot q^{n-1} = p \cdot q^{n-1}$$

Esa última expresión es fácil de interpretar: el factor p corresponde a la probabilidad de que el último intento sea un éxito, y el factor q^{n-1} es la probabilidad de que los $n-1$ anteriores fueran fracasos.

La función generadora de momentos de una variable geométrica sólo está definida para $t < log(1/q)$, y viene dada por la fórmula:

$$M(t) = \frac{pe^t}{1 - qe^t} = \frac{p}{e^{-t} - q} = p(e^{-t} - q)^{-1}$$

como se puede comprobar sumando la serie geométrica (de razón qe^t):

$$pe^t + pqe^{2t} + pq^2e^{3t} + \ldots = \sum_{n=1}^{\infty} pq^{n-1}e^{nt}$$

La función característica está definida para todos los valores reales de t, y su fórmula es:

$$\varphi(t) = \frac{p}{e^{-it} - q}$$

Ahora la serie geométrica que hay que sumar es $\sum_{n=1}^{\infty} pq^{n-1}e^{int}$, cuya razón es qe^{it}, que siempre es menor que 1 en módulo.

La esperanza de una variable geométrica, X, es $E[X] = \frac{1}{p}$, y la de X^2 resulta ser $\frac{2}{p^2} - \frac{1}{p}$. La manera más sencilla de calcularlas es mediante las derivadas de M o de φ; el cálculo directo exige sumar unas series aritmético-geométricas (que no son difíciles, por otra parte). La varianza será, por tanto:
$$V[X] = E[X^2] - E[X]^2 = \frac{1}{p^2} - \frac{1}{p} = \frac{q}{p^2}$$

Ejemplo 5.4

En el juego del parchís, no se saca ficha hasta que no se obtiene un 5 con el dado. El número de tiradas necesarias para sacar la ficha es una variable aleatoria geométrica con $p = 1/6$. El número medio de tiradas necesarias para conseguir el éxito será $E[X] = 1/p = 6$: si nos sale un 5 antes de la sexta tirada, hemos tenido suerte. La varianza es 30, y la desviación típica es $\sqrt{30} \approx 5,48$: no sería raro que tuviéramos que lanzar el dado hasta 17 veces antes de conseguir el objetivo.

Las variables aleatorias geométricas gozan de una propiedad notable, conocida como *falta de memoria*: si se ha realizado el experimento varias veces sin éxito, la situación es la misma que al principio (la moneda o el dado no tienen memoria, y no recuerdan los resultados pasados, contra la falacia consistente en pensar que 'ya debe de estar próximo el premio porque lleva mucho tiempo sin tocar'). Esa propiedad se formula matemáticamente así:

$$p(X = n + k | X > n) = p(X = k)$$

Interpretamos esa expresión: la probabilidad de que se necesiten un total de $n + k$ intentos para obtener el primer éxito, si se ha fracasado en los n primeros (eso es lo que significa la condición $X > n$) es la misma que la de necesitar k intentos al principio para llegar al éxito.

La demostración es un ejercicio sencillo, pero instructivo, así que lo haremos a continuación:

Proposición

Sea X una variable aleatoria que sigue una ley geométrica, como la que acabamos de describir. Entonces $p(X = n + k | X > n) = p(X = k)$ para cualquier k.

Demostración.

La probabilidad del suceso $X = n + k$ es $p \cdot q^{n+k-1}$, y la del suceso $X > n$ es q^n. Como el primer suceso está incluido en el segundo, la intersección es el propio suceso $X = n + k$ y, por tanto, la probabilidad del suceso condicionado será:

$$p(X = n + k | X > n) = \frac{p(X = n + k)}{p(X > n)} = \frac{p \cdot q^{n+k-1}}{q^n} = p \cdot q^{k-1}$$

que es igual a la probabilidad de $X = k$.

Insistimos: la propiedad que acabamos de demostrar significa que la probabilidad de un acierto (o de un fallo) después de varios fallos consecutivos es la misma que la que había al principio, desmontando la extendida *falacia del jugador* (consistente en suponer que después de una racha de caras aumenta la probabilidad de que salga una cruz).

Observación. Se puede comprobar sin gran esfuerzo que una variable aleatoria discreta que tome los valores $1, 2, \ldots$ y tenga falta de memoria (es decir, que cumpla la conclusión de la proposición anterior) es necesariamente una variable aleatoria geométrica. La demostración se hace por inducción matemática: para ello, es suficiente con escribir la probabilidad $p(X = n + 1)$ como el producto $p(X > 1) \cdot p(X = n + 1 | X > 1)$ y realizar unos cálculos triviales.

Observación. También es posible probar que si X e Y son dos variables aleatorias geométricas independientes, entonces la variable aleatoria Z = mín(X,Y) es otra variable aleatoria geométrica. Para hacerlo, conviene trabajar con la función de distribución y advertir que la condición $Z > n$ equivale a la intersección de las dos condiciones $X > n$ e $Y > n$.

5.2.5. Variables aleatorias de Poisson

Definición.

Sea λ un número real positivo. Una variable aleatoria, X, es *de Poisson* con parámetro λ, y se escribe $X \sim P(\lambda)$, cuando puede tomar los valores $0, 1, 2, \ldots$ y la probabilidad de $X = n$ es:

$$p(X = n) = e^{-\lambda} \cdot \frac{\lambda^n}{n!}$$

El factor $e^{-\lambda}$ es necesario para que la suma de todas las probabilidades sea igual a 1, puesto que la serie $\sum_{n=0}^{\infty} \frac{\lambda^n}{n!}$ tiene por suma e^{λ}.

Las variables aleatorias de Poisson describen el número de veces que ocurre un cierto suceso en un intervalo de tiempo. Con más precisión, si una instancia se repite en el tiempo a razón de k veces por unidad temporal, entonces el número de instancias que se producen en un intervalo de longitud t es una variable aleatoria de Poisson de parámetro $\lambda = k \cdot t$.

En la ingeniería civil, las variables aleatorias de Poisson permiten modelizar procesos relacionados con la teoría de colas y dimensionar infraestructuras tales como puestos de peaje en autopistas, torniquetes de entrada al metro, dársenas en las estaciones de autobuses o en puertos, etc.

Las variables aleatorias de Poisson también son una excelente aproximación de una variable aleatoria binomial $B(n,p)$ cuando n es grande y p es pequeño, de suerte que el producto $n \cdot p$ es de tamaño "razonable". En ese caso, la binomial $B(n,p)$ se aproxima muy bien por una de Poisson $P(\lambda)$ con parámetro $\lambda = n \cdot p$, lo que facilita mucho los cálculos.

La función generadora de momentos de $X \sim P(\lambda)$ viene dada por la suma de la serie:

$$\sum_{n=0}^{\infty} e^{nt} \cdot e^{-\lambda} \cdot \frac{\lambda^n}{n!} = e^{-\lambda} \cdot \sum_{n=0}^{\infty} e^{nt} \cdot \frac{\lambda^n}{n!}$$

Abreviando $e^t \cdot \lambda$ como r, ahí tenemos el producto de $e^{-\lambda}$ por la serie que da la exponencial de r, es decir, $M(t) = e^{-\lambda} \cdot e^r = e^{-\lambda} \cdot e^{e^t \cdot \lambda}$, lo que podemos abreviar como $M(t) = \exp[\lambda \cdot (e^t - 1)]$, definida para todos los valores de t.

La función característica será $\varphi(t) = \exp[\lambda \cdot (e^{it} - 1)]$.

Proposición

La esperanza de una variable aleatoria de Poisson es igual a λ y la varianza también.

Demostración

Los cálculos son sencillos si se usa la función característica, o la generadora de momentos, y se dejan como ejercicio para el lector. De otro modo, hay que sumar unas series que no son triviales (aunque tampoco sean demasiado complicadas).

Adviértase que esos valores son coherentes con la interpretación de una distribución de Poisson como límite de distribuciones binomiales $B(n,p)$ con n grande y p pequeño: recordemos que la esperanza de esa distribución es $n \cdot p$ (o sea, λ), y la varianza es igual a $n \cdot p \cdot q = n \cdot p \cdot (1 - p) \approx n \cdot p = \lambda$

Veamos un ejemplo de una situación en la que es natural (y muy ventajoso) usar una variable aleatoria de este tipo:

Ejemplo 5.5

Nos interesamos por cuántas erratas habrá en un texto, es decir, en cuál será la probabilidad de que el texto en cuestión no contenga erratas, de que contenga $1, 2$, etc. Pongamos que el texto consta de 3500 letras.

La probabilidad de que se produzca una errata en una letra es muy baja, y se puede estimar analizando diversos textos del mismo autor, editorial o colección. Por fijar ideas, pongamos que es igual a $0, 001$. Puesto que las erratas en diferentes letras se producen de manera independiente, es natural pensar que la distribución es una binomial $B(3500, 0, 001)$; por tanto, la esperanza será $n \cdot p = 3, 5$, y es normal encontrarnos con 3 o 4 erratas, aunque tampoco sería raro que hubiera 2 o 5, pero sí lo sería encontrarnos con 9 erratas.

Si queremos calcular la probabilidad de que haya a lo sumo 2 erratas, podríamos calcular la suma $p(X = 0) + p(X = 1) + p(X = 2)$ lo que para esa distribución binomial resulta ser igual a:

$$\binom{3500}{0} \cdot p^0 \cdot q^{3500} + \binom{3500}{1} \cdot p^1 \cdot q^{3499} + \binom{3500}{2} \cdot p^2 \cdot q^{3498}$$

Los cálculos implicados son sumamente engorrosos (esos números combinatorios enormes y esas potencias $0'999^{3498}$ desaniman un poco). Podemos simplificarlo mucho empleando como modelo una distribución de Poisson en lugar de una binomial; naturalmente, el parámetro será $\lambda = 3,5$. Así, la probabilidad de que haya dos erratas o menos se calcula como:

$$e^{-3,5} \cdot 3,5^0/0! + e^{-3,5} \cdot 3,5^1/1! + e^{-3,5} \cdot 3,5^2/2!$$

que se evalúa cómodamente y resulta igual a $e^{-3,5} \cdot 85/8 \approx 0,3208$

Puede objetarse que la variable aleatoria en liza es en realidad una binomial, y la de Poisson no pasa de ser una aproximación sin más ventaja que la facilidad de cálculo.

La objeción es débil, por cuanto en realidad al crear el modelo matemático se asumen errores mucho más gruesos, como el valor de p, que no conocemos más que por estimaciones. Descartar el modelo de Poisson y admitir un valor de p (el que sea) equivaldría a colar mosquitos y tragarnos camellos.

Puesto que la Estadística es una herramienta de la que nos servimos para obtener información de la realidad, pero no pretendemos que tenga precisión absoluta, lo sensato es estudiar situaciones como la descrita mediante un modelo de Poisson, en el que el parámetro λ se estima con cierto cuidado a partir de datos experimentales. Este párrafo pretende ilustrar el papel que juega la modelización juiciosa en el estudio de los problemas reales y cómo se han de emplear los conocimientos de Probabilidad y de Estadística para abordarlos.

Muchas situaciones conducen a una variable aleatoria de Poisson. Algunos ejemplos son los siguientes:

- Número de erratas en un texto.

- Número de vehículos que llegan a un puesto de peaje en un minuto (o en una hora).

- Números de autocares que llegan a una dársena de una estación entre las 7 y las 8.

- Número de bajas por enfermedad en un mes en una empresa.

- Número de llamadas recibidas en una centralita en cinco minutos.

Las variables aleatorias de Poisson también gozan de la propiedad aditiva, como las binomiales. Eso es lo que afirma la siguiente proposición:

Proposición.

Si sumamos dos (o más) variables aleatorias de Poisson independientes, el resultado es otra variable aleatoria de Poisson: $P(\lambda) + P(\mu) = P(\lambda + \mu)$.

La demostración es sencilla, usando las funciones características: la de la primera variable aleatoria será $\varphi_1(t) = \exp[\lambda \cdot (e^{it} - 1)]$, y la de la segunda $\varphi_2(t) = \exp[\mu \cdot (e^{it} - 1)]$; la de su suma es el producto de ambas, por tratarse de variables aleatorias independientes. Al multiplicar esas exponenciales, obtenemos la exponencial de la suma, que resulta ser $\varphi(t) = \exp[(\lambda + \mu) \cdot (e^{it} - 1)]$, que corresponde a una variable aleatoria $P(\lambda + \mu)$.

Observaciones.

- Una variable aleatoria de Poisson puede tomar, en teoría, una cantidad infinita de valores. En la práctica, sólo unos pocos concentran casi toda la probabilidad. Si λ es pequeño, son los valores más bajos los que la acaparan: así, para $\lambda = 2, 4$, las probabilidades con que la variable adopta los valores 0, 1, 2, 3 y 4 son 0,09, 0,22, 0,26, 0,21 y 0,13, de suerte que entre esos cinco valores acumulan más del 90 % de la probabilidad; si añadimos también el 5 y el 6, apenas queda un 1 % sin cubrir, así que no es exagerado decir que una variable aleatoria $P(2,4)$ sólo toma los valores de 0 a 6 (salvo sucesos raros).

Si λ es mayor, los valores no están tan concentrados (como indica la desviación típica, que es $\sqrt{\lambda}$, pero aun así, se agrupan preferentemente en torno a la esperanza, de manera que en el intervalo que va de $\lambda - 3\sqrt{\lambda}$ a $\lambda + 3\sqrt{\lambda}$ está casi la totalidad de la probabilidad. Por ejemplo, para $\lambda = 16$, la probabilidad de que la variable aleatoria tome valores más allá de 28 es de apenas unas milésimas.

- También las variables aleatorias geométricas toman en la práctica una cantidad finita de valores, aunque la teoría contemple una infinidad. Lo cierto es que las probabilidades van decreciendo, y para n grande, la probabilidad de $X > n$ es ridícula (recordemos que es igual a q^n).

Para $p = 1/2$, ya la probabilidad de que se requieran más de 10 intentos para conseguir el primer éxito es menor que una entre mil.

Si p es muy pequeño (como sucede en muchos sorteos), en realidad la probabilidad está enormemente repartida de manera casi uniforme entre muchísimos valores, como revelan la esperanza, $1/p$, y la varianza, q/p^2 (a modo de ejemplo, si p es una millonésima, la esperanza y la desviación típica son del orden de un millón, y para que la probabilidad de conseguir el primer éxito supere el 95 % hay que realizar al menos unos tres millones de tentativas. Yo no recomendaría confiar en enriquecerse por ese procedimiento).

- Puede justificarse que una variable aleatoria binomial $B(n, p)$ se aproxima bien con una de Poisson, usando las funciones características. Como la de la binomial es $\varphi(t) = (q + p \cdot e^{it})^n$, si escribimos $p = \lambda/n$ y hacemos tender n a infinito, tenemos un límite del tipo uno elevado a infinito, que es igual a la exponencial del límite del exponente por la base menos 1. Un cálculo sencillo da el valor $-\lambda + \lambda \cdot e^{it}$ para ese límite, lo que daría como función característica $\exp[\lambda \cdot (e^{it} - 1)]$, que es la de una $P(\lambda)$. No es difícil convertir esos comentarios en una demostración matemática formal.

- No vamos a estudiar otros tipos de variables aleatorias discretas: binomial negativa, hipergeométrica, etc. Para este curso, nos basta con lo visto hasta aquí.

5.3. Variables aleatorias continuas

5.3.1. Variables aleatorias uniformes

La traducción más natural de la idea "sucesos equiprobables"al caso continuo es la que recogen las variables aleatorias uniformes: su función de densidad es constante en un cierto intervalo y vale 0 fuera de él. Naturalmente, ese valor constante será igual a $1/l$ siendo l la longitud del intervalo.

La esperanza de una variable aleatoria distribuida uniformemente en el intervalo $[a, b]$ es igual a $\frac{a+b}{2}$, y la varianza es $\sigma^2 = \frac{(b-a)^2}{12}$, como se comprueba fácilmente calculando las integrales $\int_a^b \frac{x}{b-a} dx$, que da $E[X]$, y $\int_a^b \frac{x^2}{b-a} dx$, que nos proporciona $E[X^2]$.

También se deducen esos valores fácilmente derivando (y evaluando en 0) la función generadora de momentos, $M(t) = \frac{e^{tb} - e^{ta}}{t(b-a)}$ o de la función característica $\varphi(t) = \frac{e^{itb} - e^{ita}}{it(b-a)}$.

Veamos algunos ejemplos en que se usa este modelo.

Ejemplo 5.6

Cortamos un segmento de longitud l por un punto escogido al azar. ¿Cuál es la probabilidad de que el segmento más corto mida más de $l/5$?

Interpretamos los términos "al azar"en el sentido de que la probabilidad de que el punto de corte caiga en un segmento es proporcional a su longitud, lo que nos lleva a considerar una variable aleatoria distribuida uniformemente en el intervalo $[0, l]$. La condición pedida se cumple cuando el punto de corte está en el segmento $[l/5, 4l/5]$, cuya longitud es $3l/5$, por lo que la probabilidad es $3/5$.

Ejemplo 5.7

Sobre una superficie plana hay dibujadas lineas rectas paralelas a distancia d. Se deja caer sobre ella una aguja de longitud $l < d$. ¿Cuál es la probabilidad de que la aguja caiga sobre alguna de las rectas?

Este problema se conoce como el *problema de la aguja de Buffon*. Vamos a analizarlo y a resolverlo:

Una manera de describir la posición de la aguja es mediante el lugar que ocupa su centro y la inclinación respecto a las líneas dibujadas. Si llamamos X a la distancia del centro de la aguja a la línea más cercana, entonces X es una cantidad que puede tomar cualquier valor entre 0 y $\frac{d}{2}$, es decir, es una variable aleatoria uniforme en el intervalo entre esos dos valores (puesto que no tenemos ninguna razón para suponer que un punto de caída es más probable que otro). La inclinación de la aguja la da el ángulo Y que forma la aguja con las rectas y ahí tenemos otra variable aleatoria, que se distribuye de manera uniforme en el intervalo $[0, \pi]$. Es natural suponer que las dos variables aleatorias son independientes, de modo que el espacio muestral es el producto de los intervalos $[0, \frac{d}{2}] \times [0, \pi]$ y la ley de probabilidad es la uniforme; la densidad en ese rectángulo será pues $f(x, y) = \frac{2}{\pi d}$.

Tratemos ahora de describir el suceso que nos interesa: que la aguja corte a alguna recta. Un momento de reflexión ante un dibujo sirve para convencerse de que la aguja cortará a la recta más próxima cuando $X \leq \frac{l}{2} \cdot \text{sen}(Y)$ (y sólo en ese caso). Por tanto, queremos conocer la probabilidad de que $X \leq \frac{l}{2} \cdot \text{sen}(Y)$; esa probabilidad es igual a la integral de la función de densidad sobre la región definida por las desigualdades $0 \leq Y \leq \pi, 0 \leq X \leq \frac{l}{2} \cdot \text{sen}(Y)$. La integral es casi inmediata y vale $\frac{2l}{\pi d}$.

Una observación oportuna aquí es que si no supiésemos cuánto vale el número π podríamos hacernos una idea aproximada mediante el siguiente experimento: dibujamos unas líneas paralelas equidistantes, lanzamos una aguja muchas veces y contamos en cuántas ocasiones corta a alguna línea. Si el número de lanzamientos es muy grande, es de creer que la frecuencia relativa se parecerá a la probabilidad teórica, por lo que podríamos deducir el valor de π (aproximadamente). Esta idea, que puede parecer chocante (si no descabellada directamente), es la base de un procediemiento muy práctico para calcular valores aproximados de cantidades desconocidas conocido como *método de Monte Carlo*.

5.3.2. Variables aleatorias con distribución exponencial

Una variable aleatoria sigue una distribución exponencial (de parámetro $k > 0$) cuando su función de densidad es:

$$f(x) = \begin{cases} 0 & x < 0 \\ ke^{-kx} & x \geq 0 \end{cases}$$

La variable x representa el tiempo hasta que ocurre un evento por primera vez, y el parámetro k tiene la misma interpretación que el de la variable de Poisson asociada (número de eventos en un intervalo temporal).

La función de distribución es $F(x) = \begin{cases} 0 & x < 0 \\ 1 - e^{-kx} & x \geq 0 \end{cases}$

La función $S = 1 - F$, llamada función de supervivencia, que da la probabilidad de que la variable aleatoria supere cada valor dado, es igual a:

$$S(x) = p(X > x) = 1 - F(x) = \begin{cases} 1 & x < 0 \\ e^{-kx} & x \geq 0 \end{cases}$$

La función generadora de momentos viene dada por la integral $\int_0^\infty e^{xt} ke^{-kx} dx$, o sea $\int_0^\infty ke^{(t-k)x} dx$, que se calcula sin esfuerzo. Para $t \geq k$, la integral diverge, por lo que la función generadora de momentos sólo está definida para $t < k$, y vale $M(t) = \frac{k}{k-t}$.

La función característica, en cambio, está definida para todos los valores de t, y viene dada por la fórmula $\varphi(t) = \frac{k}{k-it}$.

La esperanza y la varianza de una variable aleatoria exponencial resultan ser:

$$E[X] = \frac{1}{k}, \quad V(X) = \frac{1}{k^2}$$

confirmando una observación anterior: si k es grande, los valores se agrupan cerca de 0 (esperanza pequeña) y se concentran mucho (varianza pequeña también).

Se pueden calcular fácilmente derivando la función M (o φ) y también integrando $x \cdot f(x)$ y $x^2 \cdot f(x)$.

El modelo exponencial puede interpretarse como una versión continua del modelo geométrico para variables aleatorias. Además de otras semejanzas, ambos tipos de variables aleatorias presentan la llamada "falta de memoria"que hace que la probabilidad en uno y otro caso no dependa de lo que haya sucedido antes. Para variables aleatorias con distribución exponencial, esa propiedad se expresa así:

Proposición

Si la variable aleatoria X sigue una distribución exponencial y x e y son números positivos, entonces $p(X > x + y | X > y) = p(X > x)$.

Demostración

$$p(X > x + y | X > y) = \frac{p(\{X > x + y\} \cap \{X > y\})}{p(X > y)} = \frac{p(X > x + y)}{p(X > y)}$$

$$= \frac{1 - F(x + y)}{1 - F(y)} = \frac{e^{-k(x+y)}}{e^{-ky}} = e^{-kx} = p(X > x)$$

La falta de memoria evidencia el buen ajuste que el modelo exponencial proporciona para modelizar la duración de los componentes electrónicos (que fallan de golpe, sin avisar).

Ejemplo 5.8

El tiempo de vida de unos marcapasos obedece a una distribución exponencial, y su vida media es de 16 años. Vamos a calcular la probabilidad de que no haya que reponerle el marcapasos a una persona concreta antes de 20 años y también la de que no haya que hacerlo con una persona que ya lleva 5 años con el marcapasos implantado.

La variable aleatoria $X =$ "tiempo (medido en años) que tarda en fallar el marcapasos"sigue una distribución exponencial de parámetro $k = \frac{1}{16}$. La probabilidad de que un marcapasos dure más de 20 años es:

$$P(X > 20) = \int_{20}^{\infty} \frac{e^{-\frac{x}{16}}}{16} dx = 1 - F(20) = e^{-\frac{20}{16}} = 0,2865$$

Suponiendo que un marcapasos lleva 5 años funcionando correctamente, la probabilidad de que no haya que cambiarlo antes de que pasen otros 15 es:

$$p(X > 20|X > 5) = \frac{p(\{X > 20\} \cap \{X > 5\})}{p(X > 5)} = \frac{p(X > 20)}{p(X > 5)}$$

$$= \frac{1 - F(20)}{1 - F(5)} = \frac{e^{-\frac{20}{16}}}{e^{-\frac{5}{16}}} = e^{-\frac{15}{16}} = 0,3916$$

Nótese que esa probabilidad es la misma que la de que el marcapasos inicialmente dure más de 15 años, como si no recordase que lleva ya 5 funcionando. Este ejemplo ilustra la mencionada falta de memoria de las variables aleatorias exponenciales.

Ejercicio resuelto 5.1

Si las variables aleatorias X e Y son exponenciales independientes con parámetros k y k', entonces mín(X, Y) también es una variable aleatoria exponencial. Calculemos su parámetro.

Resolución. Se calcula fácilmente la función de distribución de $W = \text{mín}(X, Y)$ haciendo $P(W \leq t) = 1 - P(W \geq t) = 1 - P(X \geq t) \cdot P(Y \geq t)$, puesto que el mínimo supera a un valor cuando ambas lo hacen (y se usa la independencia de X e Y). De ahí resulta el valor:

$$P(W \leq t) = 1 - e^{-kt} \cdot e^{-k't} = 1 - e^{-(k+k')t}$$

donde reconocemos una exponencial de parámetro $k + k'$.

Obviamente, el resultado se extiende al mínimo de tres o más variables aleatorias exponenciales independientes. En particular, si tomamos el mínimo entre n variables exponenciales con el mismo parámetro, k, obtenemos una exponencial de parámetro nk, y su esperanza será $\frac{1}{nk}$. Por contra, ni máx(X, Y) ni $X + Y$ son exponenciales.

5.4. Variables aleatorias normales

Las variables aleatorias normales son un tipo particular de variable continua, pero por su importancia excepcional les dedicamos una sección.

5.4.1. Normal tipificada

Una variable aleatoria X es *normal tipificada* cuando su función de densidad es:

$$f(x) = \frac{1}{\sqrt{2\pi}} \cdot e^{-x^2/2}$$

La gráfica de esa función tiene la forma de una campana (llamada *campana de Gauss*) con el máximo en $x = 0$, donde alcanza el valor $\frac{1}{\sqrt{2\pi}} \approx 0'399$, y puntos de inflexión en $x = \pm 1$. El factor $\frac{1}{\sqrt{2\pi}}$ garantiza que el valor de la integral $\int_{-\infty}^{+\infty} f(x)dx$ sea 1.

Solemos reservar la letra Z para indicar una variable aleatoria normal tipificada.

Teorema La esperanza de una variable aleatoria $Z \sim N(0,1)$ es $E[Z] = 0$. La varianza es $V[Z] = 1$.

Puede comprobarse observado que la integral $\int_{-\infty}^{+\infty} x \cdot f(x)dx$ se anula al ser impar el integrando. La varianza se puede calcular integrando por partes $\int_{-\infty}^{+\infty} x^2 \cdot f(x)dx$. También puede hacerse con menos esfuerzo, utilizando la función característica o la generadora de momentos.

Teorema

La función generadora de momentos de una variable aleatoria $Z \sim N(0,1)$ es $M(t) = e^{t^2/2}$. La función característica es $\varphi(t) = M(it) = e^{-t^2/2}$.

Este teorema se demostró en el capítulo 3 (ejercicio resuelto 3.8).

El desarrollo en serie de la exponencial nos dice que los primeros términos de $M(t)$ son $1 + t^2/2 + t^4/8$, donde leemos directamente los momentos:

$$E[Z] = 0, E[Z^2] = 1, etc.$$

confirmando que la esperanza de Z es 0 y su varianza es 1.

La función de distribución de $Z \sim N(0,1)$ se suele designar con la letra griega Φ, y viene dada por:

$$\Phi(x) = p(Z \leq x) = \frac{1}{\sqrt{2\pi}} \cdot \int_{-\infty}^{x} e^{-t^2/2} dt$$

Con su ayuda podemos calcular fácilmente cualquier probabilidad de la normal que se nos pida; por ejemplo, $p(a < Z < b) = \Phi(b) - \Phi(a)$. Es notorio que esa integral no se puede expresar en términos de funciones elementales, lo que supone un escollo inesperado, pero es fácil comprobar que se cumplen las siguientes propiedades:

- $\Phi(0) = 0,5$, debido a la simetría de la función de densidad, f (que es una función par).

- $\Phi(-x) = p(Z \leq -x) = \int_{-\infty}^{-x} f(t)dt = \int_{x}^{\infty} f(t)dt = 1 - \Phi(x)$, de nuevo por la paridad de f. Por ello, conociendo los valores de $\Phi(x)$ para $x > 0$ podemos conocer los valores para $x < 0$.

- Aunque la integral no se pueda expresar en términos de funciones elementales, es sencillo calcular valores aproximados usando reglas de cuadratura (tales como la del trapecio o la de Simpson). Así se han tabulado los valores de Φ con cuatro decimales (o más, si se desea), lo que es más que suficiente para cualquier aplicación práctica. Esas tablas son sencillas de manejar; conviene dedicar unos minutos a practicar con las tablas de la distribución normal (véase capítulo 12).

5.4.2. Normal arbitraria

Una variable aleatoria X es *normal* cuando su función de densidad es de la forma:

$$f(x) = \frac{1}{\sigma\sqrt{2\pi}} \cdot e^{-\frac{(x-\mu)^2}{2\sigma^2}}$$

para ciertos números reales μ y σ, con $\sigma > 0$. Escribimos $X \sim N(\mu, \sigma)$.

Observación. Eso es tanto como decir que la función de densidad es la exponencial de un polinomio de segundo grado.

Teorema. La esperanza y la varianza de una variable aleatoria normal $X \sim N(\mu, \sigma)$ son $E[X] = \mu$ y $V[X] = \sigma^2$.

Para comprobarlo, sólo hay que efectuar el cambio de variable $\frac{x-\mu}{\sigma} = t$ en las integrales que aparecen (o, más sencillo aún, utilizar la función característica).

La gráfica de la función de densidad de una normal general tiene la forma de una campana con el máximo en $x = \mu$ (donde vale $\frac{1}{\sqrt{2\pi}\cdot\sigma}$), y puntos de inflexión en $x = \mu \pm \sigma$; será más aplanada cuanto mayor sea σ, lo que nos recuerda que la varianza mide el grado de concentración de los valores de la variable aleatoria en torno a la esperanza.

Observaciones

- La distribución normal es extraordinariamente frecuente, y sin duda la más importante de todas las distribuciones de probabilidad (más adelante nos extenderemos sobre este punto). Calcular las probabilidades de los diferentes sucesos requiere, como se ha dicho, evaluar unas integrales ligeramente molestas, pero esa dificultad no nos incomoda, porque los valores de la función de distribución de la $N(0,1)$, Φ, se encuentran en unas tablas sencillas de usar.

- Por otra parte, si X es una variable aleatoria $N(\mu, \sigma)$ no necesitamos unas tablas distintas, puesto que la nueva variable aleatoria $Z = \frac{X-\mu}{\sigma}$ es una $N(0, 1)$, como vamos a ver inmediatamente, y las tablas de ésta nos sirven.

Teorema

Si X es una variable aleatoria normal, $X \sim N(\mu, \sigma)$, entonces $Z = (X - \mu)/\sigma$ es una variable aleatoria normal tipificada $Z \sim N(0,1)$.

Demostración

Como la función de densidad de X es $f_X(x) = \frac{1}{\sigma\sqrt{2\pi}} \cdot e^{-\frac{(x-\mu)^2}{2\sigma^2}}$, la función de distribución de $Z = (X - \mu)/\sigma$ será:

$$F_Z(x) = p(Z \leq x) = p((X - \mu)/\sigma \leq x) = p(X \leq \mu + \sigma x) = F_X(\mu + \sigma x) =$$

$$\int_{-\infty}^{\mu+\sigma x} \frac{1}{\sigma\sqrt{2\pi}} \cdot e^{-\frac{(t-\mu)^2}{2\sigma^2}} dt$$

El cambio de variable $s = (t - \mu)/\sigma$ transforma esa integral en:

$$\int_{-\infty}^{x} \frac{1}{\sqrt{2\pi}} \cdot e^{-\frac{s^2}{2}} ds = \Phi(x)$$

donde se reconoce la función de distribución de una variable aleatoria normal tipificada.

Con el mismo argumento, se demuestra que si X es una variable aleatoria normal, y a, b son dos números reales, con $a \neq 0$, entonces $Y = a \cdot X + b$ también es normal.

Observación

Para conocer la función generadora de momentos de una variable aleatoria normal general, $X \sim N(\mu, \sigma)$, sólo tenemos que considerar que X es igual a $\mu + \sigma Z$, por lo que la función M_X vendrá dada por:

$$M_X(t) = e^{\mu t} \cdot M_Z(\sigma t) = e^{\mu t} \cdot e^{\sigma^2 t^2/2} = e^{\mu t + \sigma^2 t^2/2}$$

Sustituyendo t por it, tenemos la función característica:

$$\varphi(t) = e^{i\mu t - \sigma^2 t^2/2}$$

Se observa que la función característica de una variable aleatoria normal es la exponencial de un polinomio de segundo grado $at^2 + bt + c$ en el cual el coeficiente principal, a, es negativo (es la mitad de la varianza cambiada de signo), el del término lineal es imaginario puro (b es igual a i por la esperanza) y el término independiente es nulo.

De ahí se deduce la propiedad aditiva de las variables aleatorias normales:

Teorema

Si X e Y son dos variables aleatorias normales independientes, entonces su suma $X + Y$ también es normal.

La demostración es inmediata recurriendo a las funciones características. La función característica de la suma $X + Y$ será igual al producto de las funciones características de los sumandos, que son dos exponenciales del tipo mencionado, es decir, es igual a la exponencial de la suma de dos polinomios de segundo grado como se indica. Y esa suma es otro polinomio de segundo grado cuyo coeficiente principal es negativo (al ser la suma de los coeficientes principales, que eran negativos), el coeficiente del término lineal es imaginario puro (como suma de dos números imaginarios puros), y el término constante es 0. Es decir, se trata de la función característica de una normal. Se deduce de ello que la suma de esas dos variables aleatorias es normal.

También es fácil deducir (observando los coeficientes), que la esperanza de la suma es la suma de las esperanzas de los sumandos, y que otro tanto es cierto para las varianzas; pero eso ya lo sabíamos antes: lo novedoso es que la variable suma también sea normal.

Observaciones

- Las variables aleatorias normales se asocian de manera natural a la distribución de errores. En ingeniería, aparecen como modelos para los resultados de procesos secuenciales con parámetros controlados, por ejemplo, la fabricación y puesta en obra del hormigón.

- Aunque una variable aleatoria normal puede tomar sobre el papel cualquier valor, puesto que su función de densidad no se anula en ningún punto, en la práctica la probabilidad se concentra en un intervalo alrededor de la esperanza: fuera de $[\mu - 3\sigma, \mu + 3\sigma]$ queda menos del $0,3\,\%$ de la probabilidad, y fuera de $[\mu-4\sigma, \mu+4\sigma]$ apenas hay unas cienmilésimas. Por eso, no es exagerado decir que el soporte de una variable aleatoria normal $N(\mu, \sigma)$ es el intervalo $[\mu - 4\sigma, \mu + 4\sigma]$, aunque sea incorrecto si se mira con microscopio.

Esta observación es análoga a la que hicimos para variables aleatorias de Poisson (y para variables aleatorias discretas en general), que en la práctica sólo toman una cantidad finita de valores, aunque la teoría contemple una infinidad.

- Otro tanto puede decirse de las variables aleatorias exponenciales (y de cualquier otro tipo): su soporte (el conjunto en el que la función de densidad es positiva, y donde se concentra, por tanto, toda la probabilidad) puede ser no acotado en teoría, pero en la práctica hay un intervalo acotado que recoge casi toda la probabilidad. En el caso de una exponencial de parámetro k, la probabilidad de que tome valores fuera del intervalo $[0, a]$ es e^{-ka}. Si a es $9/k$, esa probabilidad es menor de 1 entre 8000.

Ejercicios resueltos

5.2. Si la variable aleatoria Z sigue una distribución $N(0, 1)$, vamos a calcular diferentes probabilidades:

$p(Z < 2, 23) = \Phi(2, 23)$ se lee directamente en la tabla: $0,9871$.

$p(Z > 2, 23) = 1 - p(X < 2, 23) = 1 - \Phi(2, 23) = 0,0129$

$p(0, 31 < Z < 0, 65) = \Phi(0, 65) - \Phi(0, 31) = 0,7422 - 0,6217 = 0,1205$

$p(-1, 72 < Z < 0, 27) = \Phi(0, 27) - \Phi(-1, 72) = \Phi(0, 27) - (1 - \Phi(1, 72)) = 0,6064 - (1 - 0,9573) = 0,6064 - 0,0427 = 0,5637$

5.3. Si el cociente intelectual sigue una distribución $N(100, 16)$, vamos a calcular la probabilidad de que una persona elegida al azar tenga un cociente superior a 120.

Resolución. Estamos realizando un experimento aleatorio que consiste en elegir una persona al azar y medir (seguramente mediante algún cuestionario) su cociente intelectual. El espacio muestral será el conjunto de los números reales positivos (o algún intervalo que contenga todos los posibles cocientes).

Si llamamos X a la variable aleatoria que estamos estudiando (el cociente intelectual), la probabilidad de que el cociente de una persona esté entre los valores a y b será igual a $p(a < X < b)$. Nos piden $p(X \geq 120)$.

Normalizamos la variable, lo que significa que consideramos la variable aleatoria $Z = \frac{X-100}{16}$. que sigue una normal $N(0,1)$, de cuyas tablas disponemos. La condición $X \geq 120$ es equivalente a $Z \geq 1,25$, cuya probabilidad se calcula fácilmente con ayuda de las tablas:

$$p(Z \geq 1,25) = 1 - p(Z < 1,25) = 1 - 0,8944 = 0,1056$$

5.4. Conociendo la función $M_X(t) = e^{t+2t^2}$, se pide:

1. $\varphi_X(t)$.

2. $M_{2X}(t)$.

3. $E[X]$ y $V[X]$.

4. ¿Qué tipo de variable aleatoria es X?

5. $p(X > 3)$.

Resolución

1. $\varphi_X(t) = M(it) = e^{it+2(it)^2} = e^{it-2t^2}$.

2. $M_{2X}(t) = M_X(2t) = e^{2t+8t^2}$.

3. $E[X]$ y $V[X]$ se calculan fácilmente derivando M_X y evaluando en $t = 0$. Esas derivadas son elementales:

$$M'(t) = M(t)(1 + 4t) \Rightarrow E[X] = M'(0) = 1$$

$$M''(t) = M'(t)(1 + 4t) + M(t) \cdot 4 \Rightarrow E[X^2] = M''(0) = 1 + 4 = 5 \Rightarrow$$
$$\Rightarrow V[X] = E[X^2] - E[X]^2 = 4$$

También pueden calcularse con la función característica, y también reconociendo que X es una variable aleatoria normal, como se ve en el siguiente apartado.

4. X es una variable aleatoria normal, como se reconoce por su función característica:

$$\varphi_X(t) = e^{i\mu t - \sigma^2 t^2/2}$$

con $\mu = 1$ y $\sigma^2 = 4$, por lo que $X \sim N(1, 2)$

5. Normalizando, $\frac{X-1}{2} = Z \sim N(0, 1)$, luego:

$$p(X > 3) = p\left(Z = \frac{X - 1}{2} > \frac{3 - 1}{2} = 1\right)$$

leída en las tablas, esa probabilidad es $1 - 0,8413 = 0,1587$.

5.5. Sean X_1, X_2, X_3 tres variables independientes cuyas distribuciones son normales de medias respectivas $1, 3, 4$ y desviaciones típicas $1, 2, 3$. Consideramos una nueva variable aleatoria: $Y = 2X_1 + 3X_2 - X_3$. Vamos a calcular su esperanza, su varianza y la probabilidad de que Y supere el valor 9.

Resolución. Como las variables son normales e independientes, podemos escribir:

$$E[2X_1 + 3X_2 - X_3] = 2E[X_1] + 3E[X_2] - E[X_3] = 2 + 9 - 4 = 7$$

$$V(Y) = \sigma^2 = 2^2\sigma_1^2 + 3^2\sigma_2^2 + (-1)^2\sigma_3^2 = 4 \cdot 1 + 9 \cdot 4 + 1 \cdot 9 = 49$$

La variable Y sigue una distribución $N(7, \sqrt{49}) = N(7, 7)$.

Calculemos ahora la probabilidad $p(Y > 9)$:

$$p(Y > 9) = p\left(\frac{Y - 7}{7} > \frac{9 - 7}{7}\right) = p(Z > 0,2857) =$$

$$= 1 - p\left(Z < 0,2857\right) = 1 - 0,6125 = 0,3875$$

Nota: hemos interpolado entre los valores tabulados para $0,28$ y $0,29$, es decir, hemos promediado entre los valores leídos en la tabla ($0,6103$ y $0,6141$) para estimar el valor correspondiente para $0,2857$ (que no aparece en la tabla).

Consideraremos la interpolación en un apéndice.

5.5. Variables aleatorias derivadas de la normal

5.5.1. Variables aleatorias con distribución χ^2

Si $Z_1, Z_2, \ldots, Z_n$ son variables aleatorias independientes y normales N(0,1), entonces la variable:

$$X = Z_1^2 + Z_2^2 + \ldots + Z_n^2$$

es una χ^2 (léase ji cuadrado) con n grados de libertad. Se simboliza como $X \sim \chi_n^2$.

La esperanza y la varianza de una χ_n^2 son fáciles de calcular, conociendo los valores de la esperanza de Z (y de algunas de sus potencias), para $Z \sim N(0,1)$. Ya sabemos que $E[Z] = 0$ y que $E[Z^2] = 1$. Se comprueba fácilmente que $E[Z^4] = 3$, de lo cual se deduce que $V[Z_i^2] = E[Z_i^4] - E[Z_i^2]^2 = 3 - 1 = 2$. Por tanto, la esperanza y la varianza de $X \sim \chi_n^2$ son:

$$E[X] = n, \ V[X] = 2n$$

El cálculo de las funciones de densidad y de distribución tiene cierta dificultad, y no lo realizaremos. Pero tiene interés hacerlo para $n = 1$, que facilita el acceso a la función característica. Sea $X = Z^2 \sim \chi_1^2$, y sea F su función de distribución. Los cálculos ya se realizaron en el capítulo 3 (ejercicio resuelto 3.5), y el resultado es:

$$f(x) = \frac{1}{\sqrt{2\pi x}} \cdot e^{-x/2}$$

La función generadora de momentos de X es $M(t) = \int_0^\infty e^{xt} \cdot \frac{1}{\sqrt{2\pi x}} \cdot e^{-x/2}$. La integral diverge si $t \geq 1/2$; para $t < 1/2$, el cambio de variable $x(-t+1/2) = y$ facilita su cálculo; el resultado es $\frac{1}{\sqrt{1-2t}} = (1-2t)^{-1/2}$.

La función característica es $\varphi(t) = (1-2it)^{-1/2}$

Derivando, se calculan fácilmente la esperanza y la varianza. De las propiedades de las funciones generadoras de momentos y características se deduce que las de una variable aleatoria $X \sim \chi_n^2$ serán $M(t) = (1-2t)^{-n/2}$ y $\varphi(t) = (1-2it)^{-n/2}$

Observando la función característica para n igual a 2, se aprecia que es la misma que la de una variable aleatoria exponencial de parámetro $1/2$, así que la distribución de χ_2^2 coincide con la de esa exponencial.

Usando la función característica, se demuestra fácilmente que las variables aleatorias χ^2 gozan de la propiedad aditiva, lo cual es natural si se piensa en su propia definición.

La función de densidad de una variable aleatoria χ_n^2 con $n > 1$ es nula en la parte negativa del eje de abscisas, porque estamos ante una suma de cuadrados, y en la parte positiva su gráfica muestra una joroba que es más alta cuando n es pequeño (y además está situada a la izquierda) y va rebajándose (y desplazándose hacia la derecha) a medida que aumenta el número de grados de libertad, n.

5.5.2. Variables aleatorias con distribución t de Student

La segunda clase de variables aleatorias derivadas de la normal es la llamada t de Student. Si $X = Z_1^2 + Z_2^2 + \ldots + Z_n^2$ es una χ_n^2 y $Z \sim N(0,1)$ es independiente de X, entonces el cociente:

$$T = \frac{Z}{\sqrt{\frac{X}{n}}}$$

es una t de Student con n grados de libertad. Escibimos $T \sim t_n$

La fórmula que define estas variables aleatorias muestra que son una especie de variable normal N(0,1), sometida a un cierto 'reescalado' (puesto que se divide por algo). La gráfica de la función de densidad de una t de Student es simétrica respecto del eje de ordenadas y se parece mucho a una campana de Gauss, pero es algo más achatada, y las colas son más gordas (se suele decir que tiene colas pesadas, porque en ellas se almacena más probabilidad que en la ley normal).

Cuando n es grande, apenas hay diferencia entre una t de Student y una normal tipificada. La razón es que el denominador está muy concentrado en torno al valor 1: en efecto, como la esperanza de X es n y su varianza es $2n$, la esperanza de $\frac{X}{n}$ será 1, y la varianza será $\frac{2}{n}$; como la varianza es muy pequeña (si n es grande), los valores de $\frac{X}{n}$ se concentran alrededor de su media, 1, y la raíz cuadrada no hace más que aumentar esa concentración.

Por ejemplo, si $n = 100$, la varianza de $\frac{X}{n}$ es $0,02$, lo que nos dice que los valores de X están concentrados entre $0,94$ y $1,06$ (salvo una mínima parte). La raíz cuadrada se encontrará entre las raíces cuadradas de esos valores, que son aproximadamente $0,97$ y $1,03$.

5.5.3. Variables aleatorias con distribución F de Fisher

Finalmente, si $X = Z_1^2 + Z_2^2 + \ldots + Z_n^2$ es una χ_n^2 e $Y = Z_1'^2 + Z_2'^2 + \ldots + Z_m'^2$ es una χ_m^2 independiente de X, entonces el cociente:

$$F = \frac{X/n}{Y/m}$$

es una F de Fisher o de Snedecor con n, m grados de libertad. Se escribe como $F \sim F_{n,m}$.

La gráfica de su función de densidad recuerda a la de una χ^2: sólo toma valores positivos y muestra una llamativa joroba.

La F de Fisher tiene una propiedad notable y obvia, y es que $F_{m,n} = \frac{1}{F_{n,m}}$, lo que se aprovecha para los cálculos que la involucran.

Estos tres tipos de variables aleatorias se usan mucho en Estadística, especialmente en contraste de hipótesis. Sus valores se encuentran tabulados, además de que algunos programas informáticos (como R) las incorporan. En este breve curso de Probabilidad no procede decir más sobre ellas.

5.6. Recapitulación

Así como en el capítulo 3 se estudiaron las variables aleatorias en general, sin bajar al detalle de los diferentes tipos, más allá de distinguir las discretas de las continuas, en este capítulo se ha fijado la atención en algunas variables aleatorias de particular importancia. Si se estudia con detenimiento, se tendrá un conocimiento razonable de los aspectos básicos de esas variables (binomiales, de Poisson, geométricas, exponenciales, normales, etc.); en concreto, habrá adquirido la madurez suficiente para calcular las probabilidades asociadas a ellas, así como su esperanza y su varianza. También sabrá qué situaciones modeliza cada uno de esos tipos de variables aleatorias.

Junto a las características generales de cada una (función de masa o de densidad, esperanza, varianza, funciones generadora y característica), se ha subrayado la aproximación de la binomial por la de Poisson, la propiedad aditiva que satisfacen estas variables aleatorias y la falta de memoria de la geométrica. Entre las continuas, también se ha destacado la falta de memoria de la exponencial y la propiedad aditiva de la normal.

En el caso de las variables aleatorias normales, cuya importancia es difícil de exagerar, se ha mostrado cómo manejar la tabla de la normal tipificada y cómo reducir cualquier problema de variables aleatorias normales a uno acerca de la normal $N(0, 1)$.

En el próximo capítulo, se apreciará mejor la importancia de las variables aleatorias normales. Y en los posteriores se usarán estas y las que derivan de la normal (χ^2, t de Student y F) para realizar estimaciones y contrastes de hipótesis.

5.7. Ejercicios propuestos

1. Se lanzan dos dados N veces, y se define X_k como

$$X_k = \begin{cases} 1 & \text{si en la k-ésima tirada coinciden las puntuaciones de los dados} \\ 0 & \text{en caso contrario} \end{cases}$$

   Se pregunta:

   - ¿Qué tipo de variable aleatoria es X_k? ¿Cuál es su esperanza?

   - Si $X = X_1 + X_2 + \ldots + X_N$, ¿qué describe X? ¿Qué tipo de variable aleatoria es?

   - Para $N = 30$, ¿cuál es la esperanza de X? ¿Y la varianza?

2. Un profesor extravagante puntúa los ejercicios de sus alumnos por el siguiente procedimiento: lanza dos monedas al aire y si salen dos caras decide la nota por medio de un dado normal (con los números del 1 al 6), si salen una cara y una cruz usa un dado extraño (que tiene los números 1, 2, 2, 5, 6 y 6), y si salen dos cruces pone de nota un 6. Para aprobar, requiere al menos un 5.

   - Si un alumno obtuvo un 6, ¿cuál es la probabilidad de que salieran una cara y una cruz?

   - ¿Qué probabilidad tiene un alumno de aprobar?

   - ¿Cuál será, a largo plazo, la nota promedio de las que pone ese profesor?

   - Si el profesor tiene 12 alumnos, ¿cuál será la probabilidad de que aprueben 7? ¿cuál es la esperanza del número de aprobados?

3. Calcule la esperanza y la varianza de una variable aleatoria de Poisson.

4. Use la fórmula de Stirling para estimar la probabilidad $p(X = n)$ siendo X una variable aleatoria de Poisson $X \sim P(\lambda)$ con $\lambda = n$. Compare los valores obtenidos con los que da la fórmula exacta para $n = 10$ y para $n = 3$.

5. Una variable aleatoria es de Cauchy con parámetros μ y θ, $X \sim C(\mu, \theta)$, si su función de densidad es $f(x) = \frac{\mu}{\pi(\mu^2 + (x-\theta)^2)}$.

   Su función característica es $\varphi(t) = e^{i\theta t - \mu|t|}$.

   Se pide demostrar que las variables aleatorias de Cauchy tienen la propiedad aditiva, es decir, si X e Y son dos variables aleatorias de Cauchy independientes, entonces su suma es también de Cauchy.

6. Demuestre que las variables aleatorias exponenciales no tienen la propiedad aditiva y que tampoco lo tienen las uniformes.

7. Una variable aleatoria se denomina de tipo K con parámetro a, y se escribe $X \sim K(a)$, si su función característica es $\varphi(t) = e^{iat}$.

   - Demuestre que las variables aleatorias de tipo K tienen la propiedad aditiva, es decir, si X e Y son dos variables aleatorias de tipo K independientes, entonces su suma es también de tipo K.
   - Si $X \sim K(a)$, calcule su esperanza y su varianza.
   - ¿Qué se puede concluir acerca de X si es una variable aleatoria de tipo K?

8. La función generadora de momentos de una variable aleatoria, X, es $M(t) = e^{t+2t^2}$. Se pide:
   - Calcular la esperanza y la varianza de X.
   - Calcular la función característica de X, $\varphi_X(t)$, y la función generadora de momentos de $2X$, $M_{2X}(t)$.
   - Decir justificadamente qué tipo de variable aleatoria es X.
   - Calcular la probabilidad $p(X > 3)$.

9. Tenemos 36 barajas francesas (de 52 cartas más 2 comodines o jokers). Sacamos un naipe de cada baraja. Se pide:
   - Calcular la probabilidad de que salgan 2 jokers.
   - Calcular la probabilidad de que salgan 3 jokers; también la de que no salga ninguno.

- Calcular la esperanza del número de jokers.

10. La estatura media entre los individuos de cierta nación es de 185 cm, con una desviación típica de 3 cm. En la nación vecina, la media es 180 cm y la desviación típica es 4 cm. Las alturas en los dos países se consideran independientes y siguen una distribución normal.

   - Elegimos un individuo al azar en cada país. ¿Cuál es la probabilidad de que el más alto sea el del segundo?

   - Si el del primer país es un tipo medio (es decir, su estatura es 185 cm), ¿cuál es la probabilidad de que el segundo sea más alto?

   - Si elegimos un individuo del primer país y dos del segundo. ¿Cuál es la probabilidad de que al menos uno de estos dos sea más alto que aquel?

11. Sean X_1 el número de viajeros que llegan a una estación en un vagón de metro, X_2 el número de viajeros que entran al vagón en esa estación y X_3 el número de viajeros que salen del vagón en la misma estación. Las variables, X_1, X_2, X_3 son independientes y normales: X_1 es $N(100, 20)$, X_2 es $N(40, 9)$ y X_3 es $N(30, 12)$.

   - ¿Qué modelo de probabilidad permite estudiar el número de viajeros que lleva el vagón al salir de la estación?

   - Calcule la probabilidad de que al salir el vagón de la estación todos los viajeros puedan ir sentados, si el vagón tiene 80 asientos.

   - ¿Cuántos asientos se necesitarían para que todos pudiesen ir sentados con probabilidad del 95 %?

12. Una oficina de mensajería recibe de media 3 mensajes por minuto.

   - Calcule la probabilidad de que no reciba ningún mensaje en 1 hora.

   - Si la oficina tiene capacidad para atender a un máximo de 6 mensajes por minuto, ¿cuál será la probabilidad de que el servicio se colapse en un minuto?

13. Sea X una variable aleatoria que sigue una χ^2 con 20 grados de libertad. Se pide:

- Calcular las probabilidades $p(X > 28, 4)$ y $p(X < 9, 59)$.
- Calcular los valores de x tales que:

$$p(X > x) = 0,05 \quad y \quad p(X < x) = 0,1$$

14. Sea X una variable aleatoria que sigue una t de Student con 8 grados de libertad. Se pide:

    - Calcular las probabilidades $p(X > 1, 86)$ y $p(X < 0, 889)$.
    - Calcular los valores de x tales que:

$$p(X > x) = 0,05 \quad y \quad p(X < x) = 0,1$$

15. Sea X una variable aleatoria que sigue una $F_{6,8}$. Se pide:

    - Calcular las probabilidades $p(X > 3, 58)$ y $p(X < 6, 37)$.
    - Calcular los valores de x tales que:

$$p(X > x) = 0,05 \quad y \quad p(X < x) = 0,01$$

5.8. Apéndice: Interpolación

Cuando dos variables, x e y, están relacionadas de alguna manera, es frecuente que veamos esa relación expresada por medio de una función que nos da una de las variables conocida la otra: $y = f(x)$. Cuando eso es así, no hay dificultad en encontrar el valor de y que corresponde a un valor dado de x; por ejemplo, si $y = x^2 - 3$, para saber el valor que corresponde a $x = 2,1$ sólo tenemos que sustituir y hallamos $y = 1,41$. La situación se interpreta gráficamente así: cuando conocemos la gráfica de la función f, para calcular el valor que corresponde a $x = a$ sólo tenemos que levantar la recta vertical $x = a$ y donde corte a la gráfica de la función leemos el valor de y.

Sin embargo, hay ocasiones en que sólo disponemos de un conocimiento parcial de la función f, dado por una tabla de valores como la siguiente:

x	x_1	x_2	$\ldots$	x_k
y	y_1	y_2	$\ldots$	y_k

Ejemplo 5.9.

Los logaritmos decimales de los primeros números naturales (con cuatro decimales correctos) son éstos:

x	1	2	3	4	5	6
y	0	$0,3010$	$0,4771$	$0,6020$	$0,6990$	$0,7782$

La cuestión es ¿cómo encontrar el valor de la función para un valor x_0 que no aparece en la tabla? Por ejemplo, ¿cuál será el logaritmo decimal de $4,4$?

Hablando con rigor, no podemos saberlo. Pero hay algo que podemos hacer para dar un valor aproximado (quizá sería mejor decir "para apostar por un valor aproximado"), aprovechando la información que nos dan los valores tabulados: consiste en utilizar los valores conocidos de la función en los puntos a y b que rodean a x_0 para conjeturar el valor de la función en x_0.

La manera más sencilla de hacerlo es suponer que la función es un polinomio de primer grado entre a y b, $f(x) = Ax + B$, ajustar los coeficientes A y B para que en a y en b tome los valores tabulados, y decidir con esa fórmula el valor de f en x_0. La expresión se puede simplificar algo escribiendo $A(x - a) + B$ en lugar de $Ax + B$; es fácil ver que ha de ser $B = f(a)$, $A = \frac{f(b)-f(a)}{b-a}$.

El valor aproximado de $f(x_0)$ será entonces:

$$\frac{f(b) - f(a)}{b - a} \cdot (x_0 - a) + f(a)$$

que una manipulación elemental permite escribir como:

$$\frac{b - x_0}{b - a} \cdot f(a) + \frac{x_0 - a}{b - a} \cdot f(b)$$

En el ejemplo de los logaritmos, como $4, 4$ está entre 4 y 5, y conocemos $f(4) = 0,6020$ y $f(5) = 0,6990$, resulta $A = 0,097, B = 0,602$ y el valor aproximado para el logaritmo de $4, 4$ es $0, 6402$.

Naturalmente, ese valor no tiene por qué coincidir con el valor real de la función en ese punto (el logaritmo decimal de $4, 4$ es $0, 64345$), pero confiamos en que se parezca a él razonablemente.

Lo que acabamos de hacer se conoce como *interpolación lineal*, porque sustituimos la función f por un polinomio de primer grado. Podemos mejorar la aproximación utilizando los valores de f en tres puntos a, b, c (en lugar de dos solamente) y sustituir f por un polinomio de segundo grado, $Ax^2 + Bx + C$, que podemos escribir ventajosamente como $A(x - a)(x - b) + B(x - a) + C$. Los valores de A, B, C se encuentran cómodamente a partir de los valores de f en los puntos a, b, c, y permiten obtener el valor aproximado de f en x_0. Esta interpolación recibe el nombre de *cuadrática*, y aventaja notoriamente a la lineal en casi todas las situaciones, pues una parábola se ciñe mejor a la gráfica de f que una recta, por lo general.

La interpolación se utiliza en numerosas ocasiones. En Estadística se ha usado para dar valores de las diferentes distribuciones de probabilidad que no aparecen en las tablas, pero su versatilidad la hace presente en muchas otras situaciones. No usamos (por lo común) más que una interpolación lineal, lo que supone hacer una sencilla regla de tres: si a una variación de una centésima en los valores de x corresponde una cierta variación en las tablas, esa variación se reparte proporcionalmente entre el intervalo de amplitud una centésima: por ejemplo, para x entre $0,28$ y $0,29$, los valores tabulados varían de $0,6103$ a $0,6141$, lo que supone un aumento de 38 diezmilésimas; así a cada variación de una milésima en la variable x le corresponderán $3,8$ diezmilésimas, a las 57 diezmilésimas que van de $0,28$ a $0,2857$ le corresponden por tanto 22 diezmilésimas (redondeando), que sumadas a $0,6103$ dan el valor $0,6125$ que asignamos a $\Phi(0,2857)$.

En Cálculo, la regla del trapecio para la integración consiste en reemplazar el integrando por una aproximación de primer grado: estamos usando la interpolación lineal; la regla de Simpson surge al aproximar el integrando por un polinomio de segundo grado: interpolación cuadrática. Se comprende que interpolaciones más finas conducirán a métodos de integración aún más precisos.

Estos párrafos no pretenden más que dar unas mínimas nociones de interpolación, suficientes para usarla en el cálculo de probabilidades, pero no son ni remotamente una exposición del amplio tema de la interpolación; hay mucho más en los libros esperando a que lo lean y se instruyan (quienes lo deseen).

Capítulo **6**

EL TEOREMA CENTRAL
DEL LÍMITE

Contenido

6.1. Introducción

Un resultado de enorme importancia teórica y práctica en Estadística es el llamado *teorema central del límite* (TCL) o *teorema del límite central*, que afirma que en ciertas condiciones una suma de variables aleatorias se parece mucho a una variable aleatoria normal (o que tiende a una variable con distribución normal).

En realidad hay varios teoremas centrales del límite, que difieren en las condiciones que se exigen a las variables aleatorias que se suman. La versión que veremos requiere que sean independientes, tengan la misma distribución y tengan momentos de primer y segundo orden, es decir, esperanza y varianza.

La importancia práctica del teorema reside en que a menudo algo es el resultado de muchos efectos aleatorios independientes que se suman, por lo que obedecerá con bastante aproximación a una ley normal (eso explica la ubicuidad de la distribución normal, y justifica su nombre).

Se trata de saber cómo se comporta la suma de muchas variables aleatorias cuando son independientes e idénticamente distribuidas (iid). Si tenemos una sucesión $X_1, X_2, \dots$ de variables aleatorias iid, con media $E[X_i] = \mu$ y varianza $V[X_i] = \sigma^2$, la suma de las n primeras, S_n, tendrá media $n\mu$ y varianza $n\sigma^2$, lo que hace que esa variable aleatoria S_n esté muy dispersa, como vimos en el capítulo 3 (ejemplo 3.22). Al dividir por n, se concentran los valores, de modo que la variable aleatoria $M_n = \frac{S_n}{n}$ tiene media μ y varianza $\frac{\sigma^2}{n}$; ahora la varianza tiende a 0 al crecer n, y los valores de M_n se concentran junto a la media: eso es lo que dice la ley débil de los grandes números. En cierto sentido, la concentración es excesiva y no deja ver los detalles de la suma.

Si tomamos una medida intermedia y dividimos S_n entre la raíz cuadrada de n, entonces la varianza de ese cociente será igual a $\frac{V[Sn]}{n} = \sigma^2$, con lo cual la dispersión queda controlada sin provocar el colapso que resultaba al dividir entre n. Para evitar el desplazamiento de la media, le restamos a S_n su esperanza $n\mu$, y así la variable aleatoria $\frac{S_n - n\mu}{\sqrt{n}}$ tendrá esperanza 0 y varianza σ^2. Podemos conseguir que la varianza sea igual a 1 dividiendo por σ, y así obtenemos la variable aleatoria $Y_n = \frac{S_n - n\mu}{\sigma\sqrt{n}}$, que tiene esperanza nula y varianza unitaria.

Cabe preguntarse qué sucederá con las variables Y_n cuando n tiende a infinito. ¿Podemos decir algo de su distribución? ¿Se acercará a alguna ley conocida? El teorema central del límite da respuesta a estas preguntas.

Una dificultad inicial consiste en que la propia noción de convergencia es ambigua cuando se habla de variables aleatorias. Así como la convergencia de una sucesión de números reales o complejos no deja espacio para la incertidumbre en cuanto a qué nos estamos refiriendo, en las sucesiones de variables aleatorias hay varios tipos de convergencia: convergencia en distribución, en probabilidad, convergencia casi segura, etc. Según se trate de un tipo o de otro, tendremos diferentes teoremas centrales del límite. En este curso pasaremos al lado de estas cuestiones sin entrar a fondo en ellas.

6.2. Convergencia de variables aleatorias

Una de las definiciones más célebres de las Matemáticas (y más temida por los estudiantes) es la de límite de una sucesión de números reales:

Definición

Si $x_1, x_2, \ldots$ es una sucesión de números reales, se dice que su límite es l, y se escribe $lim(x_n) = l$, cuando:

$$\forall \varepsilon > 0 \; \exists n_0 \; tal \; que \; \forall n > n_0 \; |x_n - l| < \varepsilon$$

Esa formidable expresión significa que en cualquier entorno del límite l se encuentran todos los términos de la sucesión desde uno en adelante, es decir, casi todos los términos de la sucesión: sólo escapan de ese entorno $(l - \varepsilon, l + \varepsilon)$ una cantidad finita de ellos.

La definición es válida para números complejos sin más que cambiar el valor absoluto por el módulo.

La noción de convergencia, fundamental en todo el Análisis matemático, se aplica a otros objetos (particularmente a funciones), y aquí nos interesa su significado cuando tratamos con variables aleatorias.

Sea, pues $X_1, X_2, \ldots$ una sucesión de variables aleatorias en un espacio probabilístico (M, p). ¿Que quiere decir que esa sucesión converge a una variable aleatoria X?

En realidad, hay varias respuesta a esa pregunta, que corresponden a varios tipos de convergencia. Mencionaremos tres de ellos:

Definición. La sucesión $X_1, X_2, \ldots$ converge casi seguro a X si

$$p(lim(X_n) = X) = 1$$

Este tipo de convergencia es el que interviene en la llamada *ley fuerte de los grandes números*, que no vamos a estudiar en este curso.

Definición. La sucesión $X_1, X_2, \ldots$ converge en probabilidad a X si

$$\forall \varepsilon > 0 \quad lim(p(|X_n - X| > \varepsilon)) = 0$$

Este es el tipo de convergencia que vimos en el ejemplo 3.22, cuando se dedujo la ley débil de los grandes números a partir de la desigualdad de Chebyshev.

Definición. Se dice que la sucesión $X_1, X_2, \ldots$ converge en distribución a X si la sucesión de sus funciones de distribución F_n converge en cada punto a la función de distribución de X, F, es decir, si la sucesión de números reales $F_1(x), F_2(x), \ldots$, converge a $F(x)$ para todos los valores de x.

Este tipo de convergencia se llama también *convergencia débil*, y es el que interviene en la versión del teorema central del límite que veremos.

La convergencia débil se puede estudiar cómodamente con ayuda del teorema de continuidad de Lévy, que no demostraremos y dice así:

Teorema. Si $X_1, X_2, \ldots$ es una sucesión de variables aleatorias con funciones características $\varphi_1, \varphi_2, \ldots$, y X es una variable aleatoria con función característica φ, entonces la sucesión $X_1, X_2, \ldots$ converge en distribución a X si y sólo si la sucesión de sus funciones características $\varphi_1, \varphi_2, \ldots$ converge en cada punto a la función φ, es decir, si $\varphi_1(t), \varphi_2(t), \ldots$ converge a $\varphi(t)$ para todo t.

Puede demostrarse que la convergencia casi segura implica la convergencia en probabilidad y que ésta implica la convergencia en distribución.

6.3. El teorema central del límite

6.3.1. Qué dice: enunciado y demostración

De los múltiples enunciados dignos de ese nombre, elegimos aquí una versión sencilla del mismo, suficiente para este curso. Las hipótesis que se exigen son muy razonables y generales, la convergencia es la débil (lo que permite recurrir al teorema de continuidad de Lévy para establecerlo) y la conclusión es nítida.

Teorema. Sea $X_1, X_2, \ldots$, una sucesión de variables aleatorias independientes e idénticamente distribuidas con $E[X_i] = \mu$, $V(X_i) = \sigma^2$, $\forall i = 1, 2, \ldots$. Sea S_n la suma de las n primeras y sea $Y_n = \frac{S_n - n\mu}{\sigma\sqrt{n}}$. El límite cuando n tiende a infinito de $p(Y_n \leq t)$ es igual a $\Phi(t)$ cualquiera que sea el número t (recordemos que Φ es el nombre que damos a la función de distribución de una variable aleatoria $N(0,1)$).

Dicho de otra manera, la sucesión $Y_1, Y_2, \ldots$, converge en distribución a una variable aleatoria $N(0,1)$.

Para demostrarlo, usaremos el teorema de Lévy, por lo que fijamos la atención en las funciones características.

Recordemos que la función característica de una variable aleatoria tiene un desarrollo de McLaurin que empieza por $1 + iE[X]t - \frac{1}{2}E[X^2]t^2$, y los términos siguientes son potencias superiores de t, lo que se escribe como $O(t^3)$ o como $o(t^2)$. [1]

---

[1] ésa es la notación de Landau, muy usada en Cálculo para los términos de mayor grado de la serie

Las variables $X'_k = \frac{X_k - \mu}{\sigma}$ tienen esperanza nula y varianza unitaria, por lo que el desarrollo de sus funciones características comienza con $1 - t^2/2$ y el resto es $o(t^2)$: $\varphi(t) = 1 - t^2/2 + o(t^2)$.

Por tanto, la función característica de $\frac{1}{\sqrt{n}} \cdot X'_k$ es:

$$\varphi(\frac{t}{\sqrt{n}}) = 1 - t^2/2n + o(t^2/n)$$

y la de $Y_n = \sum_{k=1}^{n} \frac{1}{\sqrt{n}} \cdot X'_k$ será el producto de n factores iguales a ése:

$$(1 - t^2/2n + o(t^2/n))^n$$

Cuando n tiende a infinito, ahí tenemos un límite del tipo 'uno elevado a infinito', que calculamos sin esfuerzo: $e^{-t^2/2}$, que es la función característica de una variable aleatoria normal $N(0, 1)$. El teorema central del límite queda, pues, demostrado.

6.3.2. Cómo se usa: aplicación práctica

En este curso, estamos particularmente interesados en los aspectos prácticos del teorema: ¿cómo podemos servirnos de él para calcular probabilidades y así tomar decisiones a sabiendas?

El teorema asegura que, bajo unas condiciones muy generales, la sucesión de variables aleatorias $Y_1, Y_2, \ldots$ tiene como límite una variable aleatoria normal $Z \sim N(0, 1)$. En la práctica, lo que eso significa es que si n es grande, apenas hay diferencia entre el valor $P(Y_n \leq t)$ y el valor $P(Z \leq t) = \Phi(t)$, por lo que podemos sustituir el primero (que será muy difícil de calcular, seguramente) por el segundo (que podemos leer cómodamente en las tablas).

Así, lo que hacemos es decir que si n es grande, entonces la variable Y_n es aproximadamente una normal tipificada, y listo. Otra manera de decirlo es que si n es suficientemente grande, entonces la suma $X = X_1 + X_2 + \ldots + X_n$ sigue aproximadamente una distribución normal; como la esperanza y la varianza se calculan sumando las de los X_k, tenemos $X \sim N(n\mu, \sqrt{n} \cdot \sigma)$.

Estamos manejando un término vago ¿cómo de grande es "suficientemente grande"?, ¿qué valores de n se han de considerar grandes y cuáles no? Naturalmente, cuanto mayor sea n, mejor será el ajuste que proporciona la distribución normal, pero desde un punto de vista práctico se suele considerar que valores de n superiores a 30 son aceptables.

En realidad, si la distribución de las X_i se parece a la de una normal (por ejemplo, la función de densidad es simétrica y con un solo máximo) entonces la convergencia es muy rápida y con pocos sumandos se consigue una gran semejanza (si las X_i fuesen normales, ya sería normal su suma), mientras que si hay una fuerte asimetría (por ejemplo, en variables exponenciales con λ grande), tardan más en parecerse a la normal.

Por poner un ejemplo, si las variables X_i están uniformemente distribuidas en el intervalo $[0,1]$, la suma de apenas 12 de ellas ya es muy parecida a una normal. Los cálculos tienen alguna dificultad que se puede salvar con herramientas de un nivel superior al que se requiere para este curso, como la transformada de Laplace. Estos son los resultados para las probabilidades $p(X \leq 3)$, $p(X \leq 4)$ y $p(X \leq 5)$: calculados con la función de distribución de la suma son $0,001007$, $0,022276$ y $0,16073$; mientras que los valores aproximados por la distribución normal $N(6,1)$ son $0,0013$, $0,0227$ y $0,1687$. Un ajuste excelente, sin ninguna duda.

La utilidad del teorema central del límite es enorme: nos permite calcular sin apenas esfuerzo (sólo el de consultar las tablas) y con aproximación más que suficiente en muchos casos, probabilidades que serían inabordables directamente. Y además, es válido cualquiera que sea la distribución de las variables aleatorias involucradas: tanto da que sean uniformes, de Poisson o de algún tipo raro (siempre que sean independientes e idénticamente distribuidas y en cantidad suficiente). Por otra parte, todo lo que nos importa de esas variables es su media y su varianza, el resto de la información lo podemos desechar. ¿No es fascinante?

Puede resultar sorprendente que el teorema central del límite sea válido también cuando las variables X_i son discretas. ¡aproximamos una variable discreta por una continua! De hecho, es así, y una de las primeras versiones del teorema es la que demostraron De Moivre y Laplace para el caso en que los sumandos obedecen a una ley de Bernoulli: la aproximación de una binomial por una normal. Merece la pena detenerse un poco en este punto.

Puesto que una variable aleatoria binomial $X \sim B(n,p)$ es la suma de n variables aleatorias independientes de Bernoulli con el mismo parámetro, p, el teorema central del límite se aplica a X si n es suficientemente grande (a menudo, valores inferiores a 30 son aceptables), por lo que X se puede ver como una normal. Dado que la esperanza y la varianza de la binomial son bien conocidas: $\mu = np$ y $\sigma^2 = npq$, podemos escribir $X \sim N(np, \sqrt{npq})$ y tratar las cuestiones relativas a X como si fuese una variable aleatoria normal.

Desde el punto de vista teórico, la convergencia de la binomial a la normal se produce "en el límite", esto es, cuando n tiende a infinito, lo cual es de escasa utilidad práctica. Es evidente que cuanto mayor sea n, mejor será la aproximación, pero eso deja en un claroscuro el asunto concreto ¿cuándo damos por buena la aproximación normal? Una regla bastante utilizada consiste en pedir que n sea grande y p y q no sean demasiado pequeños en el sentido de que los productos np y nq sean superiores a 5. La receta ha de tomarse como una sugerencia, pero no cabe duda de que es una manera concreta de decidir la cuestión.

En la aproximación normal de la binomial, hay un punto delicado e importante: puesto que X es una variable aleatoria discreta y la normal es continua, habrá que hacer una corrección (llamada *corrección de Yates*), como veremos en los ejemplos que siguen.

Se puede decir algo similar de las variables aleatorias de Poisson cuyo parámetro es grande. La razón de fondo está en la propiedad aditiva de este tipo de variables aleatorias. Así, si $X \sim P(36)$, podemos pensar en X como la suma de 36 variables aleatorias independientes de Poisson con parámetro $\lambda = 1$, por lo que cabe aplicarle el teorema central del límite. Como la esperanza y la varianza de $X \sim P(\lambda)$ son iguales al parámetro, es lícito escribir $X \sim N(\lambda, \sqrt{\lambda})$.

La observación que se hizo en el caso de las variables aleatorias binomiales es válida también en el caso de Poisson: al aproximar por una normal hay que efectuar la corrección de Yates. Lo mismo puede decirse siempre que se sustituya una variable aleatoria discreta por una normal (invocando el teorema central del límite); no así cuando las variables que se suman son discretas.

Ejemplo 6.1

Lanzamos una moneda (equilibrada) 25 veces. ¿Cuál es la probabilidad de obtener más de 14 caras?

Si denotamos por X al número de caras obtenidas, X es una variable aleatoria binomial $B(25, 1/2)$. Nos preguntan por $p(X > 14)$, que podemos expresar como una suma de 11 sumandos, cada uno de los cuales se puede calcular con la fórmula $p[X = k] = \begin{pmatrix} 25 \\ k \end{pmatrix} \frac{1}{2^{25}}$. Sumando para $k = 15, 16, \ldots, 25$ obtenemos la respuesta: $0,21218$. Los cálculos son sencillos, pero desde luego no son cómodos.

Si decidimos aproximar X por una variable aleatoria normal, escudados en el TCL, la probabilidad buscada, $p(X > 14)$ se lee en la tabla de la normal; sólo hay que tipificar X (restando la media, $12,5$, y dividiendo por la desviación típica, $2,5$) para obtener

$$p(X > 14) = p(\frac{X - 12,5}{2,5} > \frac{14 - 12,5}{2,5} = 0,6) = 0,2743$$

Los cálculos son fáciles, pero la aproximación nos deja un tanto decepcionados; sin ser aberrante, no es particularmente atinada. ¿Será que 25 sumandos son pocos para que se pueda aplicar el teorema central del límite?

Calculemos la probabilidad de otra manera: en lugar de $p(X > 14)$, busquemos $p(X \geq 15)$. Con la aproximación normal, eso es igual a

$$p(\frac{X - 12,5}{2,5} \geq \frac{15 - 12,5}{2,5} = 1) = 0,1587$$

¡Caramba! Ahora el valor que leemos se desvía del exacto, pero por el otro lado. Y sin embargo, los sucesos $X > 14$ y $X \geq 15$ son el mismo: sacar más de 14 caras es sacar al menos 15. Lo que en la variable aleatoria discreta es un hueco, en la continua no lo es, y hay todo un intervalo cuajado de probabilidad (en este ejemplo, ahí cae más de un 11 %). ¿Qué hacemos en estos casos?

Lo aconsejable cuando queremos usar el TCL para aproximar una v.a. discreta por la normal es elegir el punto medio: ni $X > 14$ ni $X \geq 15$, sino $X > 14,5$. Si hacemos eso, la tabla de la normal nos dice que la probabilidad buscada es:

$$p(\frac{X - 12,5}{2,5} > \frac{14,5 - 12,5}{2,5} = 0,8) = 0,2119$$

una aproximación espectacular al valor calculado mediante la ley binomial.

Esa salida de tomar el valor intermedio se conoce como "corrección de Yates". Puede utilizarse también para calcular (aproximadamente) la probabilidad de que la variable discreta tome un valor concreto. Por ejemplo, la de que salgan exactamente 16 caras la estimamos como

$$p(15,5 < X < 16,5) = p(1,2 < \frac{X - 12,5}{2,5} < 1,6) = 0,9452 - 0,8849 = 0,0603$$

El valor obtenido usando la ley binomial es $0,0609$. Impresionante.

Ejemplo 6.2

Se lanza una moneda 200 veces. Vamos a calcular la probabilidad de que salgan 120 caras, la de que salgan al menos 120 caras y la de que salgan más de 100 y menos de 120 caras.

Después de haber comprendido lo que sucede al lanzar la moneda 25 veces, tenemos claro que la manera adecuada de resolver el problema es usando el TCL para estudiar las probabilidades de que la variable aleatoria X que cuenta el número de caras en las 200 tiradas sin olvidarnos de usar la corrección de Yates. Así pues, consideramos que X sigue una distribución normal $N(100, \sqrt{50})$.

Así, la probabilidad de sacar 120 caras será (aproximadamente)

$$p(Y = 120) \approx p(119,5 < N(100, \sqrt{50}) < 120,5)$$

$$= p\left(\frac{119,5 - 100}{\sqrt{50}} < Z < \frac{120,5 - 100}{\sqrt{50}}\right) = p(2,76 < Z < 2,9) = 0,001$$

y la probabilidad de sacar al menos 120:

$$p(Y \geq 120) \approx p(N(100, \sqrt{50}) \geq 119, 5)$$

$$= p\left(N(0,1) > \frac{119,5 - 100}{\sqrt{50}}\right) = p(Z > 2,76) = 0,0029$$

Finalmente, la probabilidad de sacar entre 100 y 120 es

$$p(100 < Y < 120) \approx p(100, 5 < N(100, \sqrt{50}) < 119, 5)$$

$$= p\left(\frac{100, 5 - 100}{\sqrt{50}} < N(0,1) < \frac{119, 5 - 100}{\sqrt{50}}\right)$$

$$= p(0, 07 < Z < 2, 76) = 0, 469$$

Se advierte que la probabilidad de sacar exactamente 100 caras resulta (cuando se aproxima por la normal)

$$p(Y = 100) \approx p(99, 5 < N(100, \sqrt{50}) < 100, 5)$$

$$= p\left(\frac{99, 5 - 100}{\sqrt{50}} < Z < \frac{100, 5 - 100}{\sqrt{50}}\right) =$$

$$= p(-0, 07 < Z < 0, 07) = 2p(0 < Z < 0, 07) = 0, 056$$

Y calculada con la ley binomial

$$p(Y = 100) = \binom{200}{100} \cdot \left(\frac{1}{2}\right)^{200}$$

Si usamos la fórmula de Stirling $n! \approx n^n \cdot e^{-n} \cdot \sqrt{2\pi n}$ para estimar los factoriales, el resultado es $0,05642$, que concuerda plenamente con la aproximación normal.

6.4. Recapitulación

Este capítulo, breve pero intenso, se centra en establecer un resultado capital en Estadística: el teorema central del límite o teorema del límite central, que establece que en circunstancias muy generales una suma de variables aleatorias se puede aproximar ventajosamente por una normal.

Para precisar ese enunciado, dedicamos unos párrafos a considerar diferentes tipos de convergencia de sucesiones de variables aleatorias. Después establecimos una versión sencilla pero suficiente del teorema, cuya demostración esbozamos, usando la función característica y el teorema de Lévy.

Lo fundamental es saber qué uso darle, para lo que se resolvieron diferentes ejemplos y ejercicios. En particular se observó que cuando las variables iniciales son discretas hay que realizar la llamada corrección de Yates para aplicar correctamente el teorema central del límite.

6.5. Ejercicios propuestos

1. Se lanzan dos dados 120 veces, ¿cuál es la probabilidad de que las caras de ambos dados muestren el mismo resultado más de 15 veces y menos de 20?

2. Cierta estructura está formada por mil componentes, cada uno de los cuales puede fallar con una probabilidad $p = 0,09$. La estructura cumple su función si el número de componentes que fallan es inferior a cien. Se pide:

   - Calcular la probabilidad de que la estructura funcione correctamente.
   - Se pueden conseguir componentes más fiables, cuya probabilidad de fallo individual es $p = 0,05$, pero a un coste más elevado. Calcular la probabilidad de que la estructura funcione correctamente con esas nuevas componentes.
   - A fin de optimizar costes, se buscan unas componentes que aseguren que la probabilidad de que la estructura funcione correctamente sea de $0,99$. ¿Cuál debe ser el valor de p para conseguirlo?

3. Tenemos 100 barajas españolas (de 40 cartas). Sacamos un naipe de cada una. Llamamos X al número total de ases extraídos. Se pide:

- Calcular la esperanza de X.

- Calcular la probabilidad de que salgan 10 ases. Hágalo interpretando X como una variable aleatoria $B(100, 1/10)$, como una $P(10)$, como una $N(10, 3)$ y como una $N(10, \sqrt{10})$. Justifique cada una de esas interpretaciones y compare los resultados.

- Calcular las probabilidades $p(8 \leq X \leq 11)$ y $p(X > 15)$.

4. Un juego del casino consiste en lanzar un dado, y el casino paga al cliente tantos euros como marque el dado. Jugar cuesta 4 euros. Sea X la cantidad que recibe un jugador. Se pide:

- Calcular la esperanza de X y decidir si el juego favorece al casino o al cliente.

- Calcular la probabilidad de que el casino pierda dinero con un jugador.

- Calcular la probabilidad de que el casino pierda dinero con dos jugadores. También con tres.

- Calcular la probabilidad de que el casino pierda dinero con cuarenta jugadores. También con cien.

5. Un puesto de feria ofrece el siguiente juego: se lanzan cuatro monedas, y el feriante recibe un euro si salen al menos dos caras, y paga dos euros si salen menos de dos caras. Sea X la ganancia de un jugador. Se pide:

- Calcular la esperanza de X y decidir si el juego favorece al feriante o no.

- Calcular la probabilidad de que el feriante pierda dinero con un cliente que juega cuatro veces. Sugerencia: use la variable aleatoria $Y = $ número de veces que pierde el feriante, que es una binomial.

- Calcular la probabilidad de que el feriante pierda dinero con un cliente que juega cinco veces.

- Calcular la probabilidad de que el feriante pierda dinero con un cliente que juega ochenta veces.

6. Lanzamos una moneda (equilibrada) varias veces. El número de tiradas hasta la primera cara es una variable aleatoria geométrica, de esperanza 2 y varianza 4, como sabemos. Sin embargo, el número de tiradas hasta que sale la segunda, la tercera, etc., no es de ese tipo. Se pide:

- Justificar que el número de tiradas hasta obtener la segunda cara tiene como función de masa de probabilidad $p(n) = (n-1)(\frac{1}{2})^n$ y la función de masa de probabilidad del número de tiradas hasta obtener la k-ésima cara es $p(n) = \begin{pmatrix} n-1 \\ k-1 \end{pmatrix} (\frac{1}{2})^n$.

- La variable aleatoria $X=$ número de tiradas hasta obtener la k-ésima cara se puede interpretar como la suma de k variables aleatorias geométricas (después de cada cara, se inicia una nueva variable, como si se pusiera el contador a cero) independientes (porque la moneda no tiene memoria). ¿Por qué no es geométrica esa suma?

- Calcular la probabilidad de que se necesiten más de ciento ochenta lanzamientos para obtener cien caras.

7. La plantilla completa de un equipo de baloncesto se compone de un base, dos escoltas, tres aleros y cuatro pívots. El porcentaje de acierto en tiro libre del base es el 80 %, el de los escoltas, 85 %, el de los aleros es 90 %, y el de los pívots, 70 %.

- Se elige un jugador al azar para que lance un tiro, ¿cuál es la probabilidad de que atine?

- Se realiza ese mismo experimento 15 veces. Si X es el número total de aciertos, ¿cuál es la esperanza de X? ¿y la probabilidad de que se encesten 13 de los 15 lanzamientos?

- Si son 100 las veces que se repite el mismo experimento, ¿cuál es la probabilidad de que se consigan al menos 74 canastas?

8. La cantidad diaria de radiación que recibe cierto organismo se distribuye uniformemente en el intervalo $[3, 6]$. Suponiendo independiente la radiación recibida en los diferentes días, ¿cuál es la probabilidad de que la radiación recibida al cabo de 75 días sea menor de 330 unidades?

Capítulo 7

TEORÍA DE MUESTRAS

7.1. Introducción

Como es sabido, el análisis estadístico tiene como misión estudiar los fenómenos aleatorios, entendidos estos como aquellos que repetidos en las mismas condiciones dan lugar a resultados diferentes imposibles de predecir. La teoría de variable aleatoria constituye un instrumento muy útil para reducir la incertidumbre que ello representa en el proceso científico y aporta modelos de probabilidad que permiten, de un lado, conocer cuáles son los resultados posibles del fenómeno y, de otro, asignar a cada uno de ellos un indicador de las posibilidades que tiene de ocurrir, denominado probabilidad. Bajo este esquema es posible adoptar las decisiones que correspondan en cada caso, conociendo el riesgo inherente a las mismas.

Sin embargo, este escenario es, con frecuencia, irreal ya que el fenómeno aleatorio que debe estudiarse no puede ser completamente caracterizado mediante un modelo de probabilidad (lo que exigiría conocer su distribución de probabilidad), sino que su análisis debe ser abordado a partir de la información parcial contenida en una muestra del mismo. Ello es debido, generalmente, a alguna de las tres razones siguientes:

- El fenómeno adquiere una dimensión infinita imposible de medir en toda su extensión.

- La obtención de observaciones lleva a procesos costosos en tiempo o en recursos.

- La obtención de observaciones implica la realización de un ensayo destructivo que, extendido a la totalidad del fenómeno, significaría su desaparición.

Ejemplo 7.1

Un ejemplo del primer tipo de razones lo constituye el caso del análisis de los datos pluviométricos de una determinada cuenca fluvial. Resulta claro que no es posible obtener información de las precipitaciones en todos y cada uno de los puntos de la cuenca, sino que es preciso estudiarla a partir de las observaciones obtenidas en un conjunto finito de estaciones de aforo convenientemente repartidas.

Un ejemplo del segundo tipo de razones lo constituye el caso del estudio del comportamiento de determinados materiales de construcción en situaciones extremas de presión y temperatura, con un alto coste de los ensayos necesarios para la obtención de las muestras en dichas condiciones.

Un ejemplo del tercer tipo de razones lo constituye el caso del estudio de la resistencia de un determinado elemento de una estructura, que no puede abordarse mas que a través de una serie finita y reducida de valores muestrales, obtenidos de forma que la estructura no resulte dañada.

En estas condiciones, el análisis muestral de los fenómenos aleatorios constituye una de las aplicaciones más interesantes y útiles de la Estadística y una de las contribuciones al proceso científico más apreciadas.

La Teoría de Muestras y la Inferencia Estadística se ocupan del análisis muestral de los fenómenos aleatorios en tres vertientes diferentes:

- Diseño de las muestras, para garantizar que éstas son representativas y presentan la dimensión adecuada en razón de los objetivos de la investigación.

- Recopilación y presentación de los datos obtenidos, permitiendo un conocimiento detallado de la parte del universo que ha sido estudiada.

- Análisis muestral y extensión de conclusiones al conjunto del fenómeno, para alcanzar un conocimiento del mismo a partir de los valores muestrales mediante un razonamiento inductivo con fundamento matemático.

El análisis muestral introduce, por tanto, dos grandes aportaciones al estudio de los fenómenos aleatorios:

- Permite estimar características desconocidas de la población y situar a ésta en condiciones de ser estudiada a través del Análisis Probabilístico y de la Estadística Descriptiva.

- Posibilita el contraste de hipótesis en relación con la población estudiada.

Ejemplo 7.2

Un ejemplo de la primera aportación lo constituye el caso de la pluviosidad de una cierta región que puede ser estimada a través de los datos de una serie de estaciones de aforo.

Un ejemplo de la segunda aportación lo constituye el caso en el que se estudia si los diferentes turnos de fabricación del hormigón en una obra o los distintos equipos de hormigonado están actuando correctamente o, por el contrario, están introduciendo algún sesgo en las características resistentes del material que da lugar a diferencias significativas entre unos turnos/equipos y otros.

El problema reside en conocer, en primer lugar, cuáles deben ser las condiciones de las muestras (tamaño y características) para que resulten útiles en relación con los objetivos citados y, en segundo término, cómo se opera con ellas para obtener los resultados buscados.

7.2. Población y muestra

7.2.1. Población

Denominaremos población (o universo) al conjunto (finito o infinito) de observaciones posibles del fenómeno aleatorio que se está estudiando. El número de estas observaciones se define como tamaño de la población. Nótese la diferencia existente entre los valores que adopta la variable aleatoria correspondiente al fenómeno que se estudia (resultados posibles del experimento) y la población (distribución de la frecuencia con que se manifiestan los resultados posibles).

Ejemplo 7.3

Si se estudia la altura de la población española, el universo viene determinado por los aproximadamente 47 millones de valores de la altura de cada uno de los individuos que integran dicho colectivo (mientras que los valores de la variable aleatoria correspondiente están integrados por el conjunto infinito y no numerable de los números reales positivos $\mathbb{R}^+$).

El uso del término población en Estadística hay que entenderlo como una herencia del pasado, cuando la Estadística se aplicaba fundamentalmente a fenómenos sociológicos y económicos y las observaciones se medían en número de individuos. Naturalmente, esta acepción ha sido ampliamente superada por la extensión del análisis estadístico a todo tipo de fenómenos aleatorios, aunque permanece esta denominación aplicada a otro tipo de observaciones (estaturas, tipos de sangre, etc.).

Se considera que se conoce una población cuando conocemos la distribución de probabilidad $f(x)$ (función de cuantía o de densidad) de la variable aleatoria asociada X. Si, por ejemplo, X está distribuida normalmente decimos que *la población está distribuida normalmente* o que tenemos una *población normal*. A los parámetros que caracterizan la distribución $f(x)$ (μ y σ en el caso de una variable aleatoria normal, n y p en el caso de una variable aleatoria binomial, λ en el caso de una variable aleatoria de Poisson, etc.) les denominaremos *parámetros poblacionales*.

7.2.2. Muestra

A su vez, denominaremos *muestra* a un subconjunto de la población. El número de observaciones de este subconjunto define el tamaño de la muestra.

Ejemplo 7.4

En el ejemplo anterior, una muestra podría ser el conjunto de estaturas de una selección de 10 personas escogidas de alguna manera de entre los 47 millones de españoles (muestra de tamaño 10).

El valor y la utilidad de las muestras desde el punto de vista de la teoría de inferencia estadística que se desea construir depende de dos características fundamentales:

- Forma en que se elige el subconjunto de la población.

- Tamaño de la muestra.

El procedimiento de selección de la muestra afecta a su capacidad para representar adecuadamente a la población y a él nos referiremos a continuación.

Ejemplo 7.5

Pensemos, por ejemplo, en un proceso de inferencia estadística en el que se desean conocer las preferencias políticas de un determinado colectivo a partir de una muestra de tamaño 100. Es evidente que, si los 100 individuos de la muestra se seleccionan únicamente en ciudades grandes, ésta representará solamente a una categoría particular de ciudadanos con sesgos sensibles frente a las actitudes de la población rural que no estaría representada en la muestra.

El tamaño de la muestra, por su parte, determina la precisión de las estimaciones y conclusiones que pueden ser extraídas a partir de ella. A mayor tamaño, mayor seguridad de los resultados de los procesos de inferencia estadística realizados con la muestra.

Uno de los objetivos del análisis muestral de fenómenos aleatorios consiste, precisamente, en optimizar el diseño muestral estableciendo cuál ha de ser el tamaño de las muestras para que los resultados del proceso de inferencia tengan un error estadísticamente acotado.

Todas las consideraciones relacionadas con el tamaño muestral exceden el alcance de este libro, pudiendo ser consultadas en la bibliografía sobre el particular [1].

---

[1] Véase "Teoría de Muestras e Inferencia Estadística" (Muruzábal, J.J., 2014)

7.3. Muestreo aleatorio simple

Como se acaba de indicar, la forma en que se eligen las observaciones de la muestra es determinante para que ésta resulte representativa del conjunto de la población y los resultados de la inferencia estadística sean válidos.

Existen diferentes métodos para el muestreo estadístico [2]. De entre todos ellos en este libro consideraremos únicamente el *muestreo aleatorio simple* (también denominado *muestreo aleatorio con reemplazamiento*), que es aquél que cumple las dos condiciones siguientes:

- Cada elemento de la población tiene la misma probabilidad de ser seleccionado en cada extracción.

- Las sucesivas extracciones son independientes entre sí.

La seguridad de que la muestra con la que vamos a trabajar es una muestra aleatoria simple (m.a.s.) y, por tanto, cumple las dos condiciones anteriores (equiprobabilidad e independencia) no es una cuestión menor; es más, en ocasiones es posible que ésa sea una de las cuestiones más difíciles de resolver.

Ejemplo 7.6

Piénsese en que deseamos obtener una muestra aleatoria simple del 20 % de los vehículos que acceden al peaje de una autopista para caracterizar los viajes de los usuarios de la misma.

En ese caso bastaría con seleccionar continuadamente el quinto vehículo (a partir de uno dado) de los que llegan al peaje.

Ejemplo 7.7

Ahora bien, si se desea obtener una muestra aleatoria simple de 5.000 elementos seleccionados entre los 2 millones de usuarios diarios de una red de autobuses urbanos con 2.000 vehículos en servicio y un total de 10.000 paradas, es evidente que las cosas se complican bastante.

---

[2]Véase "Estadística para Ingenieros"(Alonso, F.J., 1996)

7.4. La variable aleatoria muestra aleatoria simple. Función de verosimilitud

Consideremos un fenómeno aleatorio definido por una variable aleatoria X con función de densidad f definida en un dominio D.

Consideremos el número infinito de posibles secuencias de n valores aleatorios extraídos de dicha población:

$$
\begin{array}{cccc}
x_1^1 & x_2^1 & \cdots & x_n^1 \\
x_1^2 & x_2^2 & \cdots & x_n^2 \\
\cdot & \cdot & \cdots & \cdot \\
x_1^k & x_2^k & \cdots & x_n^k \\
\cdot & \cdot & \cdots & \cdot
\end{array}
$$

Nótese que el subíndice representa la posición de la extracción en la muestra (de 1 a n) y que el superíndice representa la secuencia de n valores extraídos (de 1 a ∞).

Pues bien, si consideramos los infinitos valores obtenidos para los x_1, obtenemos la distribución de probabilidad de la variable "posición primera en la muestra". Si consideramos los infinitos valores obtenidos para los x_2, obtenemos la distribución de probabilidad de la variable "posición segunda en la muestra". Y así, sucesivamente, hasta definir la variable "posición n-ésima en la muestra".

Las variables aleatorias definidas de esta manera componen una variable aleatoria n-dimensional $(X_1, X_2, \ldots, X_n)$ que, al haberse construido a partir de un proceso de muestreo aleatorio simple, verifica las dos condiciones siguientes:

1. Equiprobabilidad: $f_1(x) = f_2(x) = \cdots = f_n(x) = f(x)$

2. Independencia: $L(x_1, x_2, \ldots, x_n) = f(x_1) \cdot f(x_2) \cdots \cdots f(x_n)$

Siendo:

- $f = f(x)$ la función de densidad de la variable X que se muestrea.

- $f_i = f_i(x_i)$ la función de densidad de la variable marginal X_i de la variable aleatoria n-dimensional $(X_1, X_2, \ldots, X_n)$, muestra aleatoria simple de tamaño n.

- $L = L(x_1, x_2, \ldots, x_n)$ la función de densidad conjunta de la variable aleatoria $(X_1, X_2, \ldots, X_n)$.

Por tanto, la función de densidad conjunta de la variable $(X_1, X_2, \ldots, X_n)$ resulta:

$$L(x_1, x_2, \ldots, x_n) = f(x_1) \cdot f(x_2) \cdot \cdots \cdot f(x_n) = \Pi_{i=1}^n f(x_i)$$

Esta función se denomina *función de verosimilitud*.

Nótese que $(X_1, X_2, \ldots, X_n)$ representa la variable aleatoria n-dimensional "muestra aleatoria simple de tamaño n", en tanto que $(x_1, x_2, \ldots, x_n)$ son los valores que adopta la variable aleatoria en un caso concreto.

Ejemplo 7.8

Sea una variable aleatoria de Poisson de parámetro 8. Obtenga la función de verosimilitud de una muestra aleatoria simple de tamaño n.

La función de cuantía es:

$$f(x) = e^{-\lambda}\frac{\lambda^x}{x!}$$

Entonces la función de verosimilitud resulta:

$$L(x_1, x_2, \ldots, x_n) = e^{-\lambda}\frac{\lambda^{x_1}}{x_1!} \cdot e^{-\lambda}\frac{\lambda^{x_2}}{x_2!} \cdot \cdots \cdot e^{-\lambda}\frac{\lambda^{x_n}}{x_n!} = e^{-n\lambda}\Pi_{i=1}^n \frac{\lambda^{x_i}}{x_i!}$$

Ejemplo 7.9

Calcule la verosimilitud de la muestra 2, 3, 3, 4, 1 suponiendo que procede de una variable aleatoria de Poisson de parámetro $\lambda = 3$.

Aplicando la expresión anterior a los valores de la muestra dada se obtiene

$$L(2,3,3,4,1) = e^{-n\lambda}\Pi_{i=1}^{n}\frac{\lambda^{x_i}}{x_i!} = e^{-15}\frac{3^{13}}{2!3!3!4!1!}$$

que da como resultado 0,00028, es decir, un $0,028\%$.

7.5. Momentos y estadísticos muestrales

En términos generales llamaremos estadístico a una función de las marginales de la variable muestra aleatoria simple de tamaño n, es decir $T = T(X_1, X_2, \ldots, X_n)$. Para una muestra concreta $(x_1, x_2, \ldots, x_n)$, el estadístico adoptará un valor $t(x_1, x_2, \ldots, x_n)$ determinado. Es decir, con las letras mayúsculas denominaremos a las variables aleatorias y con las minúsculas a los valores que adoptan aquéllas en un caso concreto.

De la misma manera que en teoría de variable aleatoria se definen momentos poblacionales (α_i y μ_i), en teoría de muestras se definen también momentos muestrales A_i y B_i, como estadísticos deducidos de una muestra aleatoria simple de tamaño n.

7.5.1. Momentos de orden i respecto al origen (A_i)

Se definen como

$$A_i = \sum_{k=1}^{n}\frac{X_k^i}{n}$$

Como caso particular se tiene el momento de orden uno o media muestral $\bar{X}$:

$$A_1 = \sum_{k=1}^{n} \frac{X_k}{n} = \bar{X}$$

7.5.2. Momentos centrales de orden i (B_i)

Se definen como

$$B_i = \sum_{k=1}^{n} \frac{(X_k - \bar{X})^i}{n}$$

Como caso particular se tiene el momento de orden dos o varianza muestral S^2:

$$B_2 = \sum_{k=1}^{n} \frac{(X_k - \bar{X})^2}{n} = S^2$$

7.5.3. Cuasivarianza muestral

También se define la cuasivarianza muestral en la forma siguiente:

$$\hat{S}^2 = \frac{n}{n-1} S^2$$

Como veremos más adelante, esta definición viene dada por la condición de contar con un estimador centrado de la varianza poblacional (capítulo 8).

7.5.4. Carácter aleatorio de los momentos muestrales y estadísticos en general

Los momentos muestrales, y, en general, cualquier estadístico T, en la medida en que resultan de operar con las variables aleatorias marginales de la variable muestra aleatoria simple de tamaño n, dan lugar a nuevas variables aleatorias.

En efecto, cada una de las infinitas concreciones posibles de la variable aleatoria $(X_1, X_2, \ldots, X_n)$ da lugar a un valor determinado del estadístico T, de manera que los sucesivos t_i así obtenidos determinan la distribución de probabilidad de una variable aleatoria T:

$$
\begin{array}{cccccc}
X_1 & X_2 & \cdots & X_n & \to & T \\
x_1^1 & x_2^1 & \cdots & x_n^1 & \to & t_1 \\
x_1^2 & x_2^2 & \cdots & x_n^2 & \to & t_2 \\
\cdot & \cdot & & \cdot & \to & \cdot \\
x_1^k & x_2^k & \cdots & x_n^k & \to & t_k \\
\cdot & \cdot & \cdots & \cdot & \to & \cdot
\end{array}
$$

Es decir, cada una de las infinitas secuencias $(x_1, x_2, \ldots, x_n)$ da lugar a un valor determinado, t, del estadístico T, lo que determina la distribución de probabilidad de la variable aleatoria T.

7.6. Distribuciones de probabilidad comúnmente asociadas a la teoría de muestras

Las distribuciones de probabilidad más importantes y estrechamente vinculadas al análisis muestral son:

- Normal.

- χ^2 de Pearson.

- t de Student.

- F de Fisher-Snedecor.

Seguidamente se recoge su definición, función de densidad y principales características.

7.6.1. Variable aleatoria normal

Esta variable ha sido ya estudiada con detalle en el capítulo 5 anterior.

7.6.2. Variable aleatoria χ^2 de Pearson

La variable χ^2 de Pearson con n grados de libertad se define como la suma de los cuadrados de n variables normales $N(0,1)$ e independientes.

$$\chi_n^2 = Z_1^2 + Z_2^2 + \cdots + Z_n^2$$

Sus principales características estadísticas son las siguientes:

- Esperanza y varianza
$$\mu = n, \quad \sigma^2 = 2n$$

- Función de distribución:

  Los valores de la función de distribución se encuentran tabulados (véanse tablas en el capítulo 12).

- Aditividad

  La variable χ^2 goza de la propiedad aditiva cuando se trata de variables independientes:
$$\chi_n^2 + \chi_m^2 = \chi_{n+m}^2$$

La demostración es bien sencilla. Basta con desarrollar χ_n^2 y χ_m^2 en suma de cuadrados de variables $Z = N(0,1)$ y sumar ambas expresiones, como se vio en el capítulo 5.

Por otra parte, y como ya se ha indicado, los valores de la función de distribución de la variable χ_n^2 están tabulados para unos ciertos valores del número de grados de libertad (generalmente de 1 a 50). Para valores de n superiores a 30 puede aplicarse la propiedad siguiente:

$$\sqrt{2\chi_n^2} - \sqrt{2n-1} \approx Z \sim N(0,1)$$

De manera que

$$p(\chi_n^2 \leq x) = p(\sqrt{2\chi_n^2} - \sqrt{2n-1} = Z \leq \sqrt{2x} - \sqrt{2n-1}) =$$
$$= p(Z \leq \sqrt{2x} - \sqrt{2n-1})$$

7.6.3. Variable aleatoria t de Student

Dadas las variables aleatorias independientes $Z \sim N(0,1)$ y χ_n^2, se define la variable t de Student con n grados de libertad como:

$$t_n = \frac{Z}{\sqrt{\frac{1}{n}\chi_n^2}}$$

Sus principales características estadísticas son las siguientes:

- Su función de densidad es par $(f(x) = f(-x))$ y, por tanto, su gráfica es simétrica con respecto al eje de ordenadas.

- Esperanza y varianza

$$\mu = 0, \quad \sigma^2 = \frac{n}{n-2}, \quad n > 2$$

- Función de distribución:

  Los valores de la función de distribución se encuentran tabulados (véanse tablas en el capítulo 12).

- La variable t_1 tiene como función de densidad $f(x) = \frac{1}{\pi(1+x^2)}$ (con $-\infty < x < \infty$), conocida también como variable de Cauchy.

- En el límite (para n suficientemente grande), la variable t_n se aproxima a una $N(0,1)$.

7.6.4. Variable aleatoria F de Fisher-Snedecor

La variable F de Fisher-Snedecor con n y m grados de libertad se define como:

$$F_{n,m} = \frac{\frac{1}{n}\chi_n^2}{\frac{1}{m}\chi_m^2}$$

siendo independientes el numerador y el denominador.

Sus principales características estadísticas son las siguientes:

- Esperanza y varianza

$$\mu = \frac{m}{m-2},\ m > 2,\quad \sigma^2 = \frac{2m^2(n+m-2)}{n(m-2)^2(m-4)},\ m > 4$$

- Función de distribución:

  Los valores de la función de distribución se encuentran tabulados (véanse tablas en el capítulo 12).

- Puede comprobarse con facilidad que una $F_{1,m}$ es una t_m^2 (cuadrado de una t de Student con m grados de libertad).

- En el manejo de las tablas de la función de distribución, resulta muy interesante la propiedad siguiente:

$$\frac{1}{F_{n,m}} = F_{m,n}$$

De forma que

$$p(F_{n,m} \leq x) = p(\frac{1}{F_{m,n}} \leq x) = p(F_{m,n} \geq \frac{1}{x})$$

7.7.   Estadísticos muestrales y sus propiedades

Los estadísticos muestrales, en tanto que variables aleatorias, cumplen las siguientes propiedades

7.7.1.   Propiedades independientes de la población que se muestrea

1. Esperanza de la media muestral:

   La esperanza de la media muestral es la misma que la de la población que se muestrea:

   $$E(\bar{X}) = E(X) = \mu$$

   En efecto, a partir de la definición de media muestral y de la linealidad de la esperanza, se obtiene:

   $$E(\bar{X}) = E\left(\frac{X_1 + X_2 + \cdots + X_n}{n}\right) = \frac{E(X_1) + E(X_2) + \cdots + E(X_n)}{n} =$$

   $$= \frac{n\mu}{n} = \mu$$

2. Varianza de la media muestral:

   La varianza de la media muestral es la de la población que se muestrea dividida por el tamaño de la muestra:

   $$V(\bar{X}) = \frac{V(X)}{n} = \frac{\sigma^2}{n}$$

   En efecto, a partir de la definición de varianza muestral (y por la independencia), se obtiene:

$$V(\bar{X}) = V(\frac{X_1 + X_2 + \cdots + X_n}{n}) = \frac{V(X_1) + V(X_2) + \cdots + V(X_n)}{n^2} =$$

$$= \frac{n\sigma^2}{n^2} = \frac{\sigma^2}{n}$$

3. Esperanza de la varianza muestral:

La esperanza de la varianza muestral es:

$$E(S^2) = \frac{n-1}{n}\sigma^2$$

donde σ^2 es la varianza de la población muestreada y n el tamaño de la muestra.

En efecto, la varianza muestral puede expresarse como:

$$S^2 = \frac{\sum_{k=1}^{n} X_k^2}{n} - \bar{X}^2$$

Aplicando la función esperanza, se obtiene:

$$E(S^2) = E\left(\frac{X_1^2 + X_2^2 + \cdots + X_n^2}{n} - \bar{X}^2\right) =$$

$$= \frac{E(X_1^2) + E(X_2^2) + \cdots + E(X_n^2)}{n} - E(\bar{X}^2)$$

Por otro lado, tenemos que:

$$V(X) = E(X^2) - E(X)^2 \Rightarrow E(X^2) = V(X) + E(X)^2$$

Utilizando esta última expresión, $E(S^2)$ es igual a:

$$\frac{V(X_1) + E(X_1)^2 + \cdots + V(X_n) + E(X_n)^2}{n} - [V(\bar{X}) + E(\bar{X})^2]$$

$$E(S^2) = \frac{n\sigma^2 + n\mu^2}{n} - [\frac{\sigma^2}{n} + \mu^2] = \sigma^2 + \mu^2 - \frac{\sigma^2}{n} - \mu^2 = \frac{n-1}{n}\sigma^2$$

4. Esperanza de la cuasivarianza muestral:

Contando con la definición de cuasivarianza muestral ya realizada, su esperanza es:

$$E(\hat{S}^2) = E(\frac{n}{n-1}S^2) = \frac{n}{n-1}E(S^2) = \frac{n}{n-1}\frac{n-1}{n}\sigma^2 = \sigma^2$$

5. Varianza de la varianza muestral:

La varianza de la varianza muestral es:

$$V(S^2) = \frac{(n-1)^2}{n^3}E(X-\mu)^4 - \frac{n^2-4n+3}{n^3}\sigma^4$$

Se omite la demostración por exceder el alcance de este libro. No obstante, dicha demostración se simplifica bastante si se considera el caso particular de que $\mu = 0$ (lo cual no afecta a la varianza).

Asimismo, en el caso de variables normales, la varianza de la varianza muestral se puede calcular muy fácilmente utilizando el teorema de Fisher (véase apartado siguiente referido a poblaciones normales).

6. Distribución de la media muestral:

Como consecuencia del teorema central del límite, cuando la muestra es de tamaño grande ($n > 30$), puede aceptarse la hipótesis de normalidad de la variable aleatoria media muestral (lo cual se cumple de manera estricta cuando la población es normal, como se vio en el capítulo 5). Es decir, se verifica que (véanse propiedades 1 y 2 anteriores):

$$\bar{X} \sim N(\mu, \frac{\sigma}{\sqrt{n}})$$

con μ y σ los de la población muestreada, independientemente de cuál sea ésta.

Esta condición no debe interpretarse en términos de un "todo o nada", en el sentido de que si n es mayor que 30 se puede aplicar y si no es mayor que 30 (por ejemplo 30) no se puede aplicar. La condición expresa que a partir de un tamaño muestral superior a 30 la aproximación es suficientemente buena.

En ocasiones, sin embargo, puede que sea conveniente basarse en esta propiedad, aunque n no sea mayor que 30 (a lo mejor porque no nos queda otro recurso). Será el analista estadístico quien decida en cada caso con su propio criterio el interés de hacerlo y el valor que debe dar a los resultados, en función de cuánto menor es el tamaño muestral en relación con el límite inferior citado.

7.7.2. Poblaciones normales

1. Distribución de la media muestral

   Si se muestrea una población normal $N(\mu, \sigma)$, entonces la media muestral $\bar{X}$ se distribuye como (véanse propiedades 1 y 2 anteriores):

   $$N(\mu, \frac{\sigma}{\sqrt{n}})$$

   El hecho de que la distribución de la media muestral sea normal es una consecuencia inmediata de la aditividad de las variables aleatorias normales (la media muestral es la suma de variables normales idénticamente distribuidas e independientes).

   Por otra parte, el hecho de que la dispersión de la media muestral sea menor que la de la variable muestreada es una manifestación de la ley débil de los grandes números.

2. Teorema de Fisher

   Si se muestrea una población normal $N(\mu, \sigma)$, entonces:

   - Las variables aleatorias media muestral y varianza muestral, $\bar{X}$ y S^2, son independientes

• El estadístico $\frac{nS^2}{\sigma^2}$ se distribuye como una χ^2_{n-1}

En este caso, el cálculo de la varianza de la varianza muestral es muy sencillo:

$$V(\frac{nS^2}{\sigma^2}) = \frac{n^2}{\sigma^4}V(S^2) = V(\chi^2_{n-1}) = 2(n-1)$$

de donde, despejando, tenemos:

$$V(S^2) = 2(n-1)\frac{\sigma^4}{n^2}$$

3. Relación entre la media muestral y la distribución t de Student

$$\frac{\bar{X} - \mu}{S/\sqrt{n-1}} \sim t_{n-1}$$

Por definición de la t de Student:

$$t_n = \frac{Z}{\sqrt{\frac{1}{n} \cdot \chi^2_n}}$$

Tipificando a $N(0,1)$ la variable normal media muestral:

$$\frac{\bar{X} - \mu}{\sigma/\sqrt{n}} = Z \sim N(0,1)$$

Por el teorema de Fisher:

$$\frac{nS^2}{\sigma^2} \sim \chi^2_{n-1}$$

Dividiendo, se obtiene:

$$t_{n-1} = \frac{\bar{X} - \mu}{\sigma/\sqrt{n}} : \sqrt{\frac{1}{n-1}\frac{nS^2}{\sigma^2}} = \frac{(\bar{X} - \mu)\sqrt{n}\sqrt{n-1}\sqrt{\sigma^2}}{\sigma\sqrt{nS^2}} = \frac{\bar{X} - \mu}{S/\sqrt{n-1}}$$

Si en lugar de la varianza muestral se utiliza la cuasivarianza muestral $\hat{S}^2$ se obtiene:

$$\frac{\bar{X} - \mu}{\hat{S}/\sqrt{n}} \sim t_{n-1}$$

ya que:

$$\frac{\bar{X} - \mu}{S/\sqrt{n-1}} = \frac{\bar{X} - \mu}{\hat{S}\sqrt{\frac{n-1}{n}}/\sqrt{n-1}} = \frac{\bar{X} - \mu}{\hat{S}/\sqrt{n}}$$

4. Distribución de la diferencia de medias muestrales con varianzas poblacionales conocidas

Si se muestrean dos poblaciones normales $N(\mu_X, \sigma_X)$ y $N(\mu_Y, \sigma_Y)$ independientes, con varianzas poblacionales conocidas y medias muestrales $\bar{X}$ e $\bar{Y}$, entonces:

$$\bar{X} - \bar{Y} \sim N\left(\mu_X - \mu_Y, \sqrt{\frac{\sigma_X^2}{n_X} + \frac{\sigma_Y^2}{n_Y}}\right)$$

Ello es consecuencia de restar dos variables normales independientes:

$$\bar{X} \sim N(\mu_X, \frac{\sigma_X}{\sqrt{n_X}}), \quad \bar{Y} \sim N(\mu_Y, \frac{\sigma_Y}{\sqrt{n_Y}})$$

5. Distribución de la diferencia de medias muestrales con varianzas poblacionales desconocidas e iguales

Si se muestrean dos poblaciones normales $N(\mu_X, \sigma)$ y $N(\mu_Y, \sigma)$ independientes, con varianzas poblacionales desconocidas e iguales, medias muestrales $\bar{X}$ e $\bar{Y}$, y varianzas muestrales S_X^2 y S_Y^2, entonces:

$$\frac{(\bar{X} - \bar{Y}) - (\mu_X - \mu_Y)}{\sqrt{\frac{1}{n_X} + \frac{1}{n_Y}}} : \sqrt{\frac{n_X S_X^2 + n_Y S_Y^2}{n_X + n_Y - 2}} \sim t_{n_X + n_Y - 2}$$

Según la propiedad anterior:

$$\frac{(\bar{X} - \bar{Y}) - (\mu_X - \mu_Y)}{\sqrt{\frac{\sigma_X^2}{n_X} + \frac{\sigma_Y^2}{n_Y}}} = Z \sim N(0,1)$$

Por definición:

$$\chi_n^2 = Z_1^2 + Z_2^2 + \ldots + Z_n^2, \quad \chi_m^2 = Z_1'^2 + Z_2'^2 + \ldots + Z_m'^2$$

con las Z_i, Z_i' independientes; así pues:

$$\chi_n^2 + \chi_m^2 = Z_1^2 + Z_2^2 + \ldots + Z_n^2 + Z_1'^2 + Z_2'^2 + \ldots + Z_m'^2 = \chi_{n+m}^2$$

De acuerdo con el teorema de Fisher:

$$\frac{n_X S_X^2}{\sigma^2} \sim \chi_{n_X-1}^2, \quad \frac{n_Y S_Y^2}{\sigma^2} \sim \chi_{n_Y-1}^2$$

Sumando:

$$\frac{n_X S_X^2}{\sigma^2} + \frac{n_Y S_Y^2}{\sigma^2} \sim \chi_{n_X+n_Y-2}^2$$

Así construimos una t de Student:

$$\frac{(\bar{X} - \bar{Y}) - (\mu_X - \mu_Y)}{\sqrt{\frac{\sigma^2}{n_X} + \frac{\sigma^2}{n_Y}}} : \sqrt{\frac{1}{n_X + n_Y - 2}\left(\frac{n_X S_X^2}{\sigma^2} + \frac{n_Y S_Y^2}{\sigma^2}\right)} \sim t_{n_X+n_Y-2}$$

Se simplifica σ y queda

$$\frac{(\bar{X} - \bar{Y}) - (\mu_X - \mu_Y)}{\sqrt{\frac{1}{n_X} + \frac{1}{n_Y}}} : \sqrt{\frac{n_X S_X^2 + n_Y S_Y^2}{n_X + n_Y - 2}} \sim t_{n_X+n_Y-2}$$

6. Relación entre las varianzas de dos poblaciones normales y la variable F (esperanzas poblacionales conocidas)

Si se muestrean dos poblaciones normales $N(\mu_X, \sigma_X)$ y $N(\mu_Y, \sigma_Y)$ independientes, con varianzas muestrales S_X^2 y S_Y^2, entonces:

$$\frac{n_X(\bar{X} - \mu_X)^2}{n_Y(\bar{Y} - \mu_Y)^2} : \frac{\sigma_X^2}{\sigma_Y^2} \sim F_{1,1}$$

Por definición:

$$\frac{\frac{1}{n}\chi_n^2}{\frac{1}{m}\chi_m^2} = F_{n,m}$$

Según la propiedad 1:

$$\frac{\bar{X} - \mu_X}{\sigma_X/\sqrt{n_X}} \sim N(0,1), \quad \frac{\bar{Y} - \mu_Y}{\sigma_Y/\sqrt{n_Y}} \sim N(0,1)$$

Elevando al cuadrado las dos expresiones anteriores se obtienen dos χ_1^2 y el cociente de ambas es:

$$\left(\frac{\bar{X} - \mu_X}{\sigma_X/\sqrt{n_X}}\right)^2 : \left(\frac{\bar{Y} - \mu_Y}{\sigma_Y/\sqrt{n_Y}}\right)^2 \sim F_{1,1}$$

Operando, resulta

$$\left(\frac{\bar{X} - \mu_X}{\sigma_X/\sqrt{n_X}}\right)^2 : \left(\frac{\bar{Y} - \mu_Y}{\sigma_Y/\sqrt{n_Y}}\right)^2 =$$

$$= \frac{n_X(\bar{X} - \mu_X)^2 \sigma_Y^2}{n_Y(\bar{Y} - \mu_Y)^2 \sigma_X^2} =$$

$$= \frac{n_X(\bar{X} - \mu_X)^2}{n_Y(\bar{Y} - \mu_Y)^2} : \frac{\sigma_X^2}{\sigma_Y^2}$$

7. Relación entre las varianzas de dos poblaciones normales y la variable F (esperanzas poblacionales desconocidas)

$$\frac{\hat{S}_X^2/\hat{S}_Y^2}{\sigma_X^2/\sigma_Y^2} \sim F_{n_X-1,n_Y-1}$$

Por definición:

$$\frac{\frac{1}{n}\chi_n^2}{\frac{1}{m}\chi_m^2} = F_{n,m}$$

Con el teorema de Fisher y las normales X e Y construimos dos variables χ^2 y podemos aplicar la expresión anterior:

$$\frac{\frac{1}{n_X-1}\frac{n_X S_X^2}{\sigma_X^2}}{\frac{1}{n_Y-1}\frac{n_Y S_Y^2}{\sigma_Y^2}} \sim F_{n_X-1,n_Y-1}$$

Utilizando en el numerador y denominador la cuasivarianza:

$$S_X^2 = \hat{S}_X^2 \frac{n_X - 1}{n_X}, \quad S_Y^2 = \hat{S}_Y^2 \frac{n_Y - 1}{n_Y}$$

Se simplifican $n_X, n_X - 1, n_Y, n_Y - 1$ y resulta:

$$\frac{\hat{S}_X^2 \sigma_Y^2}{\hat{S}_Y^2 \sigma_X^2} = \frac{\hat{S}_X^2/\hat{S}_Y^2}{\sigma_X^2/\sigma_Y^2} \sim F_{n_X-1,n_Y-1}$$

7.7.3. Poblaciones uniformes

Si se muestrea una población uniforme en el intervalo $[0, a]$, el estadístico $T = \frac{\max X_i}{a}$ se distribuye independientemente de a con la función de densidad siguiente:

$$g(t) = \begin{cases} nt^{n-1}, & t \in [0, 1] \\ 0, & t \notin [0, 1] \end{cases}$$

En efecto, la función de distribución de ese estadístico, G, vale 0 para $t < 0$, 1 para $t > 1$, y para $t \in [0, 1]$ es:

$$G(t) = p(\frac{\max X_i}{a} \le t) = p(\max X_i \le at) =$$

$$= p[(X_1 \le at) \cap (X_2 \le at) \cap \cdots \cap (X_n \le at)] =$$

$$= F(at) \cdot F(at) \cdots F(at) = \left(\frac{at}{a}\right)^n = t^n$$

siendo $F(t) = \frac{t}{a}$ la función de distribución de la uniforme (para $t \in [0, a]$).

Derivando, se obtiene la función de densidad de T, que es precisamente:

$$g(t) = \begin{cases} nt^{n-1}, & t \in [0, 1] \\ 0, & t \notin [0, 1] \end{cases}$$

7.8.   Recapitulación

Con este capítulo entramos en la última parte del libro: la Estadística inferencial, cuyo objetivo es extraer conclusiones generales de datos particulares, elevar la información que se obtiene de una muestra a conocimiento acerca de la población.

Empezamos precisando los términos de población y muestra aleatoria, definiendo la función de verosimilitud de una muestra y presentando los primeros estadísticos muestrales: media muestral, varianza y cuasivarianza muestrales y momentos muestrales, estudiando la media y la varianza de algunos de ellos.

A continuación, se atendió a los principales tipos de variables aleatorias utilizadas en el muestreo: normal, χ^2, t de Student y F de Fisher, que ya se había estudiado anteriormente. También se introdujeron nuevos estadísticos muestrales que se ajustan a una u otra de estas distribuciones y que se usarán más adelante (en particular, en el contraste de hipótesis).

7.9.   Ejercicios propuestos

1. La función generadora de momentos de $Z \sim N(0,1)$ es $M(t) = e^{t^2/2}$, como se vio en el capítulo 3. Con su ayuda:

   - Calcule la esperanza de Z^2 y la de Z^4.
   - Calcule la esperanza y la varianza de una variable aleatoria χ_1^2.
   - Calcule la esperanza y la varianza de una variable aleatoria χ_n^2.

2. Sabiendo que la esperanza de una variable aleatoria χ_n^2 es n y la varianza es $2n$, utilice el teorema de Fisher para calcular la esperanza y la varianza de la varianza muestral S^2.

3. Deduzca (usando el ejercicio anterior) la esperanza y la varianza de la cuasivarianza muestral $\hat{S}^2$.

Capítulo **8**

ESTIMACIÓN PUNTUAL

Contenido

8.1.   Introducción

Ya hemos indicado anteriormente cómo, con frecuencia, los fenómenos aleatorios que deben ser analizados en el campo de la ingeniería y la ciencia se conocen solamente de forma parcial, existiendo ciertos aspectos de la distribución de probabilidad que nos son desconocidos. En esos casos se desarrolla la teoría de la estimación para obtener, a partir de los valores de una muestra aleatoria simple, estimaciones de los parámetros poblacionales desconocidos y caracterizar completamente la distribución de probabilidad, de manera que pueda ser aplicada en toda su extensión la teoría de variable aleatoria y contestar a cualquier pregunta relacionada con el cálculo de probabilidades.

8.2.   Planteamiento general. Definición de estimador

Sea X una variable aleatoria cuya distribución de probabilidad depende de un parámetro θ desconocido, es decir, su función de densidad es $f_\theta(x)$ o $f(x, \theta)$.

Un estimador T del parámetro θ es una función $T = T(X_1, X_2, \ldots, X_n)$ (en lo sucesivo $T(\mathbf{X})$ o, simplemente, T) de las marginales de la variable muestra aleatoria simple, que permite obtener una aproximación de θ para cada uno de los conjuntos de valores posibles de $(X_1, X_2, \ldots, X_n)$ (o $(\mathbf{X})$). Es, por tanto, una variable aleatoria. Un valor concreto de dicha variable $t(x_1, x_2, \ldots, x_n)$ (en lo sucesivo $t(\mathbf{x})$ o, simplemente, t) (obtenido a partir del valor $(x_1, x_2, \ldots, x_n)$ ó $(\mathbf{x})$ de una muestra aleatoria simple) se denomina *estimación puntual*.

Es conveniente diferenciar bien los términos *estimador* y *estimación*. El primero es la variable aleatoria $T(\mathbf{X})$ y el segundo representa un valor concreto $t(\mathbf{x})$ de dicha variable correspondiente a una observación $(\mathbf{x})$ de la muestra.

Existen diferentes principios para definir la forma de calcular los estimadores, pero, como ocurre en general con la teoría de inferencia estadística, aquí surge un concepto de gran importancia como lo es el error (o riesgo) del estimador.

En efecto, parece evidente que el requisito principal de un estimador $T(\mathbf{X})$ es que proporcione una estimación de θ que se aproxime a su verdadero valor o, lo que es lo mismo, un buen estimador es aquél que tiene una probabilidad alta de que el error $T(\mathbf{X}) - \theta$ esté cerca de 0. Sin embargo, cada estimación que calculemos dependerá de los valores $(x_1, x_2, \ldots, x_n)$ de la muestra elegida, de manera que a cada una de éstas (las muestras) corresponderá un valor diferente de aquélla (la estimación), lo que lleva a estudiar dicha distribución para minimizar el error esperado.

Por tanto, un objetivo fundamental de la teoría de estimación será conocer el error de cada estimador diferente que pueda plantearse, para cuantificar el riesgo inherente a su utilización y adoptar en cada caso el que minimice dicho riesgo.

Ejemplo 8.1

Supongamos que estamos estudiando la distribución de probabilidad del número de vehículos que llegan al peaje de una autopista en una hora para dimensionar la playa de peajes. En función de la naturaleza del fenómeno podemos suponer que se trata de una distribución de Poisson de la que desconocemos el valor del parámetro λ.

Tomamos una muestra aleatoria simple $(x_1, x_2, \ldots, x_n)$ y a partir de ella obtenemos un estimador T que nos permitirá calcular una estimación $\hat{\lambda}$ de dicho parámetro. De esta manera ya conoceremos la función de cuantía $f(x) = P(X = x)$ y podremos realizar los cálculos correspondientes para el dimensionamiento buscado.

A su vez, deberemos calcular el error de T para conocer cuál es el riesgo que asumimos al utilizar el valor de $\hat{\lambda}$ en lugar del parámetro poblacional desconocido λ.

Más adelante veremos cómo los valores de la muestra nos permitirán verificar previamente la hipótesis de que el fenómeno es de Poisson y proseguir después con el esquema anterior.

El objeto de la estimación es, por tanto, determinar los valores concretos de los parámetros poblacionales desconocidos a partir de los valores $(x_1, x_2, \ldots, x_n)$ de una muestra aleatoria simple con el menor riesgo posible. En esencia significa formular una hipótesis sobre la distribución de la variable aleatoria X que se estudia, basándose en la muestra.

8.3. Error o riesgo de un estimador

8.3.1. Objetivo de la estimación

Como ya se ha indicado, el objetivo de la estimación es el de obtener aproximaciones de los valores de una serie de parámetros poblacionales desconocidos y conocer el error o riesgo que se comete con ellas, al depender las estimaciones de los valores $(x_1, x_2, \ldots, x_n)$ de la muestra elegida en cada momento. Para ello es necesario, primeramente, definir dicho concepto y establecer, después, un procedimiento para medirlo.

8.3.2. Función de pérdida

Sea θ un parámetro poblacional desconocido y sea $T(\mathbf{X})$ la expresión de un estimador de θ. Supongamos que para cada valor posible de θ y cada estimación $t(\mathbf{x})$ posible existe un valor $H(t, \theta)$ que mide la pérdida o el coste para el estadístico cuando el verdadero valor del parámetro es θ y su estimación es t. Podemos afirmar que, en general, conforme aumenta la distancia entre θ y t, el valor $H(t, \theta)$ será también mayor.

A la función $H(t, \theta)$ se le denomina función de pérdida. En principio puede definirse la función de pérdida de múltiples maneras, aunque las dos más frecuentes son las siguientes:

- $H(t, \theta) = (t - \theta)^2$ (error cuadrático).

- $H(t, \theta) = |t - \theta|$ (error absoluto).

8.3.3. Error o riesgo

Por convenio, y como es habitual en Estadística, adoptaremos como función de pérdida la primera y definiremos el riesgo como el error cuadrático medio o, lo que es lo mismo, el momento de segundo orden del estimador con respecto del valor real que se desea estimar:

$$error = E[(T - \theta)^2] = \int_{R^n} (t - \theta)^2 L(X, \theta)dX = \int_{D_T} (t - \theta)^2 g(t)dt$$

donde:

- θ es el parámetro desconocido de la variable X, objeto de estudio.

- T es el estimador de θ.

- $L(X, \theta) = f_\theta(x_1, x_2, \ldots, x_n)$ es la función de verosimilitud de la muestra $(X_1, X_2, \ldots, X_n)$.

- $dX = dx_1 \cdot dx_2 \cdots dx_n$.

- D_T es el dominio en el que está definida la variable aleatoria T.

- $g(t)$ es la función de densidad de la variable T.

Éste es un procedimiento racional, ya que:

- Todos los términos de la expresión que calcula el error son positivos, no siendo posible que errores en un sentido se compensen con errores en sentido contrario, falseando el resultado.

- Concede más importancia a las desviaciones grandes que a las pequeñas.

- Genera unos procesos de cálculo que, muy frecuentemente, son cómodos.

El error así definido se llama también *acuracidad* y se diferencia del término precisión o varianza en cuanto que aquélla hace referencia a la concentración de las estimaciones respecto del verdadero valor del parámetro, mientras que ésta (σ^2) mide la concentración de las estimaciones respecto de la esperanza del estimador:

$$\sigma^2 = E[(T - E(T))^2] = V(T)$$

Desarrollando la expresión anterior que calcula el error, se obtiene:

$$E[(T - \theta)^2] = E[(T - \theta + E(T) - E(T))^2] = E\{[T - E(T)] + [E(T) - \theta]\}^2 =$$

$$= E[T - E(T)]^2 + [E(T) - \theta]^2 + 2E\{[T - E(T)][E(T) - \theta]\} = V(T) + [E(T) - \theta]^2$$

ya que:

$$E\{[T - E(T)][E(T) - \theta]\} = E[TE(T) - T\theta - E(T)^2 + \theta E(T)] =$$

$$= E(T)^2 - \theta E(T) - E(T)^2 + \theta E(T) = 0$$

Es decir, el error de un estimador es igual a la suma de dos términos:

- La varianza del estimador

- El cuadrado de la diferencia entre la esperanza del estimador y el valor del parámetro a estimar (diferencia que se denomina *sesgo del estimador*), es decir el cuadrado el sesgo.

Esta descomposición pone de manifiesto que un eventual alto valor del error o riesgo de un estimador puede deberse a un alto valor de su varianza, a un alto valor de su sesgo o a ambas cosas a la vez.

Puede compararse un estimador a un rifle que apunta a una diana, y una estimación con un disparo efectuado por el rifle; el parámetro a estimar sería el centro de la diana. Aunque disparemos siempre con el mismo rifle, no todos los disparos dan en el mismo punto; del mismo modo, con un estimador obtendremos estimaciones diferentes cada vez (pues cada estimación depende de la muestra, como cada disparo depende de diversos imponderables, tales como el viento o las fluctuaciones en la masa del proyectil). Y al igual que es posible efectuar un buen disparo con un mal rifle (flauta que suena por casualidad) o uno malo con un arma buena, lo sensato es buscar el mejor rifle posible, es decir, un buen estimador.

Siguiendo con el símil, el sesgo del estimador equivaldría a la desviación que tenga la mira del rifle respecto del centro de la diana, y la varianza del estimador vendría a medir la dispersión de los disparos con relación a su centro (no al de la diana). Así, un estimador con sesgo nulo y gran varianza corresponde a un rifle que apunta bien al centro de la diana pero cuyos disparos tienen una gran dispersión (distribuida isotrópicamente), y un estimador con varianza pequeña y cierto sesgo es como un rifle que concentra sus disparos pero no lo hace alrededor del centro de la diana.

Se comprende que lo deseable es conseguir una dispersión pequeña junto con un punto de mira bien enfocado, esto es, minimizar tanto la varianza como el sesgo.

8.4. Propiedades de los estimadores

8.4.1. Propiedades relacionadas con el riesgo

La minimización del riesgo de un estimador ha de tener en cuenta las dos componentes (varianza y sesgo) que acaban de indicarse. En torno a ello giran las características de insesgadez, eficiencia y consistencia.

En efecto, el sesgo será mínimo cuando sea nulo, lo que nos lleva a estimadores insesgados o centrados, en los que el error o riesgo coincide con la varianza.

A su vez la mínima varianza nos lleva a los estimadores eficientes. Desgraciadamente no puede afirmarse que el error mínimo de un estimador corresponde a los casos en que el sesgo sea nulo y la varianza mínima, sino que podemos encontrar estimadores sesgados con menor error, impidiendo ello la formulación de una ley que establezca con carácter general cuál es el estimador mejor.

Por otra parte, si el tamaño de la muestra fuera infinito, ésta coincidiría con el conjunto de la población y cabría esperar que el error cuadrático medio fuese nulo (por no existir tal error). De aquí se deriva la propiedad de consistencia de un estimador, que establece cuál es su comportamiento probabilístico cuando el tamaño de la muestra es infinito, siendo conveniente que el valor de la estimación t esté próxima al valor desconocido con una probabilidad alta.

8.4.2. Propiedades relacionadas con la información de la muestra que conserva el estimador

De acuerdo con el planteamiento general que hemos realizado, la información que poseemos sobre una población viene proporcionada por los valores de una muestra de la misma. Para evitar la complejidad de operar con la muestra completa (sobre todo, si ésta es grande) suele ser habitual sustituirla por un único valor (estadístico), más manejable que los valores individuales. En estas condiciones, sería lógicamente deseable que el estadístico seleccionado conservara toda la información existente en la muestra en relación con el parámetro θ.

Si este estadístico existe recibe el nombre de *suficiente*, siendo ésta otra cualidad que cabe exigir a un estimador.

Es decir, un estadístico T suficiente es aquel que, como estadístico, resume los valores de la muestra en una determinada función $T(\mathbf{X})$ y, por ser suficiente, conserva en dicho resumen toda la información que hay en la muestra acerca del parámetro θ desconocido. Por tanto, los estimadores que se construyan a partir de dicho estadístico T son más sencillos de manejar (pues no operan con todos los valores de la muestra, sino con una función $T(\mathbf{X})$ de los mismos) y conservan íntegra toda la capacidad de estimar θ que hay en la muestra (pues mantienen toda la información de θ que hay en la muestra).

8.4.3. Otras propiedades de los estimadores

Junto a estas cuatro características se encuentran otras dos (*invarianza* y *robustez*) también importantes.

La propiedad de invarianza se basa en la conveniencia de que siendo T un estimador de un parámetro θ, el estimador de una función $g(\theta)$ se obtenga aplicando la misma función al estimador es decir, sea $g(T)$.

Por último, la robustez de un estimador es la propiedad según la cual su bondad no se ve significativamente afectada por las posibles desviaciones que puedan darse en relación con el cumplimiento de determinadas hipótesis de partida que hayan tenido que ser asumidas para la obtención de dicho estimador.

Dado el alcance previsto para este libro, se estudian a continuación las propiedades de insesgadez y consistencia. El resto de características de los estimadores puede verse en la bibliografía sobre el particular [1].

8.5. Estimadores centrados y sesgados

8.5.1. Estimadores centrados

Se dice que un estimador es *centrado* cuando su esperanza coincide con el valor del parámetro que se desea estimar (lo que anula el sesgo):

$$E(T) = \int_{D_T} tg(t)dt = \theta$$

siendo $g(t)$ la función de densidad de la variable aleatoria T y D_T su dominio.

---

[1]Véase Teoría de Muestras e Inferencia Estadística (Muruzábal, J.J., 2014)

Los estimadores centrados gozan de la propiedad de que el error de su estimación es igual a su varianza, ya que el sesgo es nulo.

Ejemplo 8.2

Sea una variable aleatoria de Poisson de parámetro λ desconocido. Supongamos que adoptamos la media muestral $\bar{X}$ como estimador de λ. Averiguar si dicho estimador es centrado.

Sabemos que:

$$E(\bar{X}) = \mu = \lambda$$

Por tanto, el estimador elegido es centrado.

8.5.2. Estimadores sesgados

Los estimadores que no son centrados se denominan *sesgados*:

$$E(T) \neq \theta$$

Como ya se ha señalado anteriormente, la diferencia entre la esperanza del estimador y el valor del parámetro poblacional θ desconocido se denomina sesgo y se representa por $b(T)$:

$$b(T) = E(T) - \theta$$

Ejemplo 8.3

Sea una variable normal con varianza desconocida. Comprobar si la varianza muestral es un estimador centrado. Lo mismo para la cuasivarianza muestral.

Por las propiedades de los estadísticos muestrales sabemos que:

$$E(S^2) = \frac{n-1}{n}\sigma^2$$

y que:

$$E(\hat{S}^2) = \sigma^2$$

Por tanto, la varianza muestral es un estimador sesgado de la varianza poblacional con sesgo:

$$b(S^2) = \frac{n-1}{n}\sigma^2 - \sigma^2 = \frac{-1}{n}\sigma^2$$

Por su parte, la cuasivarianza muestral es un estimador centrado de la varianza poblacional.

8.5.3. Estimadores asintóticamente centrados

Se dice que un estimador sesgado es asintóticamente centrado cuando:

$$E(T) \neq \theta, \quad lim_{n \to \infty} E(T) = \theta$$

Ejemplo 8.4

Es fácil comprobar que la varianza muestral es un estimador asintóticamente centrado de la varianza poblacional:

$$lim_{n \to \infty} E(S^2) = lim_{n \to \infty} \frac{n-1}{n}\sigma^2 = \sigma^2$$

8.5.4. Propiedades de los estimadores centrados

Los estimadores insesgados gozan de las propiedades siguientes[2]:

- Sean T_1 y T_2 dos estimadores centrados de θ. Sea T un nuevo estimador combinación convexa de los anteriores:

$$T = aT_1 + bT_2 \quad a + b = 1$$

---

[2]Véase Fundamentos de Inferencia Estadística (Ruiz-Maya L. y Martín Pliego J.M., 2000)

Entonces, T es también centrado o insesgado. Por ser T_1 y T_2 centrados para θ:

$$E(T_1) = E(T_2) = \theta$$

Por tanto:

$$E(T) = E(aT_1 + bT_2) = aE(T_1) + bE(T_2) = (a + b)\theta = \theta$$

- El momento muestral de orden r respecto del origen es un estimador centrado de su correspondiente momento poblacional:

$$A_r = \frac{\sum_{k=1}^{n} X_k^r}{n}$$

$$E(A_r) = E\left(\frac{X_1^r + X_2^r + \cdots + X_n^r}{n}\right) = \frac{E(X_1^r) + E(X_2^r) + \cdots + E(X_n^r)}{n} =$$

$$= \frac{\alpha_r + \alpha_r + \cdots + \alpha_r}{n} = \alpha_r$$

siendo:

- A_r el momento muestral de orden r respecto al origen
- α_r el momento poblacional de orden r respecto al origen.

La clave está en que, como ya se vio en el capítulo anterior, las funciones de densidad marginales f_i de la variable $(\mathbf{X})$ son iguales a la función de densidad f de la variable X muestreada (principio de equiprobabilidad de una m.a.s.).

Como caso particular puede establecerse que la media muestral es un estimador centrado de la esperanza poblacional.

- Si a partir de muestras aleatorias simples $(\mathbf{X})$ se estima la esperanza poblacional μ mediante la combinación lineal:

$$\hat{\mu} = \sum_{i=1}^{n} c_i X_i$$

siendo dicha combinación lineal convexa, es decir, se cumple que $\sum_{i=1}^{n} c_i = 1$, entonces dicho estimador es centrado.

Como caso particular se vuelve a tener que la media muestral es un estimador centrado de la esperanza poblacional:

$$\bar{X} = \sum_{i=1}^{n} \frac{1}{n} X_i$$

con:

$$\sum_{i=1}^{n} \frac{1}{n} = 1$$

8.6. Consistencia de un estimador

8.6.1. Definición

La propiedad anterior (insesgadez) está relacionada con la minimización de la diferencia entre el estimador T y el parámetro θ, expresada en términos del riesgo o error, pero no hace referencia al tamaño de la muestra sino al valor medio de las posibles estimaciones puntuales.

Para que el proceso de inferencia muestral sea correcto la muestra ha de ser representativa y una de las variables que influye en la representatividad de la muestra es su tamaño. Si la muestra fuera infinita coincidiría con el conjunto de la población y el error cuadrático medio sería nulo por no existir error.

De aquí se deduce la propiedad de consistencia, que establece el comportamiento probabilístico de los estimadores cuando el tamaño de la muestra es infinito, según se explica a continuación.

Sea $T(\mathbf{X})$ un estimador de un parámetro θ de una población con densidad $f(x, \theta)$. Si consideramos la variable n tamaño de la muestra, podemos obtener una sucesión de estimadores:

$$T_1(X_1), T_2(X_1, X_2), \cdots, T_n(X_1, X_2, \cdots, X_n), \cdots$$

A partir de esa sucesión decimos que un estimador es consistente si se cumple que:

$$lim_{n\to\infty} p(|T_n - \theta| \geq \epsilon) = 0$$

De la desigualdad de Markov se deduce que $\frac{E[(T_n-\theta)^2]}{\epsilon^2}$ es una cota superior de esa probabilidad. Aplicando límites a la descomposición del error anteriormente obtenida, resulta:

$$lim_{n\to\infty} E(T_n - \theta)^2 = lim_{n\to\infty} V(T_n) + lim_{n\to\infty} b^2(T_n)$$

Este resultado pone de manifiesto que para que se cumpla la condición de consistencia es suficiente con que:

$$lim_{n\to\infty} V(T_n) = 0$$

$$lim_{n\to\infty} b^2(T_n) = 0 \Rightarrow lim_{n\to\infty} E(T_n - \theta) = 0 \Rightarrow lim_{n\to\infty} E(T_n) = \theta$$

Ambas condiciones (que en el límite, la varianza sea nula y la esperanza sea θ) equivalen a que el límite de la sucesión T_n es el valor θ (condición suficiente para la consistencia del estimador T).

8.6.2. Propiedades de los estimadores consistentes

Los estimadores consistentes gozan de las propiedades siguientes [3]:

- Si T es un estimador consistente de θ y g es una función continua, entonces $g(T)$ es un estimador consistente de $g(\theta)$.

- Los momentos muestrales con respecto al origen son estimadores consistentes de los correspondientes momentos poblacionales.

- Los momentos muestrales centrales (es decir, con respecto a la esperanza) son estimadores consistentes de los correspondientes momentos poblacionales.

---

[3]Véase Fundamentos de Inferencia Estadística (Ruiz-Maya L. y Martín Pliego J.M., 2000)

8.7. Construcción de estimadores

8.7.1. Planteamiento general

Después de haber analizado en los apartados anteriores de este capítulo los elementos de la teoría de la estimación de parámetros poblacionales, abordamos ahora los métodos de construcción de estimadores para la resolución de problemas concretos.

El punto de partida es una variable aleatoria X con densidad $f(x, \theta)$ (también llamada $f_\theta(x)$) dependiente de un vector $\Theta = (\theta_1, \theta_2, \ldots, \theta_k)$ de k parámetros desconocidos.

En principio, un estimador es un estadístico muestral y, como tal, puede ser definido con entera libertad por el analista en cada caso. Lo importante es, según se ha visto, calcular su error y caracterizarlo desde el punto de vista de sus propiedades estadísticas (sesgo y eficiencia).

Sin embargo, existen dos métodos clásicos para la construcción de estimadores que, si bien no puede establecerse un juicio previo sobre su riesgo, son empleados habitualmente para la resolución de problemas de estimación. Se trata del método de los momentos y del método de la máxima verosimilitud. Con frecuencia ambos métodos conducen al mismo estimador, aunque ello no puede ser establecido con carácter general.

Por convenio, denominaremos $\hat{\theta}$ tanto al estimador del parámetro desconocido θ como a la estimación.

Ejemplo 8.5

Supongamos que estamos estudiando la distribución de probabilidad de un fenómeno normal con esperanza μ y varianza σ^2 desconocidas. El método de los momentos y el método de la máxima verosimilitud permiten obtener estimadores para dichos parámetros.

8.7.2. Método de los momentos

El método de los momentos obtiene los estimadores imponiendo la condición de que los momentos poblacionales y de la muestra sean iguales, es decir, se trata de un procedimiento que busca estimadores centrados o insesgados, lo cual es bastante lógico si queremos minimizar el riesgo y tenemos en cuenta que el cuadrado del sesgo es uno de los términos en que se descompone el error de un estimador. Se puede operar con los momentos con respecto al origen:

$$\int_R x^s f_\theta(x) dx = \sum_{i=1}^{n} \frac{X_i^s}{n} \quad s = 1, 2, \ldots, k$$

o bien con los momentos centrales:

$$\int_R (x - \mu)^s f_\theta(x) dx = \sum_{i=1}^{n} \frac{(X_i - \bar{X})^s}{n} \quad s = 1, 2, \ldots, k$$

De acuerdo con las expresiones anteriores, se plantean tantas ecuaciones como número k de parámetros poblacionales que es preciso estimar.

Ejemplo 8.6

Tomemos el ejemplo 8.5 y estimemos los parámetros desconocidos por el método de los momentos.

Al haber dos parámetros poblacionales desconocidos es preciso plantear dos ecuaciones. En este caso, dado que las incógnitas son μ y σ^2, nos interesa igualar los momentos poblacionales y muestrales de primer orden (esperanza y media muestra) y segundo orden (varianza poblacional y varianza muestral).

$$\alpha_1 = \int_D x f(x) dx = \mu = A_1 = \sum_{i=1}^{n} \frac{X_i}{n} = \bar{X} \Rightarrow \hat{\mu} = \bar{X}$$

$$\beta_2 = \int_D (x - \mu)^2 f(x) dx = \sigma^2 = B_2 = \sum_{i=1}^{n} \frac{(X_i - \bar{X})^2}{n} = S^2 \Rightarrow \hat{\sigma}^2 = S^2$$

Según lo anterior, resulta evidente que el estimador de la esperanza poblacional es la media muestral y que el estimador de la varianza poblacional es la varianza muestral (la propia formulación del método de los momentos conduce explícitamente a dichos resultados).

Ejemplo 8.7

Sea una variable aleatoria uniforme en el intervalo $[0, a]$. Obtener un estimador de la amplitud del intervalo, a, por el método de los momentos.

Como solamente hay un parámetro desconocido es necesario plantear una ecuación (igualdad de los momentos de primer orden):

Es decir:

$$\alpha_1 = \int_D x f(x) dx = \mu = \frac{a}{2} = A_1 = \sum_{i=1}^{n} \frac{X_i}{n} = \bar{X} \Rightarrow \hat{a} = 2\bar{X}$$

8.7.3. Método de máxima verosimilitud

El método de la máxima verosimilitud obtiene los estimadores a partir del supuesto intuitivo de que, al seleccionar la muestra, entre todos los sucesos posibles habrá aparecido el que sea más probable. Ello significa asumir que la muestra obtenida es la más probable, es decir, la que hace máxima la función de verosimilitud.

Efectivamente, si consideramos una población discreta y debemos elegir una estimación de un parámetro θ desconocido, seguramente que no consideraríamos un valor para el que resultara imposible obtener la muestra ($\mathbf{X}$) observada. Es más, supongamos que la probabilidad de obtener la muestra ($\mathbf{X}$) observada es muy alta con un valor θ_0 concreto de θ y muy pequeña para cualquier otro valor de θ. Entonces estimaríamos de una manera muy natural el valor de θ con θ_0. Si la muestra procediera de una población continua, este mismo razonamiento nos llevaría a buscar un valor de θ_0 para el que la densidad de probabilidad de la muestra (**X**) (función de verosimilitud) fuera grande.

Por tanto, parece razonable estimar el parámetro θ con la condición de que resulte máxima la función de verosimilitud de la muestra, lo que nos lleva a los estimadores maximoverosimiles. Un ejemplo ayudará a comprender la idea:

Ejemplo 8.8

En una urna hay 5 bolas, unas blancas y otras negras, y desconocemos las proporciones en que se hallan, es decir, el valor del parámetro p que da la proporción de bolas blancas. Sacamos una bola, observamos su color y la devolvemos a la urna; realizamos esta operación seis veces (estamos tomando una muestra aleatoria de tamaño 6; si no devolviéramos la bola extraída a la urna, las probabilidades cambiarían y no sería una muestra aleatoria). Imaginemos que el resultado ha sido 4 bolas blancas y 2 negras. ¿Cuál será la proporción de bolas blancas en la urna?

Desde luego, la información que tenemos no nos permite dar una respuesta contundente, como "habrá 4 bolas blancas - o sea, un 80 % - y la otra será negra"; sólo nos asegura que p no es ni 0 ni 1, es decir, que en la urna hay tanto bolas blancas como negras. Podemos conjeturar que habrá más bolas blancas que negras, pero no podemos asegurarlo. En todo caso, nos inclinaríamos por apostar que habrá 3 o 4 bolas blancas, seguramente. Para ilustrar la idea del método de máxima verosimilitud, hagamos lo siguiente:

El parámetro p puede tomar a priori seis valores: $0, 1/5, 2/5, 3/5, 4/5$ y 1. Si su valor fuera $2/5$ (por ejemplo), el resultado obtenido en la muestra (cuatro blancas y dos negras) tendría una probabilidad igual a:

$$15p^4(1-p)^2 = 0,13824$$

En cambio, si p valiera $4/5$, la probabilidad del resultado obtenido sería:

$$15p^4(1-p)^2 = 0,24576$$

lo que hace de 4/5 un valor más verosímil que 2/5 para el parámetro p. Calculamos también las probabilidades que tendría el suceso que obtuvimos con los diferentes valores posibles de p y observamos que el máximo valor corresponde a $p = 3/5$ (haga los cálculos: es un ejercicio sencillo de una distribución binomial).

El método de máxima verosimilitud elige para el parámetro el valor que hace máxima la probabilidad de que aparezca el resultado de la muestra.

En el caso más general en el que θ sea un vector de k parámetros desconocidos, la función de verosimilitud dependerá de esos k parámetros θ y la estimación se realizará resolviendo el sistema de k ecuaciones con k incógnitas que resulta de igualar a cero las derivadas parciales de la función de verosimilitud con respecto de cada uno de las k componentes del vector θ:

$$\frac{\partial}{\partial \theta_s} L_\theta(x_1, x_2, \ldots, x_n) = \frac{\partial}{\partial \theta_s} L(X, \theta) = 0 \quad s = 1, 2, \ldots, k$$

Para hacer más sencillos los cálculos (dado que la función de verosimilitud es multiplicativa) se calcula el máximo del logaritmo neperiano de la función de verosimilitud (los máximos de ambas funciones son coincidentes por ser el logaritmo neperiano una transformación monótona creciente):

$$máx \, L(X, \theta) = máx \, [ln \, L(X, \theta)]$$

Finalmente, cabe señalar que para obtener el máximo de $ln \, L(X, \theta)$ suele ser común utilizar el método de las derivadas, al considerar que la función tiene un máximo de tangente horizontal. Sin embargo, en algunas ocasiones el máximo de la función no responde a esa condición y, por tanto, el método de las derivadas no es válido. En esos casos será necesario reflexionar sobre cuál es la forma de la función y en qué condiciones se presentan sus valores máximos. Esta cuestión se estudia con detalle en Cálculo diferencial de una variable, y a ello nos remitimos.

Ejemplo 8.9

Tomemos el ejemplo 8.5 anterior y estimemos los parámetros desconocidos por el método de la máxima verosimilitud.

Al haber dos parámetros poblacionales desconocidos es preciso plantear dos ecuaciones derivando la función de verosimilitud respecto de μ y σ^2. Obtengamos, en primer lugar, el logaritmo neperiano de la función de verosimilitud:

$$f_\theta(x) = \frac{1}{\sqrt{2\pi\sigma^2}}e^{-\frac{(x-\mu)^2}{2\sigma^2}}$$

$$L(X,\theta) = f_\theta(x_1)f_\theta(x_2)\cdots f_\theta(x_n) = \frac{1}{(2\pi\sigma^2)^{n/2}}e^{-\frac{\sum_{i=1}^n(x_i-\mu)^2}{2\sigma^2}}$$

$$ln\, L(X,\theta) = -\frac{n}{2}ln(2\pi\sigma^2) - \frac{\sum_{i=1}^n(x_i-\mu)^2}{2\sigma^2}$$

Derivando con respecto a μ e igualando a 0:

$$\frac{\partial}{\partial\mu}ln\, L(X,\theta) = 2\frac{\sum_{i=1}^n(x_i-\mu)}{2\sigma^2} = 0 \Rightarrow \sum_{i=1}^n(x_i-\mu) = 0$$

$$\sum_{i=1}^n x_i - n\mu = 0 \Rightarrow \hat{\mu} = \frac{\sum_{i=1}^n x_i}{n} = \bar{X}$$

Es decir, el estimador maximoverosímil de la esperanza poblacional es la media muestral.

Por otra parte, derivando con respecto de σ^2 se obtiene:

$$\frac{\partial}{\partial\sigma^2}ln\, L(X,\theta) = -\frac{n}{2}\frac{2\pi}{2\pi\sigma^2} + \frac{\sum_{i=1}^n(x_i-\mu)^2}{2\sigma^4} = -\frac{n}{2\sigma^2} + \frac{\sum_{i=1}^n(x_i-\mu)^2}{2\sigma^4}$$

Igualando a 0 y considerando que $\hat{\mu} = \bar{X}$, se obtiene:

$$\hat{\sigma}^2 = \frac{\sum_{i=1}^{n}(x_i - \bar{x})^2}{n} = S^2$$

Es decir, el estimador maximoverosímil de la varianza poblacional es la varianza muestral.

Estos resultados coinciden con los que acabamos de obtener por el método de los momentos.

Ejemplo 8.10

Obtener un estimador maximoverosímil del parámetro a de la variable aleatoria definida en el ejemplo 8.7.

Veamos primeramente cuál es $L(X, \theta)$:

$$f_\theta(x) = \begin{cases} \frac{1}{a}, & x \in [0, a] \\ 0, & x \notin [0, a] \end{cases}$$

$$L(X, \theta) = \begin{cases} \frac{1}{a^n}, & si\ \forall i\ x_i \in [0, a] \\ 0, & si\ \exists i\ x_i \notin [0, a] \end{cases}$$

es decir:

$$L(X, \theta) = \begin{cases} \frac{1}{a^n}, & si\ a \geq max(x_i) \\ 0, & en\ otro\ caso \end{cases}$$

Si procedemos alegremente y escribimos $L(X, \theta) = \frac{1}{a^n}$, al derivar obtenemos:

$$\frac{\partial}{\partial a}L(X, \theta) = \frac{-n}{a^{n+1}}$$

que no se anula nunca (a tendría que tomar un valor infinito), lo que podría llevarnos a concluir, erróneamente, que no existe el estimador de máxima verosimilitud.

En realidad, la derivada de $L(X, \theta)$ vale $\frac{-n}{a^{n+1}}$ cuando a es mayor que todos los x_i (o sea, cuando es mayor que el máximo de ellos) y vale 0 en otro caso. Esa derivada es negativa en todo el intervalo a la derecha de $max(x_i)$, lo que significa que la función L es decreciente en el intervalo y por tanto alcanzará su valor máximo en el extremo inferior, que es precisamente el máximo de los valores x_i. El estimador maximoverosímil es, pues, $\hat{a} = max(X_i)$.

Este resultado es diferente del que hemos obtenido por el método de los momentos en el ejemplo 8.7: $\hat{a} = 2\bar{X}$.

De ambos estimadores es preferible el de menor error (este cálculo se realiza más adelante).

Este estimador, aun siendo maximoverosímil, no parece ser un estimador apropiado de a. En efecto, $\hat{a} = max(X_i) \leq a$ con probabilidad 1, por lo que resulta obvio que $\hat{a} = max(X_i)$ tiende a subestimar el valor de a. Véase el ejercicio resuelto un poco más adelante.

El estimador maximoverosimil no siempre existe, como se pone de manifiesto en el ejemplo siguiente.

Ejemplo 8.11

Nos planteamos ahora la obtención de un estimador maximoverosimil para la amplitud del intervalo de una distribución uniforme, como en el caso del ejemplo 8.10 anterior, pero utilizando como función de densidad la siguiente:

$$f_\theta(x) = \begin{cases} \frac{1}{a}, & x \in (0, a) \\ 0, & x \notin (0, a) \end{cases}$$

Es decir, utilizamos las desigualdades débiles de la función f_θ del ejemplo anterior. Puesto que:

$$p(X = 0) = p(X = 1) = 0$$

la nueva función (la que utiliza las desigualdades débiles) es también una función de densidad de la variable aleatoria X.

Entonces, el estimador maximoverosímil de a será un valor tal que $a > x_i \ \forall i$ y que maximiza el cociente $\frac{1}{a^n}$. Pero en un intervalo abierto por la derecha no hay un valor máximo. Por tanto, el estimador maximoverosímil no existe.

El estimador maximoverosímil, cuando existe, no tiene por qué ser único, según se demuestra en el ejemplo siguiente.

Ejemplo 8.12

Sea de nuevo el caso de una población uniforme en el intervalo $[a, a+1]$, donde a es un parámetro desconocido. Sea una muestra aleatoria simple de tamaño n. La función de verosimilitud resulta:

$$L(X, a) = 1, \quad a \leq x_i \leq (a+1) \ \forall i$$

La condición de que $a \leq x_i \ \forall i$ equivale a que $a \leq min(x_i)$. Análogamente, la condición $x_i \leq (a+1) \ \forall i$ equivale a:

$$max(x_i) \leq a + 1 \Leftrightarrow a \geq max(x_i) - 1$$

Por tanto, la función de verosimilitud adopta la forma:

$$L(X, a) = \begin{cases} 1^n = 1, & max(x_i) - 1 \leq a \leq min(x_i) \\ 0, & en\ otro\ caso \end{cases}$$

Entonces, es posible encontrar un estimador que hace máxima la función de verosimilitud para cualquier valor del intervalo:

$$max(x_i) - 1 \leq a \leq min(x_i)$$

Lo que demuestra que en este caso el estimador maximoverosímil no está especificado unívocamente.

Los estimadores maximoverosímiles gozan de las propiedades siguientes[4]:

- Sesgo. Los estimadores maximoverosímiles son, en general, insesgados.
  Sin embargo, si son sesgados, son asintóticamente centrados.

- Consistencia. Generalmente, los estimadores maximoverosímiles son consistentes. Si el estimador maximoverosímil es sesgado, al ser consistente será asintóticamente centrado, ya que T_n converge al parámetro θ.

- Normalidad. Los estimadores maximoverosímiles son asintóticamente normales con esperanza θ.

8.7.4. Comparación de los dos métodos

Según acabamos de ver, el método de los momentos y de la máxima verosimilitud coinciden en el caso de la estimación de la esperanza y varianza de poblaciones normales, pero no coinciden en el caso de la amplitud del intervalo de una variable aleatoria uniforme. Ello corrobora la consideración anterior acerca de que los resultados de ambos métodos son con frecuencia coincidentes, sin que ello pueda ser elevado a categoría universal.

A menudo, cuando los dos métodos no coinciden en sus resultados, la estimación maximoverosímil (más complicada en sus cálculos) conduce a estimadores de menor riesgo que el método de los momentos (más sencillo desde el punto de vista operativo), sin que pueda enunciarse una regla general en ese sentido. Sin embargo, también ha quedado demostrado que, en el caso de la amplitud del intervalo de una distribución uniforme, el estimador maximoverosímil $Max(x_i)$ no es apropiado porque tiende a subestimar el valor de a, resultando que puede llegar a ser rechazado cuando se contrasta una hipótesis del tipo $H_0 : a = max(x_i)$.[5]

Como ya se ha indicado, a la hora de comparar dos estimadores para elegir el mejor, la regla general es que no hay reglas generales que permitan establecer

---

[4]Véase "Fundamentos de Inferencia Estadística"(Ruiz-Maya L. y Martín Pliego J.M., 2000)

[5]El contraste de hipótesis se estudia en los capítulos 10 y 11.

que un tipo de estimador es siempre mejor que otro. Ello lleva, por tanto, a la necesidad de decidir en cada caso concreto calculando el riesgo o error de los estimadores para elegir el de menor valor.

Esto quiere decir que no es posible predecir de antemano si los estimadores obtenidos por el método de los momentos son mejores que los estimadores maximoverosímiles o viceversa.

Ejercicio resuelto.

Una variable aleatoria, X, sigue una distribución uniforme en un intervalo $[0, l]$, cuya longitud, l, queremos estimar usando una muestra aleatoria $(X_1, \ldots, X_n)$. El estimador del método de los momentos es $2\bar{X}$, y el de máxima verosimilitud es $M = max(X_1, \ldots, X_n)$. Se quieren estudiar su sesgo y su varianza, así como el error cuadrático total.

En primer lugar, recordemos que $E[X] = \frac{l}{2}$ y $V[X] = \frac{l^2}{12}$.

De ahí se sigue que $E[\bar{X}] = E[X] = \frac{l}{2}$ y $V[\bar{X}] = \frac{1}{n} \cdot V[X] = \frac{l^2}{12n}$, por lo que $E[2\bar{X}] = 2E[\bar{X}] = l$ y $V[2\bar{X}] = 4V[\bar{X}] = \frac{l^2}{3n}$, que tiende a 0 cuando n tiende a infinito. El primer estimador es centrado y consistente.

Para estudiar el segundo estimador, conviene empezar calculando su función de distribución:

$$F(x) = p(M \leq x) = p(X_k \leq x \ \forall k) = \prod_1^n p(X_k \leq x)$$

que vale 0 si $x < 0$, $(x/l)^n$ si $0 < x < l$, y 1 si $x > l$.

Derivando, tenemos la función de densidad de M: $f(x)$ vale nx^{n-1}/l^n si $x \in [0, l]$ y 0 fuera de ese intervalo.

La esperanza de M es ahora fácil de calcular:

$$E[M] = \int_0^l nx^n/l^n dx = \frac{n}{n+1}l \neq l$$

El estimador M es sesgado, con $b(M) = \frac{-l}{n+1}$.

$$E[M^2] = \int_0^l nx^{n+1}/l^n dx = \frac{n}{n+2}l^2 \Rightarrow V[M] = \frac{nl^2}{(n+2)(n+1)^2}$$

El estimador M es consistente, pues tanto su varianza como su sesgo tienden a 0 cuando n tiende a infinito.

El error cuadrático medio de M es:

$$b(M)^2 + V[M] = \frac{l^2}{(n+1)^2} + \frac{nl^2}{(n+2)(n+1)^2} = \frac{2l^2}{(n+2)(n+1)}$$

que es menor que el del otro estimador (a pesar de que M no es centrado y aquel sí que lo es).

Del mismo modo que el estimador sesgado S^2 de la varianza se modifica para dar el estimador insesgado $\hat{S}^2 = \frac{n}{n-1}S^2$, podemos corregir el estimador M y pensar en $\hat{M} = \frac{n+1}{n}M$, que tendrá esperanza l, y será por ello un estimador centrado de la longitud del intervalo.

La varianza del nuevo estimador es obvia:

$$V[\hat{M}] = \frac{(n+1)^2}{n^2}V[M] = \frac{l^2}{n(n+2)}$$

que es menor que el error cuadrático medio de M (es aproximadamente la mitad), y que el del estimador primero, desde luego.

En conclusión, el último estimador puede considerarse mejor que los dos anteriores. Además, parece un estimador más lógico, pues da un valor algo superior al máximo de los observados (y es absurdo suponer que la longitud del intervalo coincidirá con el mayor de los valores observados: lo natural es pensar que lo excederá en alguna medida).

8.8. Recapitulación

Este capítulo y el siguiente están dedicados a la estimación. En éste estudiamos la estimación puntual, dejando para el próximo la estimación por intervalos de confianza.

Empezamos definiendo qué es un estimador para un parámetro y descomponiendo el error total que se comete en dos partes: una es la varianza del estimador y la otra es el cuadrado de su sesgo. Un estimador será tanto mejor cuanto menores sean esos errores. Se siguen de ahí dos cualidades deseables: que el estimador sea centrado (o al menos asintóticamente centrado) y que sea consistente.

No hay que confundir un estimador con una estimación: el primero es una variable aleatoria construida a partir de una muestra aleatoria simple, es decir, es un estadístico muestral; la segunda es un valor numérico, el que adopta el estimador cuando la muestra toma unos valores concretos.

Para construir estimadores disponemos de dos métodos sencillos: el de los momentos y el de máxima verosimilitud. Este último requiere calcular la función de verosimilitud de la muestra y encontrar su máximo, para lo que suele ser útil derivarla (a menudo, después de haber tomado su logaritmo). En ocasiones, los dos métodos producen el mismo estimador, pero no siempre es así.

8.9. Ejercicios propuestos

1. Sea a un número positivo.

   - Demuestre que la función f dada por

   $$f(x) = \begin{cases} 2x/a^2 & x \in [0, a] \\ 0 & x \notin [0, a] \end{cases}$$

   es una función de densidad.

   - Estime el parámetro a por el método de los momentos y por el de máxima verosimilitud.

2. Dada una población definida por una variable aleatoria continua con función de densidad

   $$f(x) = \begin{cases} 2kxe^{-kx^2} & x \geq 0 \\ 0 & x < 0 \end{cases}$$

   - ¿Qué valores puede tomar k para que f sea función de densidad?
   - Obtenga un estimador del parámetro k por el método de máxima verosimilitud.

3. Sea X una variable aleatoria con función de densidad:

   $$f(x) = \begin{cases} (\theta + 1)x^\theta & x \in [0, 1] \\ 0 & x \notin [0, 1] \end{cases}$$

   - Determine los valores que puede tomar θ para que f sea una función de densidad.
   - Construya el estimador de θ por el método de los momentos.
   - Construya el estimador de θ por el método de máxima verosimilitud.
   - Si se toma una muestra de tamaño 5 y los valores de la misma son $1/4, 1/3, 1/2, 2/3, 3/4$, ¿cuáles son las estimaciones de θ que resultan?

4. Dado un número positivo a y una población definida por una variable aleatoria continua con función de densidad:

$$f(x) = \begin{cases} \frac{x}{a^2} e^{\frac{-x}{a}} & x \geq 0 \\ 0 & x < 0 \end{cases}$$

- Obtenga un estimador del parámetro a por el método de los momentos y por el método de máxima verosimilitud.

- Discuta si los estimadores obtenidos son centrados y si son consistentes.

5. Comparación de los estimadores S^2 y $\hat{S}^2$ para la varianza poblacional.

- Calcule el sesgo, la varianza y el error total de S^2 como estimador de σ^2. Suponga que se trata de una población normal.

- Haga lo propio para $\hat{S}^2$ como estimador de σ^2.

- Compare los resultados.

6. Compare los estimadores $\bar{X} = \frac{\sum_1^n X_j}{n}$ y $\hat{p} = \frac{1 + \sum_1^n X_j}{n+2}$ para el parámetro p de una variable aleatoria de Bernoulli.

Capítulo 9

ESTIMACIÓN POR INTERVALOS DE CONFIANZA

Contenido

9.1.   Introducción

Los métodos que hemos estudiado en el capítulo anterior permiten construir estimadores que, aplicados sobre los valores de una muestra aleatoria
simple, dan lugar a estimaciones puntuales de los parámetros poblacionales
desconocidos. Dichas estimaciones se valoran mediante el concepto de error o
riesgo y quedan caracterizadas a través de un conjunto de propiedades.

Sin embargo, existe otra manera de abordar a partir de una muestra aleatoria simple el problema de la incertidumbre que nos genera el desconocimiento
de ciertos parámetros poblacionales y consiste en obtener, no una estimación
puntual, sino un intervalo que contenga el parámetro desconocido con una
determinada probabilidad fijada previamente.

9.2.   Concepto de intervalo de confianza

El problema queda planteado en los términos siguientes:

Sea X una variable aleatoria con función de densidad $f(x, \theta)$ dependiente
de un parámetro θ desconocido.

Sea $(X_1, X_2, \ldots, X_n)$ ó $(\mathbf{X})$ una muestra aleatoria simple que adopta un
valor concreto $(x_1, x_2, \ldots, x_n)$ ó $(\mathbf{x})$.

Como se acaba de indicar, el objetivo es encontrar a partir de $(\mathbf{X})$ un
intervalo I_α del que podamos asegurar que contiene el parámetro θ con una
probabilidad determinada $(1 - \alpha)$:

$$X = (X_1, X_2, \ldots, X_n) \Rightarrow I_\alpha = [I_i(X), I_s(X)] \ tal \ que \ p(\theta \in I_\alpha) = 1 - \alpha$$

El intervalo I_α (cuyos extremos inferior (I_i) y superior (I_s) son estadísticos
muestrales, es decir, variables aleatorias), se denomina intervalo de confianza.
Se trata de un intervalo donde confiamos que se encuentre el valor del parámetro θ desconocido. La probabilidad $1 - \alpha$ recibe el nombre de *nivel de confianza*
y su complementaria, α, *nivel de significación*.

La expresión anterior no debe interpretarse como que existe una probabilidad de $1 - \alpha$ de que el parámetro θ adopte un valor de I_α, sino que $1 - \alpha$ es la probabilidad de que I_α incluya el verdadero valor del parámetro θ desconocido antes de extraer la muestra y de que la variable aleatoria $(\mathbf{X})$ adopte un valor concreto $(\mathbf{x})$. Cuando extraemos la muestra y $(\mathbf{X})$ adopta el valor $(\mathbf{x})$, I_α se transforma en un intervalo concreto y entonces la probabilidad de que ese intervalo concreto contenga a θ será 1 (en el caso de que realmente θ esté dentro de ese intervalo) ó 0 (en el caso de que no esté).

Para ilustrar este razonamiento veamos el siguiente ejemplo [1]

Ejemplo 9.1

Un estudiante se examina de un programa de 100 lecciones, de las que sólo hay una que no sabe y cuyo número no recuerda. Se examina sacando una bola y desarrollando la lección que le ha correspondido. Si la sabe, aprueba y si no, suspende.

En esas condiciones, este estudiante tiene una probabilidad del $0,99$ de aprobar la asignatura antes de sacar la bola. Sin embargo, después de sacar la bola, la probabilidad ya no es de $0,99$, sino de 1, si la lección elegida es de las que se sabe, o 0 si es de las que no se sabe.

Ahora bien, mientras consulta el programa, él tiene una confianza de $0,99$ de que aprobará, ya que antes de sacar la bola tenía una probabilidad de $0,99$ de obtener una bola cuya lección correspondiente se sabía.

Los conceptos de nivel de confianza y nivel de significación (que adquirirán un significado más preciso cuando estudiemos en el capítulo siguiente el contraste de hipótesis estadísticas) son, además de complementarios, contrapuestos. Una elevada confianza implica una baja significación y una baja confianza trae consigo una elevada significación.

Es decir, cuando se trata de construir un intervalo con una confianza muy elevada, su significación será muy reducida ya que, para cumplir el requisito de

---

[1]Por su claridad se reproduce el ejemplo al respecto debido a Arnáiz y referido en Fundamentos de Inferencia Estadística (Ruiz-Maya L. y Martín Pliego F.J., 2000).

la probabilidad, el intervalo resultará excesivamente amplio, conteniendo, por tanto, muchos otros valores diferentes del verdadero. En el caso límite, a una confianza del 100 % corresponde una significación del 0 %, ya que el intervalo resultante es $(-\infty, +\infty)$.

Ejemplo 9.2

Si queremos construir un intervalo con una confianza del 100 % (lo que implica una significación del 0 %) obtendremos, lógicamente, el intervalo $(-\infty, +\infty)$. Este intervalo es seguro que contiene el valor de θ, pero resulta nada significativo porque además contiene el resto de números reales diferentes del valor de θ, es decir, muchos valores equivocados.

Si reducimos la confianza tendremos una menor probabilidad de que el intervalo contenga el valor de θ, pero aumentaremos la significación porque reduciremos el número de valores equivocados dentro del intervalo.

Existen autores que interpretan el concepto de confianza como la proporción de todas las muestras posibles que dan lugar a intervalos que contienen el valor de θ.

9.3. Construcción de intervalos de confianza

La construcción de intervalos de confianza ha seguido tradicionalmente las pautas que se explican a continuación. Se trata de un método que se apoya en el cumplimiento de una serie de condiciones previas sin las cuales no es posible alcanzar el objetivo buscado. Existen métodos innovadores de aplicación universal que superan estas limitaciones, pero que exceden el alcance de este libro (métodos de simulación)[2].

---

[2]Véase Teoría de Muestras e Inferencia Estadística. Elementos de estadística aplicada (Muruzábal, J.J., 2014).

9.3.1.   Fundamentos del método convencional

Sea una variable aleatoria con densidad $f(x, \theta)$ dependiente de un parámetro θ desconocido.

Sea una muestra aleatoria simple $(\mathbf{X})$ que adopta un valor concreto $(\mathbf{x})$.

La construcción de un intervalo de confianza para θ requiere encontrar un estadístico muestral $T(\mathbf{X}, \theta) = T(X_1, X_2, \ldots, X_n, \theta)$, que cumpla las dos condiciones siguientes:

- Es una función monótona creciente o decreciente con θ.

- Tiene una distribución de probabilidad independiente de θ.

En efecto, en esas condiciones es posible encontrar a partir de la distribución de $T(\mathbf{X}, \theta)$ un intervalo (t_1, t_2) que cumpla la condición:

$$p[t_1 \leq T(\mathbf{X}, \theta) \leq t_2] = 1 - \alpha$$

Al ser $T(\mathbf{X}, \theta)$ una función monótona creciente o decreciente con θ es posible (mediante la función inversa $T^{-1}(\mathbf{X}, \theta)$) transformar la ecuación anterior en otra (basta con despejar θ en las desigualdades anteriores):

$$p[\theta_1(X, t_1) \leq \theta \leq \theta_2(X, t_2)] = 1 - \alpha$$

De manera que el intervalo buscado es:

$$I_\alpha = [\theta_1(X, t_1), \theta_2(X, t_2)]$$

Por tanto, según este método, la construcción de intervalos de confianza queda restringida a los casos en que se pueda encontrar el estadístico $T(\mathbf{X}, \theta)$ antes citado.

Las propiedades de los estadísticos muestrales que hemos analizado en el capítulo 7 ofrecen una base de partida muy interesante en relación con el estadístico $T(\mathbf{X}, \theta)$ en que se apoya el método que acabamos de explicar.

Estas propiedades se apoyan, principalmente, en las dos consideraciones siguientes: normalidad de la variable aleatoria media muestral y teorema de Fisher. Ambas consideraciones toman como requisito previo que la población muestreada sea normal, es decir, se encuadran dentro de lo que hemos llamado "Estadística paramétrica".

En el caso de la "Estadística no paramétrica" (es decir, cuando no podemos contar con la hipótesis de normalidad de la población muestreada) uno de los escasos recursos disponibles se refiere a la hipótesis de normalidad de la variable aleatoria media muestral si la muestra es de tamaño grande ($n > 30$).

Por tanto, la construcción de intervalos de confianza encuentra una cierta cantidad de recursos estadísticos si la población o poblaciones muestreadas son normales ("Estadística paramétrica").

Por su parte, la "Estadística no paramétrica" encuentra muchas limitaciones a la hora de aplicar estas técnicas y requiere muestras superiores.

9.3.2. Consideraciones sobre el intervalo (t_1, t_2)

Como acabamos de ver, el método expuesto se apoya en un intervalo (t_1, t_2) con una probabilidad $1 - \alpha$, obtenido a partir de la distribución del estadístico $T(\mathbf{X}, \theta)$.

Conocida la distribución de $T(\mathbf{X}, \theta)$, existen infinitos intervalos con una probabilidad dada (en este caso, $1 - \alpha$). En efecto, desde el intervalo $(-\infty, t_a)$ obtenido como sigue:

$$(-\infty, t_a) \text{ tal que } p[-\infty \leq T(\mathbf{X}, \theta) \leq t_a] = 1 - \alpha$$

hasta el intervalo $(t_b, +\infty)$:

$$(t_b, +\infty) \text{ tal que } p[t_b \leq T(\mathbf{X}, \theta) \leq +\infty] = 1 - \alpha$$

es posible encontrar una cantidad infinita y no numerable de intervalos (t_1, t_2) que cumplan la condición citada:

$$(t_1, t_2) \text{ tal que } p[t_1 \leq T(\mathbf{X}, \theta) \leq t_2] = 1 - \alpha$$

sin más que ir deslizando el extremo izquierdo del primer intervalo $(-\infty)$ hasta alcanzar el valor t_1 anterior, con lo cual (y para cumplir con la condición de que la probabilidad sea $1 - \alpha$) el extremo derecho de ese mismo intervalo (t_a) irá asimismo deslizándose hasta alcanzar el valor $+\infty$. Cualquier par de esos valores $t_1 \in (-\infty, t_a)$ y $t_2 \in (t_b, +\infty)$ define un intervalo (t_1, t_2) como el que buscamos.

En estas condiciones, ¿qué intervalo (t_1, t_2) debemos utilizar? En el capítulo 10 siguiente nos plantearemos esa misma pregunta. Ahora, a efectos del caso que nos ocupa, podemos razonar de la forma siguiente.

Es evidente que el intervalo de confianza buscado debe tener la menor amplitud posible (ello reduce el número de valores diferentes al de θ que contiene y aumenta la precisión de la estimación). Esta condición conduce directamente a que el intervalo (t_1, t_2) tenga también la menor amplitud posible (ya que este intervalo es la base sobre la que se construye el intervalo de confianza buscado).

Por tanto, el intervalo complementario (el de probabilidad α) deberá tener la mayor amplitud posible, lo que significa que debe ser construido sobre los valores de T con menor densidad de probabilidad.

Así, el intervalo (t_1, t_2) se construirá de la manera siguiente:

- Partimos de la probabilidad $1 - \alpha$ prefijada.

- Tomaremos la mitad de la probabilidad complementaria $(\alpha/2)$ a cada lado de la distribución de $T(\mathbf{X}, \theta)$, sobre los extremos de menor densidad de probabilidad.

- El extremo derecho (t_1) del intervalo izquierdo y el extremo izquierdo (t_2) del intervalo derecho forman el intervalo (t_1, t_2) buscado.

9.4. Intervalos de confianza para parámetros de distribuciones normales

9.4.1. Esperanza de una distribución normal con desviación típica conocida

Sea una población normal $X \sim N(\mu, \sigma)$ con esperanza desconocida y desviación típica conocida. Para calcular un intervalo de confianza para μ utilizaremos el estadístico siguiente:

$$T(\mathbf{X}, \mu) = \frac{\bar{X} - \mu}{\sigma / \sqrt{n}}$$

Siendo n el tamaño de la muestra y $\bar{X}$ la variable aleatoria media muestral, que sigue una normal $\bar{X} \sim N(\mu, \sigma / \sqrt{n})$, por lo que $T(\mathbf{X}, \mu) = \frac{\bar{X} - \mu}{\sigma / \sqrt{n}} \sim N(0, 1)$.

Por tanto, de acuerdo con lo explicado anteriormente, será fácil encontrar el intervalo $(-z_{\alpha/2}, z_{\alpha/2})$ que cumpla la condición siguiente:

$$p(-z_{\alpha/2} \leq \frac{\bar{X} - \mu}{\sigma / \sqrt{n}} \leq z_{\alpha/2}) = 1 - \alpha$$

de manera que despejando μ tenemos:

$$p(\bar{X} - z_{\alpha/2} \frac{\sigma}{\sqrt{n}} \leq \mu \leq \bar{X} + z_{\alpha/2} \frac{\sigma}{\sqrt{n}}) = 1 - \alpha$$

con lo que el intervalo buscado es:

$$I_\alpha = \left[\bar{X} - z_{\alpha/2} \frac{\sigma}{\sqrt{n}}, \bar{X} + z_{\alpha/2} \frac{\sigma}{\sqrt{n}} \right]$$

9.4.2. Esperanza de una distribución normal con desviación típica desconocida

Sea una población normal $X \sim N(\mu, \sigma)$ con esperanza desconocida y desviación típica también desconocida. Para calcular un intervalo de confianza para μ utilizaremos el estadístico siguiente:

$$T(\mathbf{X}, \mu) = \frac{\bar{X} - \mu}{S/\sqrt{n-1}}$$

siendo n el tamaño de la muestra, $\bar{X}$ la variable aleatoria media muestral y S la variable aleatoria desviación típica muestral. El estadístico $T(\mathbf{X}, \mu)$ sigue una t de Student con $n-1$ grados de libertad:

$$T(\mathbf{X}, \mu) = \frac{\bar{X} - \mu}{S/\sqrt{n-1}} \sim t_{n-1}$$

Por tanto, de acuerdo con lo explicado anteriormente, será fácil encontrar el intervalo $(-t_{\alpha/2}, t_{\alpha/2})$ que cumpla la condición siguiente:

$$p(-t_{\alpha/2} \leq \frac{\bar{X} - \mu}{S/\sqrt{n-1}} \leq t_{\alpha/2}) = 1 - \alpha$$

de manera que despejando μ tenemos:

$$p(\bar{X} - t_{\alpha/2}\frac{S}{\sqrt{n-1}} \leq \mu \leq \bar{X} + t_{\alpha/2}\frac{S}{\sqrt{n-1}}) = 1 - \alpha$$

con lo que el intervalo buscado es:

$$I_\alpha = \left[\bar{X} - t_{\alpha/2}\frac{S}{\sqrt{n-1}}, \bar{X} + t_{\alpha/2}\frac{S}{\sqrt{n-1}}\right]$$

9.4.3. Varianza de una distribución normal

Sea una población normal $X \sim N(\mu, \sigma)$ con varianza desconocida. Para calcular un intervalo de confianza para σ^2 utilizaremos el estadístico siguiente:

$$T(\mathbf{X}, \sigma^2) = \frac{nS^2}{\sigma^2}$$

siendo n el tamaño de la muestra y S^2 la variable aleatoria varianza muestral. De acuerdo con el teorema de Fisher, el estadístico $T(\mathbf{X}, \sigma^2)$ sigue una χ^2 de Student con $n-1$ grados de libertad:

$$T(\mathbf{X}, \sigma^2) = \frac{nS^2}{\sigma^2} \sim \chi^2_{n-1}$$

Por tanto, de acuerdo con lo explicado anteriormente, será fácil encontrar el intervalo $(\epsilon_{1\alpha}, \epsilon_{2\alpha})$ que cumpla la condición siguiente:

$$p(\epsilon_{1\alpha} \leq \frac{nS^2}{\sigma^2} \leq \epsilon_{2\alpha}) = 1 - \alpha$$

de manera que despejando σ^2 tenemos:

$$p\left(\frac{nS^2}{\epsilon_{2\alpha}} \leq \sigma^2 \leq \frac{nS^2}{\epsilon_{1\alpha}}\right) = 1 - \alpha$$

con lo que el intervalo buscado es:

$$I_\alpha = \left[\frac{nS^2}{\epsilon_{2\alpha}}, \frac{nS^2}{\epsilon_{1\alpha}}\right]$$

9.4.4. Diferencia de esperanzas de dos poblaciones normales con varianzas conocidas

Sean dos poblaciones normales independientes con esperanzas desconocidas y varianzas conocidas:

$$X \sim N(\mu_X, \sigma_X) \quad , \quad Y \sim N(\mu_Y, \sigma_Y)$$

Para calcular un intervalo de confianza para $\mu_X - \mu_Y$ utilizaremos el estadístico siguiente:

$$T(\mathbf{X}, \mu_X - \mu_Y) = \frac{(\bar{X} - \bar{Y}) - (\mu_X - \mu_Y)}{\sqrt{\frac{\sigma_X^2}{n_X} + \frac{\sigma_Y^2}{n_Y}}}$$

siendo n_X y n_Y los tamaños de las muestras y $\bar{X} - \bar{Y}$ la variable aleatoria diferencia de medias muestrales. El estadístico $T(\mathbf{X}, \mu_X - \mu_Y)$ sigue una normal tipificada, puesto que la diferencia de medias muestrales sigue una normal $N\left(\mu_X - \mu_Y, \sqrt{\frac{\sigma_X^2}{n_X} + \frac{\sigma_Y^2}{n_Y}}\right)$:

$$T(\mathbf{X}, \mu_X - \mu_Y) = \frac{(\bar{X} - \bar{Y}) - (\mu_X - \mu_Y)}{\sqrt{\frac{\sigma_X^2}{n_X} + \frac{\sigma_Y^2}{n_Y}}} \sim N(0, 1)$$

Por tanto, de acuerdo con lo explicado anteriormente, será fácil encontrar el intervalo $(-z_{\alpha/2}, z_{\alpha/2})$ que cumpla la condición siguiente:

$$p\left(-z_{\alpha/2} \leq \frac{(\bar{X} - \bar{Y}) - (\mu_X - \mu_Y)}{\sqrt{\frac{\sigma_X^2}{n_X} + \frac{\sigma_Y^2}{n_Y}}} \leq z_{\alpha/2}\right) = 1 - \alpha$$

de manera que despejando $\mu_X - \mu_Y$ tenemos:

$$p\left((\bar{X} - \bar{Y}) - z_{\alpha/2}\sqrt{\frac{\sigma_X^2}{n_X} + \frac{\sigma_Y^2}{n_Y}} \leq \mu_X - \mu_Y \leq (\bar{X} - \bar{Y}) + z_{\alpha/2}\sqrt{\frac{\sigma_X^2}{n_X} + \frac{\sigma_Y^2}{n_Y}}\right) = 1 - \alpha$$

con lo que el intervalo buscado es:

$$I_\alpha = \left[(\bar{X} - \bar{Y}) - z_{\alpha/2}\sqrt{\frac{\sigma_X^2}{n_X} + \frac{\sigma_Y^2}{n_Y}}, (\bar{X} - \bar{Y}) + z_{\alpha/2}\sqrt{\frac{\sigma_X^2}{n_X} + \frac{\sigma_Y^2}{n_Y}}\right]$$

9.4.5. Diferencia de esperanzas de dos poblaciones normales con varianzas desconocidas e iguales

Sean dos poblaciones normales independientes con esperanzas desconocidas y varianzas desconocidas pero iguales: $X \sim N(\mu_X, \sigma)$, $Y \sim N(\mu_Y, \sigma)$

Para calcular un intervalo de confianza para $\mu_X - \mu_Y$ utilizaremos el estadístico siguiente:

$$T(\mathbf{X}, \mu_X - \mu_Y) = \frac{(\bar{X} - \bar{Y}) - (\mu_X - \mu_Y)}{\sqrt{\frac{1}{n_X} + \frac{1}{n_Y}}\sqrt{\frac{n_X S_X^2 + n_Y S_Y^2}{n_X + n_Y - 2}}}$$

siendo n_X y n_Y los tamaños de las muestras, $\bar{X} - \bar{Y}$ la variable aleatoria diferencia de medias muestrales y S_X^2, S_Y^2 las variables aleatorias varianza muestral de una y otra. El estadístico $T(\mathbf{X}, \mu_X - \mu_Y)$ sigue una distribución t de Student con $n_X + n_Y - 2$ grados de libertad:

$$T(\mathbf{X}, \mu_X - \mu_Y) = \frac{(\bar{X} - \bar{Y}) - (\mu_X - \mu_Y)}{\sqrt{\frac{1}{n_X} + \frac{1}{n_Y}}\sqrt{\frac{n_X S_X^2 + n_Y S_Y^2}{n_X + n_Y - 2}}} \sim t_{n_X + n_Y - 2}$$

Por tanto, de acuerdo con lo explicado anteriormente, será fácil encontrar el intervalo $(-t_{\alpha/2}, t_{\alpha/2})$ que cumpla la condición siguiente:

$$p(-t_{\alpha/2} \leq \frac{(\bar{X} - \bar{Y}) - (\mu_X - \mu_Y)}{\sqrt{\frac{1}{n_X} + \frac{1}{n_Y}}\sqrt{\frac{n_X S_X^2 + n_Y S_Y^2}{n_X + n_Y - 2}}} \leq t_{\alpha/2}) = 1 - \alpha$$

de manera que despejando $\mu_X - \mu_Y$ tenemos:

$$p((\bar{X} - \bar{Y}) - t_{\alpha/2}\sqrt{\frac{n_X S_X^2 + n_Y S_Y^2}{n_X + n_Y - 2}}\sqrt{\frac{1}{n_X} + \frac{1}{n_Y}} \leq \mu_X - \mu_Y \leq$$

$$\leq (\bar{X} - \bar{Y}) + t_{\alpha/2}\sqrt{\frac{n_X S_X^2 + n_Y S_Y^2}{n_X + n_Y - 2}}\sqrt{\frac{1}{n_X} + \frac{1}{n_Y}}) = 1 - \alpha$$

con lo que el intervalo buscado es:

$$\left[(\bar{X} - \bar{Y}) \pm t_{\alpha/2}\sqrt{\frac{n_X S_X^2 + n_Y S_Y^2}{n_X + n_Y - 2}}\sqrt{\frac{1}{n_X} + \frac{1}{n_Y}} \right]$$

9.4.6. Cociente de varianzas de dos poblaciones normales independientes con esperanzas conocidas

Sean dos poblaciones normales independientes con esperanzas conocidas y varianzas desconocidas:

$$X \sim N(\mu_X, \sigma_X) \quad , \quad Y \sim N(\mu_Y, \sigma_Y)$$

Para calcular un intervalo de confianza para el cociente de las varianzas poblacionales, σ_Y^2/σ_X^2, utilizaremos el estadístico siguiente:

$$T(\mathbf{X}, \sigma_Y^2/\sigma_X^2) = \frac{\frac{(\bar{X}-\mu_X)^2}{\sigma_X^2/n_X}}{\frac{(\bar{Y}-\mu_Y)^2}{\sigma_Y^2/n_Y}}$$

siendo n_X y n_Y los tamaños de las muestras y $\bar{X}$ e $\bar{Y}$ las variable aleatorias medias muestrales. El estadístico $T(\mathbf{X}, \sigma_Y^2/\sigma_X^2)$ sigue una F de Fisher:

$$T(\mathbf{X}, \sigma_Y^2/\sigma_X^2) = \frac{\frac{(\bar{X}-\mu_X)^2}{\sigma_X^2/n_X}}{\frac{(\bar{Y}-\mu_Y)^2}{\sigma_Y^2/n_Y}} \sim F_{1,1}$$

Por tanto, de acuerdo con lo explicado anteriormente, será fácil encontrar el intervalo $(f_{1\alpha}, f_{2\alpha})$ que cumpla la condición siguiente:

$$p(f_{1\alpha} \leq \frac{\frac{(\bar{X}-\mu_X)^2}{\sigma_X^2/n_X}}{\frac{(\bar{Y}-\mu_Y)^2}{\sigma_Y^2/n_Y}} = \frac{(\bar{X}-\mu_X)^2 n_X \sigma_Y^2}{(\bar{Y}-\mu_Y)^2 n_Y \sigma_X^2} \leq f_{2\alpha}) = 1 - \alpha$$

de manera que despejando σ_Y^2/σ_X^2 tenemos:

$$p\left(f_{1\alpha}\frac{n_Y(\bar{Y}-\mu_Y)^2}{n_X(\bar{X}-\mu_X)^2} \leq \sigma_Y^2/\sigma_X^2 \leq f_{2\alpha}\frac{n_Y(\bar{Y}-\mu_Y)^2}{n_X(\bar{X}-\mu_X)^2}\right) = 1 - \alpha$$

con lo que el intervalo buscado es:

$$I_\alpha = \left[f_{1\alpha}\frac{n_Y(\bar{Y}-\mu_Y)^2}{n_X(\bar{X}-\mu_X)^2}, f_{2\alpha}\frac{n_Y(\bar{Y}-\mu_Y)^2}{n_X(\bar{X}-\mu_X)^2}\right]$$

9.4.7. Cociente de varianzas de dos poblaciones normales independientes con esperanzas desconocidas

Sean dos poblaciones normales independientes con esperanzas y varianzas desconocidas:

$$X \sim N(\mu_X, \sigma_X) \quad , \quad Y \sim N(\mu_Y, \sigma_Y)$$

Para calcular un intervalo de confianza para el cociente de las varianzas poblacionales, σ_Y^2/σ_X^2, utilizaremos el estadístico siguiente:

$$T(\mathbf{X}, \sigma_Y^2/\sigma_X^2) = \frac{\hat{S}_X^2}{\hat{S}_Y^2} \frac{\sigma_Y^2}{\sigma_X^2}$$

siendo n_X y n_Y los tamaños de las muestras y $\hat{S}_X^2$, $\hat{S}_Y^2$ las variable aleatorias cuasivarianzas muestrales. El estadístico $T(\mathbf{X}, \sigma_Y^2/\sigma_X^2)$ sigue una F de Fisher:

$$T(\mathbf{X}, \sigma_Y^2/\sigma_X^2) = \frac{\hat{S}_X^2}{\hat{S}_Y^2} \frac{\sigma_Y^2}{\sigma_X^2} \sim F_{n_X-1, n_Y-1}$$

Por tanto, de acuerdo con lo explicado anteriormente, será fácil encontrar el intervalo $(f_{1\alpha}, f_{2\alpha})$ que cumpla la condición siguiente:

$$p(f_{1\alpha} \leq \frac{\hat{S}_X^2}{\hat{S}_Y^2} \frac{\sigma_Y^2}{\sigma_X^2} \leq f_{2\alpha}) = 1 - \alpha$$

de manera que despejando σ_Y^2/σ_X^2 tenemos:

$$p \left(\frac{\hat{S}_Y^2}{\hat{S}_X^2} f_{1\alpha} \leq \sigma_Y^2/\sigma_X^2 \leq \frac{\hat{S}_Y^2}{\hat{S}_X^2} f_{2\alpha} \right) = 1 - \alpha$$

con lo que el intervalo buscado es:

$$I_\alpha = \left[\frac{\hat{S}_Y^2}{\hat{S}_X^2} f_{1\alpha}, \frac{\hat{S}_Y^2}{\hat{S}_X^2} f_{2\alpha} \right]$$

9.5. Intervalos de confianza para parámetros de distribuciones no normales

9.5.1. Esperanza de una población cualquiera con desviación típica conocida y muestras grandes

Sea X una población cualquiera con esperanza desconocida y desviación típica conocida. Para calcular un intervalo de confianza para μ utilizaremos el estadístico siguiente:

$$T(\mathbf{X}, \mu) = \frac{\bar{X} - \mu}{\sigma/\sqrt{n}}$$

siendo n el tamaño de la muestra (que deberá ser mayor que 30) y $\bar{X}$ la variable aleatoria media muestral, que sigue una normal $\bar{X} \sim N(\mu, \sigma/\sqrt{n})$, por lo que $T(\mathbf{X}, \mu) = \frac{\bar{X} - \mu}{\sigma/\sqrt{n}} \sim N(0, 1)$.

Por tanto, de acuerdo con lo explicado anteriormente, será fácil encontrar el intervalo $(-z_{\alpha/2}, z_{\alpha/2})$ que cumpla la condición siguiente:

$$p(-z_{\alpha/2} \leq \frac{\bar{X} - \mu}{\sigma/\sqrt{n}} \leq z_{\alpha/2}) = 1 - \alpha$$

de manera que despejando μ tenemos:

$$p(\bar{X} - z_{\alpha/2}\frac{\sigma}{\sqrt{n}} \leq \mu \leq \bar{X} + z_{\alpha/2}\frac{\sigma}{\sqrt{n}}) = 1 - \alpha$$

con lo que el intervalo buscado es:

$$I_\alpha = \left[\bar{X} - z_{\alpha/2}\frac{\sigma}{\sqrt{n}}, \bar{X} + z_{\alpha/2}\frac{\sigma}{\sqrt{n}}\right]$$

9.5.2. Proporción de éxitos en una población infinita o con muestreo con reemplazamiento

Ésta es una aplicación particular del caso que acabamos de ver, referido a la esperanza de una población considerando muestras grandes.

Sea una población de tamaño N (infinito o finito, pero con muestreo con reemplazamiento) en la que la proporción de elementos que cumplen una determinada característica, K, es p:

$$p = \frac{N_K}{N}$$

N_K es el número de elementos de la población que cumplen la característica K y $\frac{N_K}{N}$ es la proporción p correspondiente. Por tanto, podemos considerar que p es la proporción de un experimento de Bernoulli $B(1, p)$ con esperanza y varianza:

$$E(X) = p, \quad V(X) = p(1 - p)$$

Para calcular un intervalo de confianza para p utilizaremos el estadístico:

$$T(\mathbf{X}) = \frac{n_K}{n} = \bar{X}$$

definido como la proporción de elementos de una muestra aleatoria simple de tamaño n que cumplen dicha característica, K.

En cada uno de los n intentos de la muestra obtendremos el valor 0, si el elemento seleccionado no cumple la característica K, o 1, si cumple la característica K. Es decir, el valor n_K estará formado por la suma de ceros o unos, siendo $\bar{X}$ la media muestral de esos n valores. De acuerdo con el teorema central del límite (con $n > 30$), $\bar{X}$ se distribuye según una ley normal:

$$\bar{X} \sim N(\mu, \frac{\sigma}{\sqrt{n}}) = N\left(p, \sqrt{\frac{p(1-p)}{n}}\right)$$

siendo n el tamaño de la muestra ($n > 30$).

Por tanto, de acuerdo con lo explicado anteriormente, será fácil encontrar el intervalo $(-z_{\alpha/2}, z_{\alpha/2})$ que cumpla la condición siguiente:

$$p(-z_{\alpha/2} \leq \frac{\bar{X} - p}{\sqrt{p(1-p)/n}} \leq z_{\alpha/2}) = 1 - \alpha$$

De manera que, despejando p, tenemos:

$$p(\bar{X} - z_{\alpha/2}\sqrt{\frac{p(1-p)}{n}} \leq p \leq \bar{X} + z_{\alpha/2}\sqrt{\frac{p(1-p)}{n}}) = 1 - \alpha$$

Puede trabajarse sobre la expresión anterior para que los extremos de las desigualdades no dependan de p (parámetro poblacional desconocido) sino de $\bar{X}$ (estadístico muestral)[3] , obteniéndose la expresión:

$$p\left(p \in \frac{\bar{X} + \frac{z_{\alpha/2}^2}{2n} \pm z_{\alpha/2}\sqrt{\frac{\bar{X}(1-\bar{X})}{n} + \frac{z_{\alpha/2}^2}{4n^2}}}{1 + \frac{z_{\alpha/2}^2}{n}}\right) = 1 - \alpha$$

Debe diferenciarse la primera p fuera del corchete (probabilidad) de la p que está dentro del corchete (proporción de éxitos en la población), $p = \frac{N_K}{N}$. Sin embargo, cuando n es grande (ya hemos exigido esa condición al principio del razonamiento), se introducen errores muy pequeños si en la primera expresión (la que depende de p) se utiliza $\bar{X}$ en lugar de p, lo que conduce a:

$$p\left(\bar{X} - z_{\alpha/2}\sqrt{\frac{\bar{X}(1-\bar{X})}{n}} \leq p \leq \bar{X} + z_{\alpha/2}\sqrt{\frac{\bar{X}(1-\bar{X})}{n}}\right) = 1 - \alpha$$

Con lo que el intervalo buscado es:

$$I_\alpha = \left[\bar{X} - z_{\alpha/2}\sqrt{\frac{\bar{X}(1-\bar{X})}{n}}, \bar{X} + z_{\alpha/2}\sqrt{\frac{\bar{X}(1-\bar{X})}{n}}\right]$$

---

[3]Véase Probabilidad y Estadística (Muray R. Spigel Ph.D., 1977) (pág. 207, problema 6.27)

9.5.3.   Amplitud del intervalo de una distribución uniforme

Sea una población uniforme en $[0, a]$, intervalo de amplitud desconocida: a.

Dada una muestra aleatoria simple, $(\mathbf{X})$, para calcular un intervalo de confianza para a utilizaremos el estadístico $T(\mathbf{X}, a) = (maxX_i)/a$.

Como vimos en el capítulo anterior, este estadístico tiene la función de densidad siguiente:

$$f(t) = \begin{cases} nt^{n-1} & t \in [0, 1] \\ 0 & t \notin [0, 1] \end{cases}$$

En este caso, buscamos un intervalo de la forma $(a_\alpha, 1)$, puesto que la probabilidad se acumula en el lado derecho del intervalo $[0, 1]$. Es fácil encontrar el intervalo $(a_\alpha, 1)$, que cumpla la condición siguiente:

$$p(a_\alpha \leq (maxX_i)/a \leq 1) = 1 - \alpha$$

El cálculo es sencillo:

$$\int_0^{a_\alpha} nt^{n-1}dt = \alpha \Rightarrow a_\alpha^n = \alpha \Rightarrow a_\alpha = \sqrt[n]{\alpha}$$

Entonces $p\left(\sqrt[n]{\alpha} \leq \frac{maxX_i}{a} \leq 1\right) = 1 - \alpha$

De manera que despajando a tenemos:

$$p\left(maxX_i \leq a \leq \frac{maxX_i}{\sqrt[n]{\alpha}}\right) = 1 - \alpha$$

Con lo que el intervalo buscado es:

$$I_\alpha = \left[maxX_i, \frac{maxX_i}{\sqrt[n]{\alpha}}\right]$$

9.6. Recapitulación

Este capítulo es una continuación del anterior; ambos están dedicados a la estimación. En éste estudiamos la estimación por intervalos de confianza: en qué rango confiamos que se encuentre un parámetro de la población (con un nivel de confianza marcado).

Tras describir en qué consiste el nivel de significación y el nivel de confianza, se expuso la estrategia para construir intervalos de confianza, dependiendo de la distribución que siga el estadístico que se use.

En particular, se construyeron cuidadosamente intervalos de confianza para la esperanza de una población normal y para su varianza, así como para la diferencia entre las esperanzas y para el cociente de varianzas de dos poblaciones normales independientes. Las distribuciones normal, χ^2, t y F fueron esenciales para ello. También se construyeron intervalos de confianza para parámetros de poblaciones no normales, como la proporción de éxitos (Bernoulli).

Los intervalos de confianza juegan un papel importante en el contraste de hipótesis, al que se consagran los últimos capítulos del libro.

9.7.   Ejercicios propuestos

1. La tensión de rotura que soportan unos cables es una variable aleatoria normal de parámetros desconocidos. Para conocerla, se toma una muestra aleatoria de cuatro cables a los que se somete a tensión hasta que se rompen; esas tensiones resultan ser (en las unidades adecuadas) 610, 540, 560 y 580. Se pide:

   - Un intervalo de confianza a los niveles 0,90 y 0,95 para la tensión media de rotura.
   - Un intervalo de confianza al nivel 0,90 para la varianza.

2. Para estimar la duración (en meses) de unos dispositivos de dos tipos diferentes, se toman sendas muestras. La del primero se compone de 15 ejemplares, y da una media de 22 y una desviación típica de 3; la muestra de los otros dispositivos consta de 19 ejemplares, su media es 25 y su desviación típica es 2,4. Se pide:

   - Un intervalo de confianza para el cociente de las desviaciones típicas a los niveles 0,90 y 0,98.
   - Un intervalo de confianza para la diferencia de medias poblacionales al nivel 0,90 (suponiendo iguales las varianzas).
   - Interpretar esos resultados.

3. Para estimar la resistencia de cierta aleación metálica, se analizan 12 probetas, y los resultados (en las unidades de medidas adecuadas) son los siguientes:

$$67, \ 65, \ 68, \ 67, \ 66, \ 63, \ 67, \ 62, \ 67, \ 63, \ 63, \ 62$$

   Calcule intervalos de confianza para la esperanza y para la desviación típica con niveles de confianza 0,95 y 0,99.

Capítulo **10**

CONTRASTE DE HIPÓTESIS

Contenido

10.1. Planteamiento general

El desarrollo científico y la construcción de teorías se apoyan frecuentemente en la formulación de hipótesis como uno de sus pilares fundamentales.

Como ya se ha indicado anteriormente, a menudo los fenómenos aleatorios deben ser analizados desde una perspectiva que incluye un conocimiento parcial de los mismos. En esos casos, dicho conocimiento debe completarse a partir de la información contenida en una muestra de valores del fenómeno.

En los capítulos anteriores acabamos de ver cómo se resuelve este problema mediante la teoría de la estimación en su doble vertiente: estimación puntual y estimación por intervalos.

Sin embargo, una de las misiones esenciales de la Estadística es la de formular y contrastar hipótesis como apoyo al proceso científico, lo que permite construir un segundo enfoque para resolver el problema anterior a partir de la teoría del contraste de hipótesis estadísticas, como un tipo de aplicación diferente de la teoría de muestras e inferencia estadística.

En este caso, la información de la muestra se utiliza para verificar determinados supuestos acerca de la naturaleza aleatoria del fenómeno y de los valores de sus parámetros característicos, analizando la coherencia existente entre los valores de la muestra y la hipótesis formulada en cada caso.

Ejemplo 10.1

Sea una variable aleatoria de Poisson con parámetro λ desconocido. Podremos utilizar los valores de una muestra aleatoria simple (X_i) (en lo sucesivo m.a.s.) para contrastar la hipótesis de que dicho parámetro adopta o no un valor λ_0 determinado.

Estas técnicas se abordan desde un doble planteamiento:

- "Estadística paramétrica", como conjunto de técnicas desarrolladas sobre la base de que la muestra procede de una determinada distribución de probabilidad, generalmente normal.

- "Estadística no paramétrica", como conjunto de técnicas que o bien no requieren ninguna hipótesis previa acerca de la distribución de probabilidad de la población o bien utilizan estadísticos con una distribución de probabilidad independiente de la distribución de la población.

10.2. Concepto de hipótesis estadística

Se define como hipótesis estadística una afirmación o conjetura sobre una o más poblaciones, en relación con la parte del fenómeno que nos es desconocida.

Ejemplo 10.2

Sea X una variable aleatoria y sea $(X_1, X_2, \ldots, X_n)$ una muestra aleatoria simple. Cabe preguntarse si es razonable la hipótesis de que X tiene una distribución normal, lo cual dependerá, lógicamente, de cuáles sean los valores de la muestra.

También podemos considerar el caso de una muestra aleatoria simple de un fenómeno de Poisson (llegada de vehículos al peaje de una autopista durante un período horario determinado) que utilizaremos para contrastar la hipótesis de que el parámetro λ de la distribución adopta un valor λ_0 determinado.

A la hipótesis que se desea contrastar la llamaremos *hipótesis nula* y la representaremos por H_0. El rechazo de H_0 puede dar como resultado la aceptación de una *hipótesis alternativa* que se representará como H_1.

Ejemplo 10.3

Los casos del ejemplo 10.2 anterior quedarían de la manera siguiente:

$$H_0 : F(x) = \Phi(x)$$

$$H_1 : F(x) \neq \Phi(x)$$

siendo Φ la función de distribución de una variable normal.

En el segundo caso tendríamos:

$$H_0 : \lambda = \lambda_0$$

$$H_1 : \lambda \neq \lambda_0$$

10.3. Tipos de contraste

Existe una amplia variedad de contrastes estadísticos, de entre los que vamos a estudiar en este capítulo son los cuatro siguientes:

- Hipótesis sobre parámetros poblacionales desconocidos (estos contrastes se apoyan en las propiedades de los estadísticos muestrales) (contrastes paramétricos).

- Hipótesis sobre la función de distribución de la población de la que procede una m.a.s. (test χ^2) (contraste no paramétrico).

- Tablas de contingencia. Tests de homogeneidad e independencia (test χ^2) (contrastes no paramétricos).

- Hipótesis sobre la aleatoriedad de una muestra (test de las rachas) (contraste no paramétrico).

10.4. Principio básico: coherencia entre la hipótesis y la muestra

El principio básico para el contraste de una hipótesis es el de analizar la coherencia existente entre el cumplimiento de la hipótesis y la muestra disponible, relacionando ambos extremos con el comportamiento de un estadístico muestral con distribución conocida.

Ejemplo 10.4

Sea una población $N(\mu, \sigma)$ con esperanza μ desconocida y desviación típica σ conocida. Sea $(X_1, X_2, \ldots, X_n)$ una muestra aleatoria simple. Se desea contrastar la hipótesis:

$$H_0 : \mu = \mu_0$$
$$H_1 : \mu \neq \mu_0$$

Por teoría de muestras sabemos que:

$$\frac{\bar{X} - \mu}{\sigma/\sqrt{n}} \sim N(0,1)$$

Tomando ese estadístico como referencia, el cumplimiento de la hipótesis H_0 significaría que el valor:

$$t_0 = t(x_i, \mu_0, \sigma) = \frac{\bar{x} - \mu_0}{\sigma/\sqrt{n}}$$

está entre los valores de una normal $N(0,1)$, es decir, debe poder considerarse que t_0 (un valor real que depende de la muestra, de μ_0 y de σ (parámetro conocido)) es un valor esperable de una variable aleatoria $N(0,1)$. Si eso es así, entonces podemos afirmar que la hipótesis H_0 es coherente con la muestra, es decir, que no existe evidencia estadística para rechazar la hipótesis H_0.

Si no podemos considerar que t_0 es un valor razonable de una variable aleatoria $N(0,1)$, entonces decimos que no existe coherencia entre la hipótesis H_0 y la muestra, o que existe evidencia estadística para rechazar la hipótesis H_0 y, por tanto, aceptar la hipótesis alternativa H_1.

De aquí se deduce que un aspecto esencial en el contraste de hipótesis es el de disponer de un criterio que nos permita considerar cuándo un valor real pertenece a una determinada distribución de probabilidad y cuándo no (algo que veremos en los apartados sucesivos de este capítulo, basándonos en los conceptos de suceso raro y región crítica).

En algunos casos la aceptación o rechazo de la hipótesis puede ser una cuestión de mero sentido común.

Ejemplo 10.5

Sea una población normal con esperanza desconocida y desviación típica 6, de la que se extrae una muestra con los valores 177, 182, 185, 176, 189, 180, 195, 186, 191 y 188 cuya media muestral es 184,9. Se desea contrastar la siguiente hipótesis sobre la esperanza de la población:

$$H_0 : \mu = 5$$

$$H_1 : \mu \neq 5$$

Es evidente que, resultando la media muestral 184,9, es bastante poco probable (por no decir imposible) que la muestra proceda de una distribución cuya esperanza sea 5, lo que pone de manifiesto la incoherencia entre la muestra y la hipótesis, lo que nos llevaría a rechazar H_0 y aceptar H_1.

Ejemplo 10.6

Consideremos ahora la misma muestra anterior y evaluemos la hipótesis:

$$H_0 : \mu = 185$$

$$H_1 : \mu \neq 185$$

Parece claro que existe una plena coherencia entre la hipótesis ($\mu = 185$) y la muestra ($\bar{x} = 184,9$) y que, por tanto, no existen evidencias suficientes como para rechazar la hipótesis H_0.

Sin embargo, en otras muchas ocasiones no estará nada clara la coherencia o incoherencia entre la hipótesis y la muestra, lo que exige acudir a los métodos estadísticos de contraste que se tratan en este capítulo.

Ejemplo 10.7

Pensemos en la misma muestra anterior y analicemos la hipótesis:

$$H_0 : \mu = 189$$

$$H_1 : \mu \neq 189$$

No podemos afirmar ahora que la diferencia entre el valor de referencia de H_0 (189) y la media muestral (184,9) es suficientemente grande como para poder rechazar la hipótesis H_0 (como en el ejemplo 10.5) o suficientemente pequeña como para no poder descartar H_0 (como en el ejemplo 10.6) y atribuir dicha diferencia al azar, es decir, al hecho de que estamos considerando una muestra de tan sólo diez elementos de la población.

10.5. Sucesos raros y sucesos razonables

Consideremos, por ejemplo, una variable aleatoria normal $N(\mu, \sigma)$. Teóricamente, esta variable puede adoptar todos los valores del eje real, de $-\infty$ a $+\infty$. En estas condiciones, ¿cuándo podemos afirmar que un valor determinado es un valor razonable y cuándo un valor raro de dicha distribución?

10.5.1. Sucesos raros

Llamaremos *suceso raro* al que tiene una probabilidad pequeña de ocurrir. El límite para ello puede ser establecido con entera libertad por el analista estadístico en cada caso, pero suele ser común fijarlo en torno al 5 %. Es decir, sucesos que tienen una probabilidad de ocurrir igual o inferior al 5 % deben sorprendernos y hacernos pensar que el hecho de que se produzcan no es debido al azar, sino que está influido por causas ajenas a la aleatoriedad del fenómeno. Un suceso raro, por tanto, no es un suceso imposible.

Al intervalo de $\mathbb{R}$ correspondiente a ese suceso lo denominaremos *región crítica* R_c.

10.5.2. Sucesos razonables

Por el contrario, un suceso razonable es el que tiene una probabilidad grande de ocurrir. De acuerdo con el criterio anteriormente explicado, la probabilidad límite para ello suele fijarse en el 5 %. Es decir, se considera razonable todo suceso que tiene una probabilidad de ocurrir igual o mayor que 0,05.

Por tanto, que ocurran sucesos razonables no debe sorprendernos y debe ser considerado como un hecho confirmatorio de las hipótesis que se formulan.

Al intervalo de $\mathbb{R}$ correspondiente a ese suceso lo denominaremos *región de aceptación R_a*.

Ejemplo 10.8

Tomando el ejemplo 10.7 anterior, el valor del estadístico de referencia sería:

$$t_0 = \frac{\bar{x} - \mu_0}{\sigma/\sqrt{n}} = \frac{184,9 - 189}{6/\sqrt{10}} = -2,16$$

¿Es $-2,16$ un valor razonable de la distribución normal $N(0,1)$ o es un valor raro?

Según veremos más adelante, (y de acuerdo con lo avanzado en el capítulo 9 anterior) podemos afirmar que el intervalo de probabilidad 0,95 en una distribución $N(0,1)$ (es decir, la región de aceptación) es $(-1,96, 1,96)$.

Así, la región crítica R_c sería en este caso $(-\infty, -1,96) \cup (1,96, +\infty)$.

Por tanto, el valor de t_0 queda dentro de la región crítica R_c (y, por tanto, fuera de la región de aceptación R_a) y debe ser considerado como un valor raro de la distribución. Ello viene a indicar que no hay coherencia entre la hipótesis H_0 y la muestra y que, por tanto, existe evidencia estadística suficiente para rechazar H_0.

Ejemplo 10.9

Algo que podríamos preguntarnos a la luz del resultado anterior es ¿para qué valores de n sería aceptable la hipótesis H_0 si se mantuviera el valor de la media muestral?

En efecto, el valor absoluto de t_0 aumenta con n, de manera que para que t_0 valiera $-1,96$, n debería valer:

$$\frac{184,9 - 189}{6/\sqrt{n}} = -1,96 \Rightarrow n = \left(\frac{-1,96 \cdot 6}{-4,1}\right)^2 = 8,23$$

Es decir, con una muestra de tamaño $n \leq 8$ que tuviera la misma media muestral (184,9), la hipótesis H_0 debería ser aceptada por formar parte t_0 del suceso razonable al estar dentro del intervalo del 95 % de probabilidad y dentro de la región de aceptación R_a, lo que significaría que no es significativa la diferencia entre esa media muestral y la esperanza poblacional considerada en la hipótesis de referencia H_0.

10.6. La región crítica como base del contraste de hipótesis estadísticas

Según acabamos de ver, la técnica para contrastar hipótesis estadísticas se basa en:

- Elección de un estadístico muestral, $T(X_i)$ con distribución de probabilidad conocida e independiente del parámetro poblacional objeto del contraste.

- Construcción de una región crítica (R_c) de esa distribución (correspondiente a un suceso raro o de baja probabilidad).

- Cálculo del valor que toma el estadístico cuando suponemos que H_0 es cierta: $t_0(x_i, H_0)$.

- Comparación de ese valor con la región crítica R_c.

- Si t_0 está fuera de la región crítica R_c (es decir, dentro de R_a), se entiende que hay coherencia entre la muestra y la hipótesis y que no existen evidencias estadísticas para rechazar H_0.

- Si t_0 está dentro de la región crítica R_c (es decir, fuera de R_a), se entiende que no hay coherencia entre la muestra y la hipótesis y que existen evidencias estadísticas para rechazar H_0 y aceptar H_1.

Por tanto, la construcción de una región critica R_c o de rechazo de la hipótesis (lo que determina una región de aceptación R_a), constituye el objetivo fundamental de esta parte de la Estadística.

En función de ello, se puede afirmar que todo el planteamiento se basa en juzgar como aceptables (razonables) o rechazables (raros) determinados valores de una distribución, lo que puede significar que estemos rechazando valores posibles de la distribución, cometiendo con ello un cierto error.

Es importante señalar que la existencia de coherencia entre la m.a.s. y la hipótesis (manifestada por un comportamiento razonable del estadístico de contraste elegido), no implica que H_0 sea cierta en sentido positivo, sino que no existen evidencias para descartarla y aceptar la hipótesis alternativa H_1.

Por el contrario, la falta de coherencia entre la m.a.s. y la hipótesis (manifestada por un comportamiento raro del estadístico de contraste elegido), implica que existen evidencias para rechazar H_0 y aceptar la hipótesis alternativa H_1.

En este sentido, podría afirmarse que toda hipótesis es, en principio, aceptable mientras no se demuestre lo contrario (lo que sucede cuando $t_0(x_i, H_0) \in R_c$).

10.7. Tipificación de los errores del contraste

La base establecida para aceptar o rechazar las hipótesis lleva implícita la posibilidad de acertar en la decisión final, pero también la de equivocarse.

En este sentido existen cuatro posibilidades, dos correctas y otras dos erróneas, según se indica en el esquema siguiente:

Posibilidad	Hipótesis verdadera	Hipótesis falsa
Aceptar	Correcto	Error de tipo II
Rechazar	Error de tipo I	Correcto

Cuando se acepta una hipótesis falsa se dice que se comete un error de 2ª especie (o de tipo II) y cuando se rechaza una hipótesis verdadera se dice que se comete un error de 1ª especie (o de tipo I).

Lo interesante es minimizar la probabilidad de cometer un error de segunda especie, ya que, en el caso de aceptar una hipótesis falsa, estaremos fundamentando el resto del análisis en una base falsa y, además, sin ser conscientes de ello.

Ejemplo 10.10

Sean dos urnas con la siguiente composición:

- Urna A: 6 bolas blancas y 1 bola negra.

- Urna B: 2 bolas blancas y 5 bolas negras.

Escogemos al azar una urna de la que extraemos una bola y contrastamos las siguientes hipótesis:

- H_0: La urna elegida ha sido la A.

- H_1: La urna elegida ha sido la B.

Para aceptar o rechazar la hipótesis nula miramos el color de la bola extraída: si es blanca aceptamos H_0 y si es negra la rechazamos y aceptamos H_1.

- Si la bola elegida es negra, aceptamos H_1 y rechazamos H_0.

- Si la bola elegida es blanca, aceptamos H_0 y rechazamos H_1.

En ese caso, la probabilidad de rechazar la hipótesis nula equivocadamente (error tipo I) es la probabilidad de bola negra en la urna A (1/7), y la probabilidad de aceptar la hipótesis nula equivocadamente (error tipo II) es la probabilidad de blanca en la urna B (2/7).

10.8.　Nivel de significación y nivel de confianza

A partir de los errores que acaban de ser expuestos podemos definir los conceptos siguientes:

- *Nivel de significación*: es la probabilidad de rechazar una hipótesis verdadera, es decir, de cometer un error de $1^{\underline{a}}$ especie (o de tipo I). Se denomina normalmente por la letra griega α. Se corresponde con la probabilidad que asignamos a los sucesos raros o rechazables.

- *Nivel de confianza*: es la probabilidad de aceptar una hipótesis verdadera. Equivale a $1 - \alpha$. Se corresponde con la probabilidad que asignamos a los sucesos razonables.

- Probabilidad de cometer un error de $2^{\underline{a}}$ especie (o de tipo II). Se denomina normalmente por la letra griega β.

- *Potencia del contraste*: es 1 menos la probabilidad de cometer un error de $2^{\underline{a}}$ especie $(1 - \beta)$.

Por tanto, el objetivo de minimizar la probabilidad de cometer un error de $2^{\underline{a}}$ especie equivale a maximizar la potencia del contraste.

10.9.　Regla práctica para construir la región crítica de un contraste

Como ya se ha indicado, el contraste debe construirse minimizando la probabilidad de cometer un error de segunda especie (β) (o, lo que es lo mismo, maximizando la potencia del contraste $1 - \beta$).

El Teorema de Neyman-Pearson permite elegir la región crítica que minimiza esa probabilidad, es decir, la que hace máxima la potencia del contraste (sin embargo este teorema queda fuera del alcance de este curso).

En la práctica, pueden construirse regiones críticas que maximicen la potencia del contraste teniendo en cuenta los criterios siguientes:

- Para que la potencia sea máxima, debe ser mínima la probabilidad de cometer un error de segunda especie y ello implica que la amplitud de la región de aceptación sea lo menor posible.

- Ello significa, a su vez, que la amplitud de la región crítica debe ser lo mayor posible o, lo que es lo mismo, que dicha región debe construirse sobre valores del eje real con la menor densidad de probabilidad posible.

En efecto, si queremos definir una región crítica con, por ejemplo, un 5 % de probabilidad y lo hacemos sobre los valores de la distribución del estadístico $T(X_i)$ con menor densidad de probabilidad, el intervalo necesario para acumular el 5 % de probabilidad buscado será de amplitud máxima y, por tanto, la región de aceptación (el intervalo complementario) tendrá amplitud mínima lo que maximiza la potencia del contraste (al ser mínima la amplitud de R_a se minimiza la probabilidad de que dentro de dicha región existan valores no deseados).

Ejemplo 10.11

Sea una distribución normal $N(0, 1)$ en la que deseamos definir una región crítica con un nivel de significación de $0, 05$, que minimice la probabilidad de cometer un error de segunda especie. Si definimos el intervalo de probabilidad 0,05 de una manera arbitraria, por ejemplo como $(0, z_0)$ obtendremos que z_0 vale 0,126 y que la amplitud del intervalo que define la región crítica es de 0,126 (es decir, muy pequeña).

Si, por el contrario nos apoyamos sobre los extremos de la distribución para definir el intervalo de probabilidad 0,05 obtenemos como región crítica $(-\infty, -1, 96) \cup (1, 96, +\infty)$, es decir, un intervalo de amplitud infinita.

Esto lleva a definir las regiones críticas sobre los extremos de la distribución de probabilidad (a ambos lados en los ensayos de dos colas o a uno de los lados en los ensayos de una cola), donde la función de densidad adopta los valores mínimos.

Seguidamente se explica cuándo hay que considerar ensayos de dos colas y cuándo ensayos de una sola cola y, en ese caso, si la cola se sitúa a la izquierda o la derecha de la distribución de $T(X_i)$.

10.10. Contrastes de una o dos colas

Las regiones críticas pueden construirse sobre uno o los dos extremos de la distribución de probabilidad considerada en cada caso, dando lugar a los denominados *ensayos* o *contrastes de una cola* (por la derecha o por la izquierda) o *de dos colas*.

El tipo de ensayo depende en cada caso de cuál sea el tipo de hipótesis alternativa, que es la que se corresponde con el suceso raro de la distribución de $T(X_i)$:

- $H_1 : \theta \neq \theta_0$ implica que nos habrán de sorprender tanto los valores excesivamente superiores como excesivamente inferiores a θ_0, dando lugar a un contraste de dos colas.

- $H_1 : \theta < \theta_0$ implica que nos habrán de sorprender los valores excesivamente inferiores a θ_0, dando lugar a un contraste de una cola por la izquierda.

- $H_1 : \theta > \theta_0$ implica que nos habrán de sorprender los valores excesivamente superiores a θ_0, dando lugar a un contraste de una cola por la derecha.

Las hipótesis H_0 y H_1 en el primer caso serían $\begin{cases} H_0 : \theta = \theta_0 \\ H_1 : \theta \neq \theta_0 \end{cases}$, mientras que en el segundo caso serían $\begin{cases} H_0 : \theta \geq \theta_0 \\ H_1 : \theta < \theta_0 \end{cases}$ y en el tercero $\begin{cases} H_0 : \theta \leq \theta_0 \\ H_1 : \theta > \theta_0 \end{cases}$.

Por tanto, el tipo de ensayo a realizar dependerá de la conclusión que se extraiga cuando se rechaza H_0. Es decir, la localización de la región crítica puede determinarse únicamente cuando se ha establecido la hipótesis alternativa H_1.

Ejemplo 10.12

Se desea sacar un nuevo medicamento y el laboratorio sostiene que es mejor que los existentes. Para ello se establece la hipótesis nula de que no es mejor frente a la hipótesis alternativa de que el nuevo medicamento es superior.

Esta hipótesis alternativa está definiendo que el contraste debe ser de una cola por la derecha (que es donde han de encontrarse los valores raros de la prueba):

$$H_0 : \theta \leq \theta_0$$

$$H_1 : \theta > \theta_0$$

Se trata de un contraste de una cola por la derecha.

Ejemplo 10.13

Se desea comparar una nueva técnica de enseñanza con el procedimiento convencional que viene siendo aplicado en clase. La hipótesis alternativa deberá admitir que la nueva técnica es bien superior o bien inferior que el procedimiento convencional.

$$H_0 : \theta = \theta_0$$

$$H_1 : \theta \neq \theta_0$$

Es un contraste de dos colas.

Ejemplo 10.14

Al fabricante de una marca de cigarrillos le achacan que el contenido de nicotina promedio excede de 2,5 miligramos, de lo cual se defiende sosteniendo que no es así. El sistema de hipótesis necesarias para probar esta afirmación sería el siguiente:

$$H_0 : \theta \leq 2,5$$

$$H_1 : \theta > 2,5$$

Es decir, se trata de un contraste de una cola por la derecha. En cambio, si el fabricante quiere demostrar que ese contenido es inferior a 2,5 miligramos, el contraste se debe plantear como:

$$H_0 : \theta \geq 2,5$$

$$H_1 : \theta < 2,5$$

Es decir, se trataría de un contraste de una cola por la izquierda.

Observaciones.

La hipótesis nula debe establecerse siempre utilizando el signo igual, introduciendo en el cálculo del valor del estadístico t_0 el igual. De esta forma la probabilidad de cometer error de primera especie puede ser controlada.

La hipótesis nula no se "demuestra" nunca, sino que se acepta (si no hay suficientes razones en contra) o se rechaza (si la evidencia contraria es muy grande). Por ello, si queremos demostrar una conjetura (en el sentido estadístico del término, no en el sentido estrictamente matemático, es decir, mostrar que la probabilidad de que sea cierta es muy alta) tenemos que situarla como la hipótesis alternativa del contraste, no como la nula.

Ejemplo 10.15

Si sospechamos que una moneda está sesgada claramente a favor del resultado "cara" y queremos demostrar que la probabilidad de que caiga de cara es mayor que 1/2, debemos plantear un contraste de hipótesis sobre p (la probabilidad de cara) así:

$$H_0 : p \leq 1/2$$

$$H_1 : p > 1/2$$

Así, si se rechaza H_0 será porque los resultados muestrales dejan claro que no es sensato atribuir al azar la mayor proporción de caras, sino que se manifiesta el sesgo que se sospechaba.

10.11. El p-valor de un contraste de hipótesis

Si en un contraste de hipótesis modificamos el nivel de significación, α, las regiones de aceptación y de rechazo se ven afectadas, y el resultado del contraste podría variar.

Ejemplo 10.16

Sea un contraste de hipótesis de dos colas cuyo estadístico sigue una normal $N(0, 1)$. Entonces, la región de aceptación es el intervalo $[-1, 96, 1, 96]$ si $\alpha = 0, 05$, pero para $\alpha = 0, 10$ pasa a ser el intervalo $[-1, 65, 1, 65]$, y para $\alpha = 0, 02$ es $[-2, 33, 2, 33]$. Cuanto mayor es α, menor es la región de aceptación.

Así, unos mismos datos muestrales hacen que la hipótesis nula se acepte con un nivel de confianza y se rechace con otro.

Por ejemplo, si el estadístico del caso anterior toma un valor de $2, 1$, H_0 se rechazaría con un nivel de confianza del $95\,\%$, pero se aceptaría si el nivel sube al $98\,\%$: un aumento del nivel de confianza (o, lo que es lo mismo, una disminución del nivel de significación) puede hacer que H_0 pase a ser aceptada cuando antes se rechazaba.

Si H_0 se acepta para un cierto valor de α, también se aceptará para valores menores, pero puede rechazarse para valores mayores (en el ejemplo anterior, se acepta para $\alpha = 0, 02$ pero se rechaza para $\alpha = 0, 05$); si se rechaza para un valor de α, se rechazará también para valores mayores (al rechazarla para $\alpha = 0, 05$ también lo haremos para $\alpha = 0, 1$, pues la región de aceptación encoge), pero puede aceptarse para valores menores de α (se aceptó para $\alpha = 0, 02$).

El valor α tal que H_0 se acepta cuando el nivel de significación es menor y se rechaza cuando es mayor se llama *p-valor* del contraste.

Ejemplo 10.17

Si t_0 valía $2, 1$, el *p*-valor del contraste es $0, 0358$, puesto que en la tabla de la normal leemos que el valor $2, 1$ deja a su derecha una probabilidad igual a $p(Z > 2, 1) = 0, 0179$, por lo que $p(|Z| > 2, 1)$ es el doble, es decir, $0, 0358$. Por ello, la hipótesis nula se acepta con cualquier valor de α menor que $0, 0358$ (como $0, 02$) y se rechaza con los valores mayores que $0, 0358$ (como $0, 05$ y $0, 1$).

10.12. Recapitulación

En este capítulo hemos comenzado a estudiar los contrastes de hipótesis, empezando por precisar los términos básicos: hipótesis nula e hipótesis alternativa, regiones crítica y de aceptación, tipos de errores, niveles de significación y de confianza y p-valor de un contraste de hipótesis.

También distinguimos entre contrastes paramétricos y no paramétricos, así como entre contrastes de una y de dos colas, según la región crítica se componga de un intervalo o de dos. Se destacó que el signo de igualdad debe ir incluido siempre en la hipótesis nula, y no en la alternativa. También se enfatizó que con un contraste nunca se demuestra la hipótesis nula, sino que se la acepta mientras no haya suficiente evidencia estadística en su contra; en ese sentido, si queremos demostrar alguna hipótesis, debemos tomarla como hipótesis alternativa del contraste (y debe entenderse que se demuestra en un sentido estadístico y no matemático: si las pruebas en contra de la hipótesis nula son contundentes, se considera demostrada la alternativa; el grado de contundencia que se exige lo marca el nivel de confianza).

En este capítulo no se descendió al detalle de considerar los diferentes tipos de contraste más que en un sentido genérico, ni se estudiaron los diferentes estadísticos a usar: eso queda para el siguiente capítulo.

10.13. Ejercicios propuestos

1. Indique cuáles de los siguientes razonamientos son correctos y cuáles son falaces (justificando su respuesta):

   - Si en un contraste de hipótesis se rechaza la hipótesis nula con el nivel de significación $\alpha = 0,05$, entonces también se rechazará con $\alpha = 0,01$.

   - Si en un contraste de hipótesis el estadístico de contraste sigue una ley normal $N(0, 1)$ y con los valores muestrales toma el valor $-2,87$, entonces se rechaza la hipótesis nula con un alto grado de confianza.

   - Si en un contraste de hipótesis el estadístico de contraste sigue una ley normal $N(0, 1)$ y con los valores muestrales toma el valor $1,23$, entonces la hipótesis nula es cierta.

2. Si en un contraste de hipótesis se rechaza H_0 con un nivel de confianza de 0,95, ¿qué podemos decir si el nivel de confianza lo bajamos a 0,9? ¿y si lo aumentamos a 0,98?

3. Si el p-valor de un contraste de hipótesis es 0,0003, ¿qué podemos concluir acerca de H_0 y H_1?

4. ¿Cómo debería plantearse un contraste de hipótesis si se quiere demostrar que un cierto parámetro es mayor que un valor dado?

5. En un contraste de hipótesis de dos colas, el estadístico de contraste sigue una normal $N(0, 1)$. Si con los datos muestrales ese estadístico toma el valor 1,9, ¿se aceptaría o se rechazaría la hipótesis nula con un nivel de significación de 0,1? ¿y de 0,05? ¿de 0,02? ¿cuál sería el p-valor de ese contraste?

Capítulo 11

CONTRASTES HABITUALES

Contenido

11.1.   Contrastes sobre parámetros poblacionales desconocidos

Se trata de un conjunto de contrastes paramétricos realizados sobre parámetros desconocidos de la población, que se apoyan en los estadísticos muestrales
ya estudiados y sus propiedades.

La solución a los siguientes ejercicios sigue siempre el mismo esquema:

- Datos. Se toman los datos de partida de la población y de la m.a.s.

- Hipótesis. Se formulan las hipótesis H_0 y H_1 de acuerdo con las condiciones del enunciado del ejercicio.

- Estadístico de contraste (T). Se selecciona un estadístico $T(X_i, \theta)$, función de los valores de la muestra y del parámetro poblacional θ sobre el
  que trata el contraste. Este estadístico debe tener una distribución de
  probabilidad independiente de dicho parámetro θ.

- Valor de T con H_0 (t_0). Se sustituye en el estadístico T el valor θ_0 de la
  hipótesis H_0 y se obtiene un valor t_0 del estadístico de contraste.

- Región crítica y resultado del contraste. Se construye la región crítica
  R_c de acuerdo con la hipótesis alternativa H_1 (ensayo de dos colas o de
  una cola por la derecha o por la izquierda). Se compara el valor t_0 con
  la región crítica R_c y su complementaria R_a, y se extrae la conclusión
  que corresponda.

Ejemplo 11.1

Tomemos el caso del ejemplo 10.7 del capítulo anterior, sin conocer la
desviación típica poblacional:

Hipótesis:
$H_0 : \mu = 189.$
$H_1 : \mu \neq 189.$

Datos:

Población $N(\mu, \sigma)$.

m.a.s. de tamaño $n = 10$.

Media muestral $\bar{x} = 184,9$.

Desviación típica muestral $s = 5,84$.

Estadístico de contraste, T:

Para cualquier valor de μ se tiene que:

$$T = \frac{\bar{X} - \mu}{S/\sqrt{n-1}} \sim t_{n-1}$$

Valor de T con H_0 (t_0):

Si se cumple H_0 se obtiene el valor de t_0:

$$t_0 = \frac{184,9 - 189}{5,84/\sqrt{10-1}} = -2,11$$

Región crítica (R_c) y resultado del contraste con $\alpha = 0,05$:

$$R_c = (-\infty; -2,262) \cup (2,262; +\infty)$$

Como $t_0 = -2,11$ no pertenece a la región crítica, no hay evidencias suficientes para rechazar H_0, por lo que aceptamos el valor $\mu = 189$.

Nótese la diferencia con el resultado obtenido en el capítulo anterior (ejemplo 10.8), en el que la conclusión era que se rechazaba la hipótesis nula. Ello se debe a que entonces teníamos información sobre la población ($\sigma = 6$), mientras que ahora no es así, y hemos de conformarnos con usar datos muestrales, lo que supone que la distribución es una t de Student en vez de una normal, con lo cual las colas son más pesadas y se reduce la región crítica. En el fondo, eso es normal: a más información sobre la población, mayor precisión (lo que permite afinar más a la hora de rechazar H_0).

11.2. Parámetros poblacionales a contrastar y estadísticos muestrales a utilizar en cada caso

Se analiza a continuación el estadístico a utilizar para realizar contrastes sobre nueve parámetros poblacionales. Las características y propiedades que justifican la elección de estos estadísticos muestrales para esos contrastes se estudiaron en el capítulo 7.

1. Estadístico para realizar contrastes sobre μ cuando se conoce la varianza poblacional σ^2:

$$T = \frac{\bar{X} - \mu}{\sigma/\sqrt{n}} \sim N(0,1)$$

Datos:

Población $X \sim N(\mu, \sigma)$.
σ conocida.
m.a.s. de tamaño n.
Media muestral $\bar{X}$.

2. Estadístico para realizar contrastes sobre μ cuando se desconoce la varianza poblacional σ^2:

$$T = \frac{\bar{X} - \mu}{S/\sqrt{n-1}} \sim t_{n-1}$$

Datos:

Población $X \sim N(\mu, \sigma)$.
σ desconocida.
m.a.s. de tamaño n.
Media muestral $\bar{X}$.
Desviación típica muestral S.

3. Estadístico para realizar contrastes sobre σ^2:

$$T = \frac{nS^2}{\sigma^2} \sim \chi^2_{n-1}$$

Datos:

Población $X \sim N(\mu, \sigma)$.
m.a.s. de tamaño n.
Desviación típica muestral S.

4. Estadístico para realizar contrastes sobre $\mu_X - \mu_Y$ cuando se conocen las varianzas poblacionales σ_X^2, σ_Y^2:

$$T = \frac{(\bar{X} - \bar{Y}) - (\mu_X - \mu_Y)}{\sqrt{\frac{\sigma_X^2}{n_X} + \frac{\sigma_Y^2}{n_Y}}} \sim N(0, 1)$$

Datos:

Poblaciones $X \sim N(\mu_X, \sigma_X)$, $Y \sim N(\mu_Y, \sigma_Y)$.
m.a.s. de tamaños n_X y n_Y.
σ_X y σ_Y conocidas.

5. Estadístico para realizar contrastes sobre $\mu_X - \mu_Y$ cuando se desconocen las varianzas poblacionales σ_X^2, σ_Y^2 pero son iguales (o se puede admitir que lo son):

$$T = \frac{(\bar{X} - \bar{Y}) - (\mu_X - \mu_Y)}{\sqrt{\frac{1}{n_X} + \frac{1}{n_Y}} \sqrt{\frac{n_X S_X^2 + n_Y S_Y^2}{n_X + n_Y - 2}}}$$

Datos:

Poblaciones $X \sim N(\mu_X, \sigma_X)$, $Y \sim N(\mu_Y, \sigma_Y)$.
m.a.s. de tamaños n_X y n_Y.
Varianzas muestrales S_X^2 y S_Y^2.
σ_X y σ_Y desconocidas e iguales a σ.

6. Estadístico para realizar contrastes sobre σ_Y^2/σ_X^2 cuando se conocen las medias poblacionales μ_X, μ_Y:

$$T = \frac{\frac{(\bar{X}-\mu_X)^2}{\sigma_X^2/n_X}}{\frac{(\bar{Y}-\mu_Y)^2}{\sigma_Y^2/n_Y}} \sim F_{1,1}$$

Datos:

Poblaciones $X \sim N(\mu_X, \sigma_X)$, $Y \sim N(\mu_Y, \sigma_Y)$.
m.a.s. de tamaños n_X y n_Y.
μ_X y μ_Y conocidas.

7. Estadístico para realizar contrastes sobre σ_Y^2/σ_X^2 cuando se desconocen las medias poblacionales μ_X, μ_Y:

$$T = \frac{\hat{S}_X^2}{\hat{S}_Y^2} \frac{\sigma_Y^2}{\sigma_X^2} \sim F_{n_X-1, n_Y-1}$$

Datos:

Poblaciones $X \sim N(\mu_X, \sigma_X)$, $Y \sim N(\mu_Y, \sigma_Y)$.
m.a.s. de tamaños n_X y n_Y.
Varianzas muestrales S_X^2 y S_Y^2.
μ_X y μ_Y desconocidas.

8. Estadístico para realizar contrastes sobre la proporción poblacional, p:

$$T = \frac{\bar{X} - p}{\sqrt{p(1-p)/n}} \sim N(0,1)$$

Datos:

Distribución binomial $B(1, p)$.
m.a.s. de tamaño $n \geq 30$.
Media muestral o proporción de éxitos en la muestra igual a $\bar{X}$.

9. Estadístico para realizar contrastes sobre la amplitud del dominio de una variable aleatoria uniforme en el intervalo $[0, a]$:

$$T = \frac{max(X_i)}{a}$$

Datos:

Distribución uniforme en $[0, a]$.

m.a.s. de tamaño n.

Función de densidad de T, $g(t) = \begin{cases} nt^{n-1}, & t \in [0,1] \\ 0, & t \notin [0,1] \end{cases}$.

Ejercicios resueltos

11.1.

Para decidir si se puede considerar que la esperanza de cierta población (normal) es igual a 60 o difiere significativamente de ese valor, se toman 10 medidas (una muestra aleatoria simple de tamaño 10), cuya media es 56, con una desviación típica (en esa muestra) igual a 4. ¿Podemos aceptar que la media poblacional es 60 o no?

Resolución

Está claro que hay que plantear el contraste de hipótesis:

$$\begin{cases} H_0 : \mu = 60 \\ H_1 : \mu \neq 60 \end{cases}$$

Se trata de un contraste de dos colas, que se discutirá con ayuda del estadístico:

$$T = \frac{\bar{X} - 60}{S/\sqrt{n-1}}$$

que sigue una t_{n-1}, si la hipótesis nula es cierta, pues en ese caso T es $\frac{\bar{X} - \mu}{S/\sqrt{n-1}}$.

La región de aceptación es el intervalo $[-t_{\alpha/2}, t_{\alpha/2}]$, que depende del nivel de significación, α; si elegimos $\alpha = 0,05$, leemos en la tabla de la t de Student el valor $t_{\alpha/2} = 2,262$.

El valor que toma T con los valores muestrales es:

$$t_0 = \frac{56 - 60}{4/\sqrt{9}} = -3$$

Como cae fuera de la región de aceptación rechazamos la hipótesis nula con un nivel de confianza de $0,95$. También lo rechazaríamos con nivel de confianza $1 - \alpha = 0,98$, puesto que en ese caso la región de aceptación sería el intervalo $[-2,821, 2,821]$, que deja fuera el valor t_0, pero no con el nivel $0,99$, porque el intervalo de aceptación sería $[-3,25; 3,25]$ e incluiría el valor t_0. El p-valor de este contraste está entre $0,01$ y $0,02$.

No podemos usar el estadístico $T = \frac{\bar{X} - 60}{\sigma/\sqrt{n}}$ porque no conocemos el parámetro poblacional σ. Si supiésemos que su valor es $\sigma = 4$ (por ejemplo), entonces utilizaríamos este estadístico que sigue una normal.

La región de aceptación sería el intervalo $[-z_{\alpha/2}, z_{\alpha/2}]$; el valor de T con los datos muestrales resulta ser:

$$t_0 = \frac{56 - 60}{4/\sqrt{10}} = -\sqrt{10} \approx -3,1623$$

Con los valores usuales de α ($0,05$, $0,01$) se rechaza la hipótesis nula, porque el valor t_0 es menor que $-z_{\alpha/2}$ (sería -1,96 y -2,575). De hecho, el p-valor de este contraste es $0,00156$, porque esa es la probabilidad que queda fuera del intervalo $[-3,1623; 3,1623]$.

11.2.

Para comparar las esperanzas de dos poblaciones normales e independientes, se toman 10 muestras de la primera y 12 de la segunda, que arrojan unos valores medios de 50 y 60, respectivamente. ¿Podemos considerar que esos datos demuestran que la media de la primera población es menor que la media de la segunda, con un nivel de confianza del 99 %, o puede achacarse al azar la discrepancia entre las muestras?

Resolución

Para empezar, está claro que el contraste de hipótesis que hay que plantear es:

$$\begin{cases} H_0 : \mu_X - \mu_Y \geq 0 \\ H_1 : \mu_X - \mu_Y < 0 \end{cases}$$

Puesto que lo que se pretende demostrar debe ir como hipótesis alternativa. Se trata de un contraste de una cola.

Para saber qué estadístico emplear, falta información: ¿conocemos las varianzas poblacionales o no? y si no las conocemos, ¿podemos admitir que son iguales? y ¿cuáles son las varianzas muestrales?

Supongamos que conocemos las varianzas poblacionales, y que éstas son (por ejemplo) $\sigma_X^2 = 25, \sigma_Y^2 = 36$. Entonces usaremos el estadístico de contraste:

$$T = \frac{(\bar{X} - \bar{Y})}{\sqrt{\frac{\sigma_X^2}{n_X} + \frac{\sigma_Y^2}{n_Y}}}$$

que sigue una $N(0,1)$ si la hipótesis nula es cierta, pues en esa caso T coincide con

$$\frac{(\bar{X} - \bar{Y}) - (\mu_X - \mu_Y)}{\sqrt{\frac{\sigma_X^2}{n_X} + \frac{\sigma_Y^2}{n_Y}}} \sim N(0,1)$$

La región crítica para el nivel de confianza dado es $[-\infty, -z_\alpha) = [-\infty; -2, 33)$, puesto que vamos a descartar la hipótesis nula cuando los datos muestrales revelen una marcada diferencia entre la media de la primera muestra y la de la segunda $(\bar{X} - \bar{Y})$ de signo negativo, y no cuando esa diferencia sea pequeña o positiva (eso apoyaría la hipótesis nula), es decir, cuando T toma valores negativos (y con claridad), lo que se refleja en la cola de la izquierda.

El valor de T en la muestra es:

$$t_0 = \frac{(50 - 60)}{\sqrt{\frac{25}{10} + \frac{36}{12}}} = -4,264$$

Como t_0 está en la región crítica, rechazamos la hipótesis nula y consideramos demostrado que la media de la primera población es menor que la media de la segunda, con el nivel de confianza del 99 % (de hecho, con niveles mucho más altos).

Si desconociéramos las varianzas poblacionales, pero pudiéramos admitir que son iguales, y conociéramos las muestrales, usaríamos para el contraste el estadístico:

$$T = \frac{(\bar{X} - \bar{Y})}{\sqrt{\frac{1}{n_X} + \frac{1}{n_Y}}\sqrt{\frac{n_X S_X^2 + n_Y S_Y^2}{n_X + n_Y - 2}}}$$

que sigue una t_{20} si la hipótesis nula es cierta.

11.3.

De una población normal, X, se toma una muestra de tamaño 15 que arroja una media de 40. De otra población normal, Y, independiente de X, se toma una muestra de tamaño 25 cuya media es 38. Las varianzas de esas muestras son 30 y 25, respectivamente. Se pregunta:

- ¿Puede considerarse que las varianzas poblacionales coinciden, con un nivel de confianza de 0,9?

- ¿Puede considerarse demostrado que la esperanza de la primera población es mayor que la de la segunda, con un nivel de confianza de 0,95?

Resolución

- Planteamos el contraste de hipótesis así:

$$\begin{cases} H_0 : \sigma_X^2/\sigma_Y^2 = 1 \\ H_1 : \sigma_X^2/\sigma_Y^2 \neq 1 \end{cases}$$

Se trata de un contraste de dos colas, que se resuelve usando el estadístico

$$T = \frac{\hat{S}_X^2}{\hat{S}_Y^2}$$

que sigue una $F_{14,24}$ si la hipótesis nula es cierta, puesto que en ese caso es

$$T = \frac{\hat{S}_X^2}{\hat{S}_Y^2} \frac{\sigma_Y^2}{\sigma_X^2} \sim F_{n_X-1,n_Y-1}$$

La región de aceptación, al nivel de confianza $0,9$, es el intervalo $[a,b]$ que deja a su derecha una probabilidad de $0,05$ y a su izquierda otro tanto. El valor de b se lee en la tabla de la $F_{14,24}$: $b = 2,13$; para encontrar a, miramos en la tabla de $F_{24,14}$ donde leemos el inverso de a: $2,35$, así que $a = 1/2,35 = 0,4255$. La región de aceptación es $R_a = [0,4255; 2,13]$.

El valor t_0 es: $t_0 = \frac{30 \times 15/14}{25 \times 25/24} = \frac{32,14}{26,04} = 1,23$

Como t_0 está en la región de aceptación, damos por buena la hipótesis nula y aceptamos la igualdad de varianzas poblacionales, con el nivel de confianza del 90%.

- Ahora, el contraste de hipótesis debe plantearse así:

$$\begin{cases} H_0 : \mu_X - \mu_Y \leq 0 \\ H_1 : \mu_X - \mu_Y > 0 \end{cases}$$

ya que queremos demostrar que μ_X es mayor que μ_Y y, por tanto, debe ir como hipótesis alternativa. Se trata de un contraste de una cola, que estudiaremos con el estadístico:

$$T = \frac{(\bar{X} - \bar{Y})}{\sqrt{\frac{1}{n_X} + \frac{1}{n_Y}} \sqrt{\frac{n_X S_X^2 + n_Y S_Y^2}{n_X + n_Y - 2}}}$$

que sigue una t de Student con 38 grados de libertad si la hipótesis nula es cierta. El apartado anterior nos permite dar por válida la suposición de que las varianzas poblacionales coinciden, aunque no conozcamos su valor.

La región de rechazo para el nivel de confianza fijado en 0,95 es $[t_\alpha, +\infty) =$ $[1,687; +\infty)$, ya que la hipótesis nula sólo se rechazará cuando los datos muestrales revelen una media mucho mayor en la primera muestra que en la segunda $(\bar{X} \gg \bar{Y})$, es decir, cuando T toma valores marcadamente positivos, lo que corresponde a la cola de la derecha.

El valor 1,687 se ha obtenido interpolando entre los valores de la tabla de la t de Student para $n = 30$ y $n = 40$, ya que no se encuentra $n = 38$.

El valor de T en las muestras dadas es:

$$t_0 = \frac{(40 - 38)}{\sqrt{\frac{1}{15} + \frac{1}{25}} \sqrt{\frac{450+625}{38}}} = \frac{2}{1,737} = 1,15$$

Al estar t_0 en la región de aceptación, no podemos rechazar la hipótesis nula y concluimos que la diferencia entre los valores de las muestras se justifica por el azar, con el nivel de confianza en el 95 %.

Si los valores muestrales hubiesen mostrado una diferencia de 3 puntos a favor de la primera muestra, entonces el valor del estadístico habría sido:

$$T_0 = \frac{3}{1,737} = 1,73$$

que es superior a 1,687 y caería por tanto en la región crítica del contraste. En ese caso, habríamos podido concluir que las muestras probaban que la esperanza de la primera población era superior a la esperanza de la segunda (con el nivel de confianza indicado).

11.4.

Una urna contiene millones de bolas: unas son blancas y otras, negras. Se nos dice que la proporción de bolas negras es $p = 0,3$. Extraemos al azar 100 bolas de las cuales 35 son negras. ¿Se sostiene la hipótesis de que la proporción en la población es $p = 0,3$, como nos dijeron (discutir con un nivel de significación $\alpha = 0,05$).

Con ese mismo nivel de significación, ¿cómo debería ser de grande la muestra para que el valor muestral revelase una diferencia estadísticamente significativa (de manera que se rechazase la hipótesis nula)?

Resolución

Al haber muchísimas bolas, el que la extracción se haga con o sin reemplazamiento es irrelevante, pues apena se modifica la composición de la urna, y puede entenderse que la muestra extraída es una muestra aleatoria simple. Por otra parte, la muestra es suficientemente amplia para poder invocar el teorema central del límite.

Planteamos el contraste de hipótesis como:

$$\begin{cases} H_0 : p = 0,3 \\ H_1 : p \neq 0,3 \end{cases}$$

Es un contraste de dos colas, para el cual usaremos el estadístico

$$T = \frac{\bar{X} - 0,3}{\sqrt{0,3(1 - 0,3)/100}}$$

que sigue una normal $N(0,1)$ si la hipótesis nula es cierta, porque

$$T = \frac{\bar{X} - p}{\sqrt{p(1 - p)/n}} \sim N(0,1)$$

La región de aceptación es el intervalo $[-z_{0,025}, z_{0,025}] = [-1,96; 1,96]$. El valor de T en la muestra es:

$$t_0 = \frac{0,35 - 0,3}{\sqrt{0,0021}} = 1,09$$

Se acepta la hipótesis nula, al estar ese valor en el intervalo $[-1,96; 1,96]$.

A la última pregunta respondemos imponiendo que el valor de t_0 fuese superior a 1,96. Eso nos lleva a la inecuación:

$$\frac{0,35 - 0,3}{\sqrt{0,21/n}} > 1,96$$

Elevando al cuadrado, resulta una inecuación de primer grado:

$$0,05^2 n > 1,96^2 \times 0,21$$

cuya solución es $n > 322,6944$. La diferencia es significativa cuando se extraen al menos 323 bolas de la urna.

11.3. Test χ^2 de Pearson

11.3.1. Descripción

Se trata de una prueba no paramétrica ideada para verificar si una m.a.s. puede proceder o no de una determinada distribución de probabilidad de una variable aleatoria X.

Utiliza un estadístico que compara las frecuencias de valores observadas en la muestra (O_i) con las frecuencias de valores esperadas en la muestra (E_i) de acuerdo con la distribución de probabilidad que se está contrastando.

La formulación de las hipótesis del contraste es la siguiente:

$$H_0 : F(x) = F_0(x)$$

$$H_1 : F(x) \neq F_0(x)$$

Siendo F_0 la función de distribución que queremos verificar con la muestra dada (las mismas hipótesis podrían plantearse con las funciones de densidad $f(x)$ y $f_0(x)$).

El desarrollo del test se ajusta al esquema siguiente:

11.3.2. Construcción del contraste

1. Se descompone el dominio D de la variable aleatoria objeto del contraste en un conjunto de k intervalos S_i, con $i = 1, 2, \ldots, k$, de manera que $\cup_{i=1}^{k} S_i = D$.

2. Se calculan las probabilidades π_i correspondientes a cada S_i utilizando la función de distribución F_0:

$$\pi_i = p(X \in S_i)$$

Es posible que para ello sea necesario estimar (mediante alguno de los métodos de estimación puntual) un cierto número r de parámetros de la población y tener así perfectamente definida la función de densidad o de probabilidad f_0.

3. Se calculan las frecuencias esperadas E_i de la muestra en cada intervalo S_i, según la distribución que se contrasta F_0:

$$E_i = n \cdot \pi_i$$

4. Se comprueba que $E_i > 5 \quad \forall i$.

En caso contrario será preciso redefinir los S_i (por agregación de los inicialmente definidos) para lograr que las probabilidades π_i aumenten de forma tal que se cumpla la condición citada.

5. Se calculan las frecuencias observadas O_i de los valores muestrales en los diferentes intervalos S_i (los definitivos).

6. Se valoran las diferencias entre las frecuencias esperadas (E_i) y observadas (O_i) a través del estadístico siguiente:

$$Id = \sum_{i=1}^{k} \frac{(E_i - O_i)^2}{E_i}$$

7. Pearson demostró que dicho indicador se distribuye como una variable aleatoria χ_{k-r-1}^2, siendo k el número de intervalos S_i y r el número de parámetros poblacionales que ha sido necesario estimar para calcular las probabilidades π_i.

8. Se calcula la región crítica (correspondiente a un nivel de significación α) de una variable χ^2_{k-r-1} y se compara con el valor del estadístico Id correspondiente a la muestra disponible.

9. Si el valor Id se encuentra dentro de la región crítica (es decir, se puede considerar un valor raro de la distribución) se rechaza la hipótesis H_0 y se acepta H_1 y, en caso contrario, (es decir, si se puede considerar que Id es un valor razonable de la distribución) no existen evidencias para descartar H_0.

Este ensayo es, por su propia naturaleza, un ensayo de una cola por la derecha, ya que los valores rechazables (los de la hipótesis H_1) corresponden a diferencias grandes entre E_i y O_i.

Ejemplo 11.2

Se toman 40 muestras de un determinado experimento (según un muestreo aleatorio simple) y se obtienen las frecuencias siguientes (frecuencias observadas O_i):

Resultado	Frecuencia
0	2
1	3
2	2
3	8
4	10
5	7
6	4
7	3
9	1

Decida razonadamente si la muestra puede proceder de una variable aleatoria de Poisson, X.

Se trata de realizar un test χ^2 sobre una muestra de una variable aleatoria discreta.

Dado que el contraste que nos piden realizar no especifica cuáles son los parámetros de la variable, lo primero que hay que hacer es estimar, a partir de la muestra, dichos parámetros (en este caso el parámetro λ de la distribución de Poisson).

Tanto si aplicamos el método de los momentos como el de la máxima verosimilitud, el resultado que obtenemos es el mismo: $\lambda = \bar{X} = 4$.

- *Definición de los intervalos S_i:*

Tratándose de una variable discreta, lo mejor es definir inicialmente los intervalos S_i como el conjunto numerable de valores enteros de la variable. En este caso, en función de los valores de la muestra, adoptaremos los siguientes S_i:

$$S_i = 0, 1, 2, 3, 4, 5, 6, 7, 8, 9, \geq 10$$

Obsérvese que, aunque en la tabla de frecuencias de la muestra no aparecen ni el valor 8 ni los valores superiores a 9, nosotros hemos considerado esos valores al definir los S_i porque debemos considerar todo el dominio de la variable, independientemente de que algunos valores no aparezcan en la muestra (es decir, aunque no haya frecuencias observadas para esos valores, sí habrá frecuencias esperadas).

- *Cálculo de las probabilidades π_i:*

$$\pi_i = p(X = x_i) = e^{-4} \frac{4^{x_i}}{x_i!}$$

Operando con los S_i anteriormente definidos se tiene:

$$\pi_1 = p(X = 0) = e^{-4} \frac{4^0}{0!} = 0,018$$

$$\pi_2 = p(X = 1) = e^{-4} \frac{4^1}{1!} = 0,073$$

$$\pi_3 = p(X = 2) = e^{-4} \frac{4^2}{2!} = 0,147$$

$$\pi_4 = p(X = 3) = e^{-4}\frac{4^3}{3!} = 0,195$$

$$\pi_5 = p(X = 4) = e^{-4}\frac{4^4}{4!} = 0,195$$

$$\pi_6 = p(X = 5) = e^{-4}\frac{4^5}{5!} = 0,156$$

$$\pi_7 = p(X = 6) = e^{-4}\frac{4^6}{6!} = 0,104$$

$$\pi_8 = p(X = 7) = e^{-4}\frac{4^7}{7!} = 0,060$$

$$\pi_9 = p(X = 8) = e^{-4}\frac{4^8}{8!} = 0,030$$

$$\pi_{10} = p(X = 9) = e^{-4}\frac{4^9}{9!} = 0,013$$

$$\pi_{11} = p(X \geq 10) = 1 - \sum_{1}^{10} \pi_i = 0,008$$

- *Cálculo de las frecuencias esperadas E_i:*

Las frecuencias esperadas se obtienen a partir de las probabilidades π_i que acabamos de calcular: $E_i = n \cdot \pi_i$

S_i	E_i
0	0,72
1	2,92
2	5,88
3	7,80
4	7,80
5	6,24
6	4,16
7	2,40
8	1,20
9	0,52
≥ 10	0,36
Total	40,00

■ *Imposición de la condición $E_i > 5$:*

Como puede apreciarse, las frecuencias esperadas de los extremos de la tabla no cumplen la condición de que $E_i > 5$ que exige el test χ^2 , lo que nos obliga a redefinir los S_i iniciales para hacerlos más grandes y que así aumente la probabilidad π_i y, por tanto, la frecuencia E_i.

Es claro que los nuevos S_i deben ser:

S_i'	E_i'
≤ 2	9,52
3	7,80
4	7,80
5	6,24
≥ 6	8,64
Total	40,00

■ *Cálculo de las frecuencias observadas O_i:*

En estas condiciones, las frecuencias observadas y su comparación con las esperadas son:

S_i'	E_i'	O_i
≤ 2	9,52	7
3	7,80	8
4	7,80	10
5	6,24	7
≥ 6	8,64	8
Total	40,00	40

- *Cálculo del estadístico Id:*

Operando con los valores de esa tabla se obtiene:

$$Id = \sum_{i=1}^{k} \frac{(E_i - O_i)^2}{E_i} = 1,433$$

- *Comparación con la región crítica de la distribución χ^2_{5-1-1}:*

El cumplimiento de la hipótesis H_0 (que la muestra procede de una distribución de Poisson) exige que el valor del indicador Id pueda ser considerado un valor razonable de una distribución χ^2 con 3 grados de libertad (5 intervalos considerados, menos 1 parámetro poblacional estimado, menos 1).

Considerando un nivel de significación del 5 % y un ensayo de una cola por la derecha, la región crítica es $R_c = (7,81; +\infty)$.

Como Id resulta 1,433 (menor que 7,81) el valor del indicador puede ser considerado un valor razonable de una distribución χ^2_3, por lo que no existe evidencia suficiente como para rechazar la hipótesis nula. En consecuencia, puede admitirse que la muestra procede de una distribución de Poisson.

11.4. Tablas de contingencia

Supongamos que tenemos una muestra de n valores clasificados en un conjunto de r categorías establecidas a partir de un factor A y en un conjunto de s categorías establecidas a partir de otro factor B.

Llamaremos *tabla de contingencia* a la clasificación de los n valores iniciales en un conjunto de $r \cdot s$ valores que indican cuántos de los n valores iniciales relacionan cada par de categorías de los factores A y B.

Ejemplo 11.3

Pensemos en un conjunto de 500 ciudadanos que clasificamos según su actitud frente al fútbol televisado (considerando tres categorías: a favor, en contra, sin decisión) y sus preferencias políticas (que clasificamos en otras tres categorías: P1, P2, P3). El resultado es una tabla de contingencia de 3×3:

Ciudadanos	P1	P2	P3	Total
A favor	82	70	62	214
En contra	93	62	67	222
Sin decisión	25	18	21	64
Total	200	150	150	500

A partir de estos datos cabría preguntarse si la opción política está influyendo en la opinión sobre televisar el fútbol o no influye.

Ejemplo 11.4

Sea un conjunto de 100 probetas de hormigón que se clasifican según su comportamiento en un ensayo de resistencia a compresión (considerando dos categorías: resisten una solicitación de $400 \, \mathrm{kg/cm^2}$ o no) y su composición (considerando otras dos categorías: tienen un aditivo que supuestamente mejora la resistencia o no tienen el aditivo). El resultado es una tabla de contingencia de 2×2:

Probetas	Colapsan	No colapsan	Total
Con aditivo	18	32	50
Sin aditivo	23	27	50
Total	41	59	100

A partir de estos datos cabe preguntarse si la aparente mejora de las probetas con aditivo es fruto del azar (se trata de una muestra de 100 probetas que no garantiza que lo mismo vaya a ocurrir con otras 100) o puede deberse a la influencia del aditivo.

11.5. Test de homogeneidad/independencia

- *Definición.*

A partir de una tabla de contingencia, con el test de homogeneidad (contraste no paramétrico) se trata de verificar la igualdad de la distribución de un conjunto de variables aleatorias que se muestrean, midiendo dicha distribución en función de las proporciones poblacionales observadas en la muestra (ejemplo 11.3 anterior).

Partiendo también de una tabla de contingencia, con el test de independencia (contraste no paramétrico) se trata de verificar la independencia de dos variables aleatorias que se muestrean, estableciendo si los valores de una influyen o no en la otra y viceversa (ejemplo 11.4 anterior).

- *Construcción del contraste.*

Como acabamos de ver, el contraste sobre una tabla de contingencia recibe el nombre de *homogeneidad*, si la hipótesis que formulamos se refiere a la igualdad de la distribución de las variables muestreadas, o de *independencia*, si la hipótesis que formulamos se refiere a la independencia de las variables que muestreamos.

Sin embargo, matemáticamente, el contraste es el mismo y se basa en estudiar las diferencias entre las frecuencias observadas en la muestra (las de la tabla de contingencia) y las esperadas en el caso de que se cumpla la hipótesis que se formula (igualdad de las distribuciones, en el caso de homogeneidad, o independencia de las distribuciones, en el caso de independencia).

Según esto, las frecuencias esperadas se calculan de la forma siguiente:

$$E_{ij} = \frac{f_i \cdot c_j}{n}$$

siendo:

- f_i = suma de los elementos de la fila donde se encuentra E_{ij}.
- c_j = suma de los elementos de la columna donde se encuentra E_{ij}.
- n = total de elementos de la muestra o suma de todos elementos de la tabla de contingencia.

El estadístico de contraste es:

$$Id = \sum_{i=1}^{r} \sum_{j=1}^{s} \frac{(O_{ij} - E_{ij})^2}{E_{ij}}$$

que se distribuye según una χ^2 con $(r-1) \times (s-1)$ grados de libertad.

Ejemplo 11.5

Considerando la tabla de contingencia del ejemplo 11.3 anterior, se desea contestar a la pregunta formulada entonces acerca de si la opción política está influyendo en la opinión sobre si televisa el fútbol o no.

Observando la tabla se aprecia una determinada distribución de la posición frente al fútbol según sea el partido político. Esta distribución, medida en proporciones, es:

- $P1 : 82/200 = 0,410 \quad 93/200 = 0,465 \quad 25/200 = 0,125.$

- $P2 : 70/150 = 0,467 \quad 62/150 = 0,413 \quad 18/150 = 0,120.$

- $P3 : 62/150 = 0,413 \quad 67/150 = 0,447 \quad 21/150 = 0,140.$

Aunque las tres distribuciones presentan valores diferentes, la pregunta que nos estamos haciendo se refiere a si podemos considerar que las diferencias entre las proporciones se deben al azar y, en consecuencia, las tres distribuciones son iguales. Se trata, por tanto, de un test de homogeneidad.

Si las tres distribuciones fueran iguales, las frecuencias en la muestra (frecuencias esperadas E_{ij}) deberían haber sido:

Ciudadanos	P1	P2	P3	Total
A favor	214×200/500=85,6	214×150/500=64,2	64,2	214
En contra	222×200/500=88,8	222×150/500=66,6	66,6	222
Sin decisión	64×200/500=25,6	64×150/500=19,2	19,2	64
Total	200	150	150	500

El estadístico de contraste resulta:

$$Id = \sum_{i=1}^{r} \sum_{j=1}^{s} \frac{(O_{ij} - E_{ij})^2}{E_{ij}} = 1,53$$

Comparamos ese valor con una distribución χ^2 con 4 grados de libertad (esto es, el producto $(3-1) \times (3-1)$), de forma que, considerando un nivel de significación del 5 % y un ensayo de una cola por la derecha (como en el caso del contraste χ^2 anterior), la región crítica es:

$$R_c = (9,488; +\infty)$$

Como Id resulta 1,53 (menor que 9,488) el valor del indicador puede ser considerado un valor razonable de una distribución χ^2 con 4 grados de libertad, por lo que no existe evidencia suficiente como para rechazar la hipótesis nula, es decir, los valores de la muestra tienen la misma distribución. En consecuencia, puede admitirse también que las aparentes diferencias son solamente eso, aparentes, y que las distribuciones son iguales.

Ejemplo 11.6

Considerando la tabla de contingencia del ejemplo 11.4 anterior, se desea contestar a la pregunta formulada entonces acerca de si la aparente mejora de las probetas con aditivo es fruto del azar (se trata de una muestra de 100 probetas que no garantiza que lo mismo vaya a ocurrir con otras 100) o puede deberse a la influencia del aditivo.

Efectivamente, los datos de la muestra ponen de manifiesto que la proporción de probetas con aditivo que colapsan (18/50) es menor que la de probetas sin aditivo (23/50), lo que llevaría a considerar que el aditivo es eficaz.

Sin embargo, ello puede ser debido al azar ya que estamos tratando solamente 100 probetas. ¿Podemos afirmar que ocurriría lo mismo con otras 100 probetas y así con sucesivas series de 100 probetas?

Este problema se resuelve aplicando un test de independencia, para verificar si los datos de la muestra clasificados según las categorías anteriores (con y sin aditivo y colapsan/no colapsan) son independientes (el aditivo no es eficaz) o, por el contrario, se puede establecer algún tipo de relación entre ellos (el aditivo es eficaz).

Si los datos de la muestra fueran independientes, las frecuencias esperadas (E_{ij}) serían:

Probetas	Colapsan	No colapsan	Total
Con aditivo	50×41/100=20,5	50×59/100=29,5	50
Sin aditivo	50×41/100=20,5	50×59/100=29,5	50
Total	41	59	100

El estadístico de contraste resulta:

$$Id = \sum_{i=1}^{r} \sum_{j=1}^{s} \frac{(O_{ij} - E_{ij})^2}{E_{ij}} = 1,033$$

Comparamos ese valor con una distribución χ^2 con 1 grado de libertad (es decir, $(2-1) \times (2-1)$), de forma que, considerando un nivel de significación del 5 % y un ensayo de una cola por la derecha (como en el caso del contraste χ^2 anterior), la región crítica es:

$$R_c = (3,84; +\infty)$$

Como Id resulta 1,033 (menor que 3,84) el valor del indicador puede ser considerado un valor razonable de una distribución χ^2 con 1 grado de libertad, por lo que no existe evidencia suficiente como para rechazar la hipótesis nula, es decir, los valores de la muestra son independientes. En consecuencia, puede admitirse también que la aparente mejora de la resistencia de las probetas con aditivo es solamente eso, aparente, y que tal mejora es fruto del azar.

11.6. Test de las rachas

- *Definición.*

Se trata de un contraste no paramétrico que tiene por objetivo verificar las condiciones de aleatoriedad de las observaciones $(x_1, x_2, \ldots, x_n)$ de una población continua. Es una prueba muy útil para comprobar una de las condiciones básicas de la teoría de muestras (la aleatoriedad de la muestra) cuando carecemos del control sobre la forma en que se seleccionan las observaciones (por ejemplo, porque la muestra nos viene dada).

Considerando que cada observación muestral puede asociarse a un conjunto de categorías preestablecidas (identificadas por un símbolo diferente cada una de ellas), llamaremos *racha* de la serie de valores muestrales a una sucesión de símbolos del mismo tipo limitada por símbolos de tipo distinto. En estas condiciones, el test que presentamos se basa en analizar el orden en que fueron obtenidos los valores muestrales y, más específicamente, en el número de rachas existentes en la serie muestral.

Ejemplo 11.7

Consideremos el lanzamiento de una moneda al aire con una muestra de tamaño 20, que ha obtenido los resultados siguientes (C es cara y X es cruz):

$$X X C C X X C C C X C C C X X X X C C C$$

Si agrupamos la serie en secuencias (o rachas) con el mismo tipo de resultado (cara o cruz) obtenemos las 8 rachas siguientes:

$$XX \;\; CC \;\; XX \;\; CCC \;\; X \;\; CCC \;\; XXXX \;\; CCC$$

Ejemplo 11.8

Si en el ejemplo anterior se hubiese obtenido la muestra:

$$CCCCCCCCC \quad XXXXXXXX$$

habríamos podido sospechar con fundamento que la probabilidad de éxito no fue constante durante el ensayo (se vulneró la condición de equiprobabilidad del muestreo aleatorio simple).

Ejemplo 11.9

Por otra parte, si la muestra obtenida hubiera sido:

$$C \; X \; C \; X \; C \; X \; C \; X \; C \; X \; C \; X \; C \; X \; C \; X \; C \; X \; C \; X$$

es decir, si hubiera estado compuesta de 20 rachas de una sola cara y una sola cruz cada una de ellas, habríamos podido sospechar con fundamento que los lanzamientos de la moneda no fueron independientes.

- *Construcción del test*:

Supongamos que tratamos un caso con dos tipos de elementos muestrales. El test de las rachas puede formularse en los términos siguientes: sea una muestra de n elementos obtenida de una determinada población en la que existen n_1 elementos del tipo 1 y n_2 elementos de tipo 2, de manera que $n_1, n_2 \geq 10$.

Si la muestra es aleatoria simple, el número de rachas, U, puede aproximarse mediante una distribución normal con:

$$\mu = \frac{2n_1 n_2}{n_1 + n_2} + 1 \quad \sigma = \sqrt{\frac{(\mu - 1)(\mu - 2)}{n_1 + n_2 - 1}} = \sqrt{\frac{2n_1 n_2 (2n_1 n_2 - n_1 - n_2)}{(n_1 + n_2)^2 (n_1 + n_2 - 1)}}$$

El contraste se realiza comprobando si el número u_0 de rachas de la muestra es un valor razonable de la distribución normal de U (no existen evidencias para rechazar la hipótesis de la aleatoriedad de x_i) o no lo es (se rechaza la hipótesis de la aleatoriedad de x_i).

Ejemplo 11.10

Sea una muestra de 27 piezas que pueden ser defectuosas (se representan por d) o no defectuosas (se representan por n) como la siguiente:

$$nnnnnddddnnnnnnnnnnnnddnnddddd$$

Se desea conocer si puede aceptarse la hipótesis de aleatoriedad de dicha muestra con un nivel de significación del 1 %.

A la vista de los resultados muestrales se observa que existen seis rachas:

$$nnnnn\ dddd\ nnnnnnnnnn\ dd\ nn\ dddd$$

Los parámetros del contraste son:

$$n_1 = 10 \quad n_2 = 17 \quad u_o = 6$$

De manera que los parámetros de la distribución normal que debe seguir el estadístico 'número de rachas' son:

$$\mu = \frac{2 \times 10 \times 17}{10 + 17} + 1 = 13,59 \quad \sigma = \sqrt{\frac{(12,59)(11,59)}{10 + 17 - 1}} = 2,37$$

Por tanto, el número u_0 de rachas observadas en la muestra (en este caso 6) debería corresponder a una distribución normal $N(13,59; 2,37)$.

Considerando una significación del 1 % y un ensayo de dos colas (la región crítica puede corresponder tanto a un número excesivamente alto, como bajo del número de rachas) el intervalo de confianza para U es:

$$p(a \leq N(13,59; 2,37) \leq b) = 0,99$$

$$p(\frac{a - 13,59}{2,37} \leq Z \leq \frac{b - 13,59}{2,37}) = 0,99$$

Los dos extremos de esa desigualdad deben valer $-2,575$ y $2,575$. Despejando a y b se obtiene que la región de aceptación para el contraste es $R_a = (7,49; 19,69)$.

Como el número u_0 de rachas observado en la muestra (6) se encuentra fuera de dicho intervalo, existe evidencia suficiente para rechazar la hipótesis de aleatoriedad de la muestra. El número de rachas de la muestra es menor de lo esperado, de manera que existe una clara indicación de que las piezas defectuosas aparecen en bloques o grupos, lo que hace que la muestra no pueda ser considerada aleatoria.

Este test puede ser utilizado también para probar la aleatoriedad de muestras numéricas mediante el número de rachas existentes por encima y por debajo de la mediana muestral, lo cual es relativamente frecuente en técnicas de control de calidad.

Ejemplo 11.11

Sea el caso de un proceso industrial del cual se sospecha que se pueden estar haciendo demasiados cambios en las calibraciones de un torno automático. Se obtiene una muestra de 40 diámetros medios de ejes rotados sucesivamente en el torno, como la siguiente:

0,261	0,258	0,249	0,251	0,247	0,256	0,250	0,247	0,255	0,243
0,252	0,250	0,253	0,247	0,251	0,243	0,258	0,251	0,245	0,250
0,248	0,252	0,254	0,250	0,247	0,253	0,251	0,246	0,249	0,252
0,247	0,250	0,253	0,247	0,249	0,253	0,246	0,251	0,249	0,253

Comprobar con una significación del 1 % la hipótesis nula de aleatoriedad frente a la hipótesis alternativa de que hay un patrón de alternancia frecuente.

La mediana de la muestra es 0,250, de manera que dicha muestra podemos representarla como sigue (a indica un valor por encima de la mediana y b indica un valor por debajo de la mediana; no se consideran los valores iguales a la mediana):

$$aa\ b\ a\ b\ a\ b\ a\ b\ aa\ b\ a\ b\ aa\ bb\ aa\ b\ aa\ bb\ a\ b\ a\ b\ bb\ a\ b\ a\ b\ a$$

Es decir, hay 27 rachas en la muestra con 19 valores por encima de la mediana y 16 valores por debajo de ella. Por tanto, el estadístico número de rachas U se distribuye según una ley normal con:

$$\mu = \frac{2 \times 19 \times 16}{19 + 16} + 1 = 18,37 \quad \sigma = \sqrt{\frac{(17,37)(16,37)}{19 + 16 - 1}} = 2,89$$

El número u_0 de rachas observadas en la muestra (en este caso 27) debería corresponder a una distribución normal $N(18,37; 2,89)$.

Considerando una significación del 1 % y un ensayo de dos colas, la región de aceptación para U es:

$$p(a \leq N(18,37; 2,89) \leq b) = 0,99$$

$$p(\frac{a - 18,37}{2,89} \leq Z \leq \frac{b - 18,37}{2,89}) = 0,99$$

Los dos extremos de esa desigualdad deben valer $-2,575$ y $2,575$. Despejando a y b se obtiene que la región de aceptación para el contraste es $R_a = (10,93; 25,81)$.

Como el número u_0 de rachas observado en la muestra (27) se encuentra fuera de dicho intervalo existe evidencia suficiente para rechazar la hipótesis de aleatoriedad de la muestra. El número de rachas de la muestra es superior a lo esperado, de manera que existe una clara indicación de que el torno está siendo ajustado demasiado a menudo.

Observación.

Hay varias pruebas diferentes para estudiar la posible aleatoriedad según el número de rachas. La que se ha descrito es posiblemente la más sencilla (por eso es la seleccionada), aunque no la más precisa. Se conoce como *test asintótico de Wald-Wolfowitz*, y requiere que el número de ensayos no sea demasiado pequeño. Existe un test asintótico con corrección de continuidad (similar a la corrección de Yates) y un test exacto, que no se exponen aquí para mantener el texto en el nivel de dificultad que nos hemos marcado.

11.7. Comparación entre el test χ^2 y test de las rachas

Un análisis comparado del test χ^2 (sección 11.3) y el test de las rachas que acaba de ser expuesto, lleva a las siguientes consideraciones:

- Ambos test estudian los valores de una m.a.s., pero desde dos puntos de vista diferentes.

- El test χ^2 estudia las frecuencias de los valores de la muestra, sin valorar el orden en que estos valores han ido apareciendo.

- El test de las rachas estudia el orden en el que han ido apareciendo los valores de la muestra, para verificar su aleatoriedad, sin juzgar las frecuencias de dichos valores.

- Según el test χ^2 podría aceptarse que una muestra procede de una determinada distribución y, según el orden el que colocásemos los valores de dicha muestra, ésta podría ser aceptada como aleatoria o no de acuerdo con el test de las rachas.

11.8. Recapitulación

Este capítulo es la continuación natural del anterior y está dedicado a estudiar en detalle los contrastes de hipótesis más importantes. La primera sección se ocupa de los contrastes paramétricos, y detalla los pasos que se siguen para analizar un contraste de hipótesis: empezando por la formulación correcta de las hipótesis nula y alternativa, siguiendo por la elección del estadístico de contraste, la determinación de las regiones de aceptación y de rechazo (lo que dependerá del estadístico, del nivel de significación y de si el contraste es de una cola o de dos), y acabando con el rechazo o la aceptación de H_0 según el valor del estadístico caiga en una región o en otra.

Se hizo una relación pormenorizada de diversos estadísticos de contraste para estudiar diferentes parámetros (media, varianzas, proporciones, longitudes de intervalos) y para comparar parámetros de dos poblaciones. Para ello, nos apoyamos en el estudio de diversos estadísticos que se hizo en el capítulo 7. Unos ejercicios resueltos al final de la sección ayudan a entender cómo se estudian estos contrastes.

En la sección siguiente se estudiaron los contrastes no paramétricos de bondad de ajuste, independencia y homogeneidad, que se discuten siempre por medio de la distribución χ^2 de Pearson: la clave reside en medir (con ayuda de esa distribución de probabilidad) si la discrepancia entre los datos observados en una muestra y los previstos por el modelo teórico es demasiado grande para atribuirla al azar o no.

Finalmente, se expuso brevemente en qué consiste el test de las rachas, que sirve como prueba de aleatoriedad y es complementario del χ^2 de frecuencias a ese respecto.

11.9. Ejercicios propuestos

1. Para estudiar el grosor de unas planchas de acero para una obra, se eligen al azar 50 ejemplares. El espesor medio en esa muestra es de $1,5$ cm, con una desviación típica de $0,3$ cm (en la muestra). Fijado un nivel de significación de $0,05$:

   - Discuta si se puede admitir que la desviación típica en la población es de $0,25$ cm.

   - Discuta si se puede considerar demostrado que el espesor medio en la población es superior a 1 cm.

2. Se desea comparar la resistencia de dos tipos de cable a la tensión de rotura, realizando cuatro experimentos en los que se observan las siguientes tensiones de rotura (en Kp):

   Cable 1: $1330, 1245, 1120, 1450$

   Cable 2: $1375, 1470, 1257, 1112$

   Suponiendo que ambas tensiones de rotura siguen distribuciones normales, se pide:

   - Estudiar si se puede admitir que la resistencia a la rotura de los dos cables tiene la misma desviación típica, al 90% de confianza.

   - Estudiar si se puede considerar demostrado que la tensión media a la rotura del segundo cable es mayor que la del primero, con el mismo nivel de confianza (90%). Tenga en cuenta el apartado anterior.

3. El calibre de unos cilindros metálicos para una estructura sigue una distribución normal. Las especificaciones de la obra exigen que la varianza sea menor o igual que 4. En una muestra aleatoria de 6 cilindros se observó una varianza de $7,5$. ¿Contradice ese dato la condición $\sigma^2 \leq 4$ con un nivel de significación de $0,05$? ¿y de $0,01$?

4. Para comparar la habilidad en cierto tipo de prueba entre dos poblaciones se toma una muestra de 19 integrantes del primer tipo, que dan una puntuación media de 76, con una desviación típica de 4,25, y otra muestra de 15 del segundo tipo, que obtienen una media de 80, con una desviación típica de 4,5.

   - ¿Se puede considerar que las varianzas son iguales, con un nivel de confianza del 98 %? ¿y del 90 %?

   - ¿Se puede considerar demostrado que el nivel de la segunda población es más alto que el de la primera, con un nivel de significación de 0,1?

5. La distancia entre los ojos de ciertas especies de tiburones es una variable aleatoria normal. Los datos obtenidos al observar una muestra de 10 ejemplares arrojan una media de 50 centímetros, con una desviación típica muestral de $2,5$. Al examinar otra muestra de 12 individuos de otra especie, se observa una media de 56 centímetros, con una desviación típica de $2,3$. Nos preguntamos:

   - ¿Se puede aceptar que las desviaciones típicas son iguales al nivel de confianza $0,90$?

   - ¿Podemos concluir que la separación media entre los ojos de los escualos de la segunda especie es mayor que la de los de la primera? (con nivel de significación $0,05$).

6. Se lanzan 6 monedas al aire y caen 4 caras y 2 cruces; se vuelven a lanzar y salen 3 y 3. Al realizar la operación 128 veces, en 4 ocasiones no salió ninguna cara; en 12 ocasiones salió una sola cara; 29 veces salieron 2 caras; 34 veces, 3 caras; en 32 ocasiones salieron 4 caras; en 14, 5 caras, y 3 veces salieron 6 caras. Se cree que la variable aleatoria 'número de caras en 6 lanzamientos' sigue una ley binomial $B(6, 1/2)$. Contraste esa hipótesis con un nivel de confianza de 0,95.

7. Una lista de 100 cifras decimales de cierto número irracional presenta las siguientes frecuencias:

cifra	0	1	2	3	4	5	6	7	8	9
frecuencia	7	7	11	10	9	7	8	17	11	13

- ¿Se puede aceptar la hipótesis de que las proporciones de las cifras decimales es uniforme?

    - Parece que la frecuencia con que aparece la cifra 7 es muy alta. ¿Se puede aceptar la hipótesis de que la proporción con que se presenta esa cifra es 0,1?

Discuta cada una de las cuestiones con niveles de significación de $0,05$ y $0,01$.

8. Al lanzar una moneda al aire 120 veces salen 46 caras y 74 cruces. ¿Se puede aceptar que la probabilidad de cara, p, es igual a $1/2$ con un nivel de confianza de $0,95$?

9. Se discute si la diferencia entre el número de goles marcados y recibidos por los equipos del final de la clasificación se ajusta razonablemente a una distribución uniforme. Para aclararlo se observan esas cifras para los cuatro últimos equipos de la tabla, y se advierte que las diferencias son de 18, 14, 28 y 22. Discuta si con esos datos se puede aceptar que el ajuste uniforme es razonable o no (hágalo con niveles de confianza 0'95 y 0'99). Discuta la misma cuestión si pretendemos ampliar la tesis a los diez últimos equipos, cuyas diferencias de goles son 3, 3, 13, 7, 6 y 8 (además de los cuatro anteriores).

10. Se lanza un dado 120 veces con estos resultados

cara del dado	1	2	3	4	5	6
frecuencia	15	27	18	25	13	22

¿Se puede aceptar que el dado es equilibrado, es decir, que todos los números tienen la misma probabilidad de salir, con un nivel de significación $\alpha = 0,05$?

11. Busque en internet los 100 primeros decimales de π y divídalos en dos clases: pares e impares. Someta esa serie a dos pruebas de aleatoriedad: una prueba χ^2 de frecuencias y un test de rachas.

Clasifique ahora esos mismos dígitos en dos categorías: grandes (de 5 a 9) y pequeños (de 0 a 4) y realice las mismas pruebas.

Es posible que la hipótesis nula salga bien parada de esos contrastes. Sin embargo, esas cifras no son aleatorias en absoluto. ¿Cómo se explica?

12. Repita el estudio del ejercicio anterior sustituyendo el número π por cada uno de estos números: $1/3$, $2/9$, $1/7$, $3/13$, e, $\frac{1+\sqrt{5}}{2}$.

Capítulo 12

Tablas

12.1. Uso de las tablas

A continuación, se incluyen unas tablas estadísticas. Para su uso, que es muy sencillo, conviene tener en cuenta lo siguiente:

1. Todas estas tablas dan la probabilidad $p(X > x)$, es decir, no dan la función de distribución, sino su complementaria.

2. La tabla de la distribución normal $N(0, 1)$ contiene las probabilidades $p(X > x)$ para valores positivos de x hasta $3,09$, variando de centésima en centésima. Así, en la fila que corresponde a $1,3$ leemos en tercera posición (es decir, en la columna correspondiente a $0,02$) el valor $0,0934$; eso significa que $p(X > 1,32) = 0,0934$ si $X \sim N(0, 1)$.

3. Los valores negativos de x no se incluyen en esa tabla, porque pueden deducirse de los positivos, al ser par la función de densidad; así, $p(X > -1,24) = p(X < 1,24) = 1 - p(X > 1,24) = 1 - 0,1075 = 0'8925$. Así, la tabla nos proporciona información acerca de más de 600 valores.

4. El punto $x = 1,96$ es tal que $p(X > 1,96) = 0,025$, es decir, $1,96 = z_{0,025}$, que es un valor muy usado en contrastes de hipótesis. Por la simetría, $-1,96 = z_{0,975}$. Para encontra $z_{0,05}$ hay que interpolar en la tabla, pues $0,05$ se halla entre los valores correspondientes a $1,64$ y $1,65$: será $1,645$.

5. La tabla de la distribución χ^2 contiene mucha menos información. Cada fila corresponde a un valor de n (el número de grados de libertad). Así, en la séptima fila, leemos (entre otros) los valores $2,17$ (en la columna correspondiente a 0,975) y $12,02$ (en la columna correspondiente a 0,1); eso significa que $p(X > 2,17) = 0,975$ y $p(X > 12,02) = 0,1$ si $X \sim \chi_7^2$.

6. La tabla de la distribución t de Student es similar a la χ^2 en cuanto a que cada fila corresponde a un valor de n (el número de grados de libertad), y a la de la normal porque aprovecha la paridad de su función de densidad para incluir sólo valores positivos. Así, cuando leemos en la quinta fila el valor $2,015$ en la columna correspondiente a 0,05 interpretamos que $p(X > 2,015) = 0,05$ y también que $p(X > -2,015) = 0,95$ si $X \sim t_5$.

7. La tabla de la distribución F contiene aún menos información que las anteriores. Los grados de libertad se indican en la cabecera de las columnas (n_1) y a los márgenes de las filas (n_2). Así, en el cruce de la sexta fila y la cuarta columna, leemos dos valores $4,53$ y $9,15$; eso quiere decir que $p(X > 4,53) = 0,05$ y $p(X > 9,15) = 0,01$ si $X \sim F_{4,6}$. El mismo esquema encontarmos en cualquier otra posición: dos valores que dejan a su derecha el $0,05$ y el $0,01$ de la probabilidad.

8. Se pueden deducir fácilmente los valores que dejan esa probabilidad a su izquierda, utilizando la propiedad $1/F_{n,m} = F_{m,n}$. Así, para saber qué valor cumple que $p(X < x) = 0'05$ siendo $X \sim F_{4,6}$, miramos en la tabla de $F_{6,4}$ y leemos los valores $6,16$ y $15,21$; sus inversos $1/6,16 = 0,162$ y $1/15,21 = 0,066$ son los valores que dejan a su izquierda el $0,05$ y el $0,01$ de la probabilidad de $F_{4,6}$.

12.2. Tablas de las distribuciones normal, χ^2, t y F

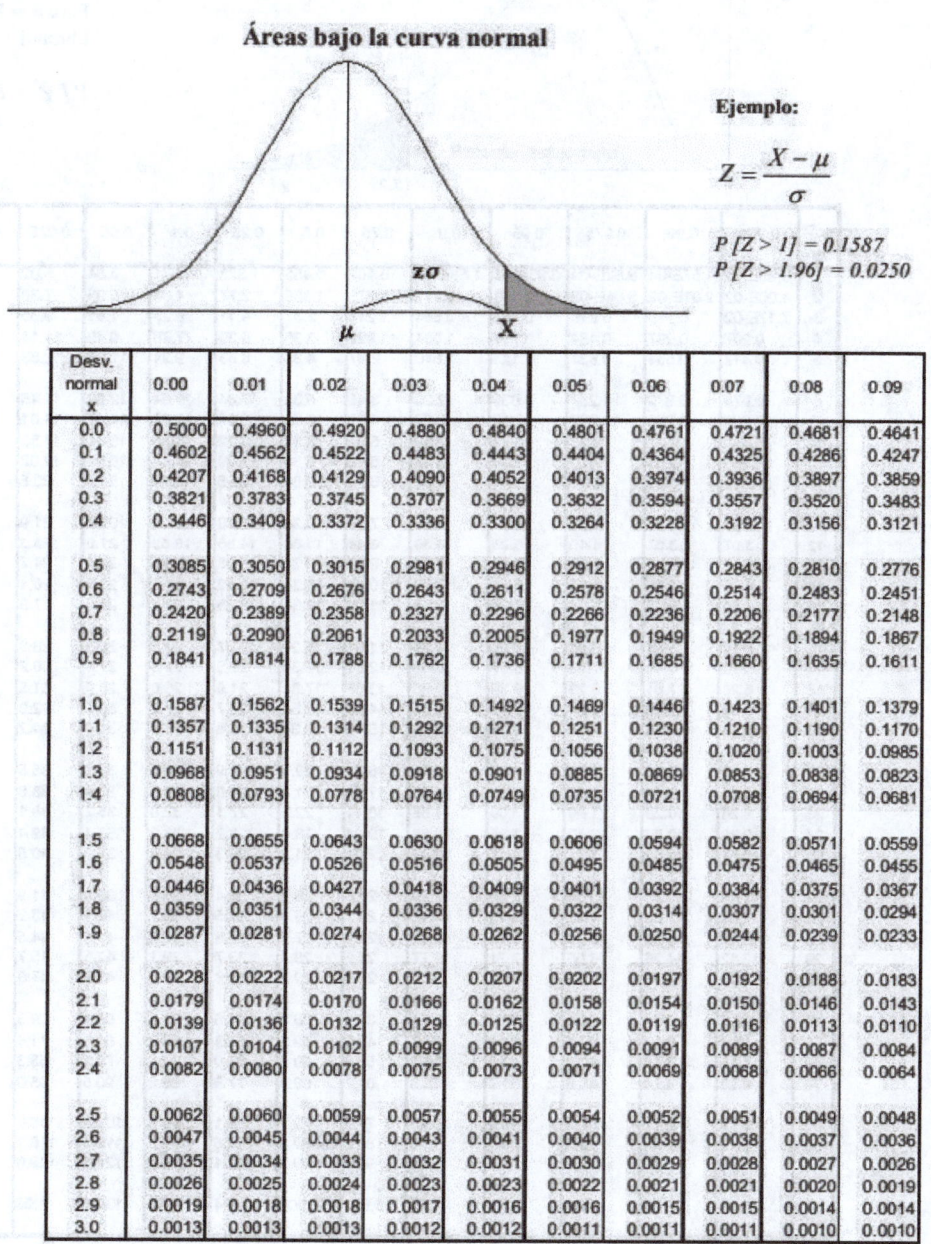

Áreas bajo la curva normal

Ejemplo:

$$Z = \frac{X - \mu}{\sigma}$$

$P\,[Z > 1] = 0.1587$
$P\,[Z > 1.96] = 0.0250$

Desv. normal x	0.00	0.01	0.02	0.03	0.04	0.05	0.06	0.07	0.08	0.09
0.0	0.5000	0.4960	0.4920	0.4880	0.4840	0.4801	0.4761	0.4721	0.4681	0.4641
0.1	0.4602	0.4562	0.4522	0.4483	0.4443	0.4404	0.4364	0.4325	0.4286	0.4247
0.2	0.4207	0.4168	0.4129	0.4090	0.4052	0.4013	0.3974	0.3936	0.3897	0.3859
0.3	0.3821	0.3783	0.3745	0.3707	0.3669	0.3632	0.3594	0.3557	0.3520	0.3483
0.4	0.3446	0.3409	0.3372	0.3336	0.3300	0.3264	0.3228	0.3192	0.3156	0.3121
0.5	0.3085	0.3050	0.3015	0.2981	0.2946	0.2912	0.2877	0.2843	0.2810	0.2776
0.6	0.2743	0.2709	0.2676	0.2643	0.2611	0.2578	0.2546	0.2514	0.2483	0.2451
0.7	0.2420	0.2389	0.2358	0.2327	0.2296	0.2266	0.2236	0.2206	0.2177	0.2148
0.8	0.2119	0.2090	0.2061	0.2033	0.2005	0.1977	0.1949	0.1922	0.1894	0.1867
0.9	0.1841	0.1814	0.1788	0.1762	0.1736	0.1711	0.1685	0.1660	0.1635	0.1611
1.0	0.1587	0.1562	0.1539	0.1515	0.1492	0.1469	0.1446	0.1423	0.1401	0.1379
1.1	0.1357	0.1335	0.1314	0.1292	0.1271	0.1251	0.1230	0.1210	0.1190	0.1170
1.2	0.1151	0.1131	0.1112	0.1093	0.1075	0.1056	0.1038	0.1020	0.1003	0.0985
1.3	0.0968	0.0951	0.0934	0.0918	0.0901	0.0885	0.0869	0.0853	0.0838	0.0823
1.4	0.0808	0.0793	0.0778	0.0764	0.0749	0.0735	0.0721	0.0708	0.0694	0.0681
1.5	0.0668	0.0655	0.0643	0.0630	0.0618	0.0606	0.0594	0.0582	0.0571	0.0559
1.6	0.0548	0.0537	0.0526	0.0516	0.0505	0.0495	0.0485	0.0475	0.0465	0.0455
1.7	0.0446	0.0436	0.0427	0.0418	0.0409	0.0401	0.0392	0.0384	0.0375	0.0367
1.8	0.0359	0.0351	0.0344	0.0336	0.0329	0.0322	0.0314	0.0307	0.0301	0.0294
1.9	0.0287	0.0281	0.0274	0.0268	0.0262	0.0256	0.0250	0.0244	0.0239	0.0233
2.0	0.0228	0.0222	0.0217	0.0212	0.0207	0.0202	0.0197	0.0192	0.0188	0.0183
2.1	0.0179	0.0174	0.0170	0.0166	0.0162	0.0158	0.0154	0.0150	0.0146	0.0143
2.2	0.0139	0.0136	0.0132	0.0129	0.0125	0.0122	0.0119	0.0116	0.0113	0.0110
2.3	0.0107	0.0104	0.0102	0.0099	0.0096	0.0094	0.0091	0.0089	0.0087	0.0084
2.4	0.0082	0.0080	0.0078	0.0075	0.0073	0.0071	0.0069	0.0068	0.0066	0.0064
2.5	0.0062	0.0060	0.0059	0.0057	0.0055	0.0054	0.0052	0.0051	0.0049	0.0048
2.6	0.0047	0.0045	0.0044	0.0043	0.0041	0.0040	0.0039	0.0038	0.0037	0.0036
2.7	0.0035	0.0034	0.0033	0.0032	0.0031	0.0030	0.0029	0.0028	0.0027	0.0026
2.8	0.0026	0.0025	0.0024	0.0023	0.0023	0.0022	0.0021	0.0021	0.0020	0.0019
2.9	0.0019	0.0018	0.0018	0.0017	0.0016	0.0016	0.0015	0.0015	0.0014	0.0014
3.0	0.0013	0.0013	0.0013	0.0012	0.0012	0.0011	0.0011	0.0011	0.0010	0.0010

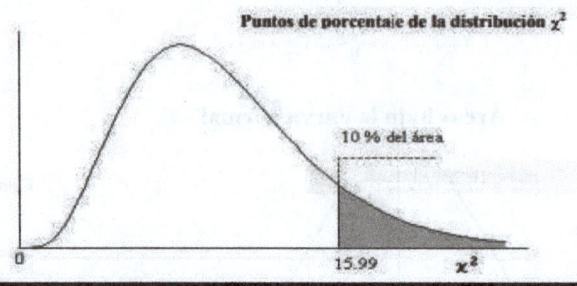

Puntos de porcentaje de la distribución χ^2

10 % del área

15.99 x^2

Ejemplo:
Para $\phi = 10$ grados de
libertad

$$P[\chi^2 > 15.99] = 0.10$$

$\frac{\pi}{\phi}$	0.995	0.99	0.975	0.95	0.9	0.75	0.5	0.25	0.1	0.05	0.025	0.01	0.005	$\frac{\pi}{\phi}$
1	3.93E-05	1.57E-04	9.82E-04	3.93E-03	1.58E-02	0.102	0.455	1.323	2.71	3.84	5.02	6.63	7.88	1
2	1.00E-02	2.01E-02	5.06E-02	0.103	0.211	0.575	1.386	2.77	4.61	5.99	7.38	9.21	10.60	2
3	7.17E-02	0.115	0.216	0.352	0.584	1.213	2.37	4.11	6.25	7.81	9.35	11.34	12.84	3
4	0.207	0.297	0.484	0.711	1.064	1.923	3.36	5.39	7.78	9.49	11.14	13.28	14.86	4
5	0.412	0.554	0.831	1.145	1.610	2.67	4.35	6.63	9.24	11.07	12.83	15.09	16.75	5
6	0.676	0.872	1.237	1.635	2.20	3.45	5.35	7.84	10.64	12.59	14.45	16.81	18.55	6
7	0.989	1.239	1.690	2.17	2.83	4.25	6.35	9.04	12.02	14.07	16.01	18.48	20.3	7
8	1.344	1.647	2.18	2.73	3.49	5.07	7.34	10.22	13.36	15.51	17.53	20.1	22.0	8
9	1.735	2.09	2.70	3.33	4.17	5.90	8.34	11.39	14.68	16.92	19.02	21.7	23.6	9
10	2.16	2.56	3.25	3.94	4.87	6.74	9.34	12.55	15.99	18.31	20.5	23.2	25.2	10
11	2.60	3.05	3.82	4.57	5.58	7.58	10.34	13.70	17.28	19.68	21.9	24.7	26.8	11
12	3.07	3.57	4.40	5.23	6.30	8.44	11.34	14.85	18.55	21.0	23.3	26.2	28.3	12
13	3.57	4.11	5.01	5.89	7.04	9.30	12.34	15.98	19.81	22.4	24.7	27.7	29.8	13
14	4.07	4.66	5.63	6.57	7.79	10.17	13.34	17.12	21.1	23.7	26.1	29.1	31.3	14
15	4.60	5.23	6.26	7.26	8.55	11.04	14.34	18.25	22.3	25.0	27.5	30.6	32.8	15
16	5.14	5.81	6.91	7.96	9.31	11.91	15.34	19.37	23.5	26.3	28.8	32.0	34.3	16
17	5.70	6.41	7.56	8.67	10.09	12.79	16.34	20.5	24.8	27.6	30.2	33.4	35.7	17
18	6.26	7.01	8.23	9.39	10.86	13.68	17.34	21.6	26.0	28.9	31.5	34.8	37.2	18
19	6.84	7.63	8.91	10.12	11.65	14.56	18.34	22.7	27.2	30.1	32.9	36.2	38.6	19
20	7.43	8.26	9.59	10.85	12.44	15.45	19.34	23.8	28.4	31.4	34.2	37.6	40.0	20
21	8.03	8.90	10.28	11.59	13.24	16.34	20.3	24.9	29.6	32.7	35.5	38.9	41.4	21
22	8.64	9.54	10.98	12.34	14.04	17.24	21.3	26.0	30.8	33.9	36.8	40.3	42.8	22
23	9.26	10.20	11.69	13.09	14.85	18.14	22.3	27.1	32.0	35.2	38.1	41.6	44.2	23
24	9.89	10.86	12.40	13.85	15.66	19.04	23.3	28.2	33.2	36.4	39.4	43.0	45.6	24
25	10.52	11.52	13.12	14.61	16.47	19.94	24.3	29.3	34.4	37.7	40.6	44.3	46.9	25
26	11.16	12.20	13.84	15.38	17.29	20.8	25.3	30.4	35.6	38.9	41.9	45.6	48.3	26
27	11.81	12.88	14.57	16.15	18.11	21.7	26.3	31.5	36.7	40.1	43.2	47.0	49.6	27
28	12.46	13.56	15.31	16.93	18.94	22.7	27.3	32.6	37.9	41.3	44.5	48.3	51.0	28
29	13.12	14.26	16.05	17.71	19.77	23.6	28.3	33.7	39.1	42.6	45.7	49.6	52.3	29
30	13.79	14.95	16.79	18.49	20.6	24.5	29.3	34.8	40.3	43.8	47.0	50.9	53.7	30
40	20.7	22.2	24.4	26.5	29.1	33.7	39.3	45.6	51.8	55.8	59.3	63.7	66.8	40
50	28.0	29.7	32.4	34.8	37.7	42.9	49.3	56.3	63.2	67.5	71.4	76.2	79.5	50
60	35.5	37.5	40.5	43.2	46.5	52.3	59.3	67.0	74.4	79.1	83.3	88.4	92.0	60
70	43.3	45.4	48.8	51.7	55.3	61.7	69.3	77.6	85.5	90.5	95.0	100.4	104.2	70
80	51.2	53.5	57.2	60.4	64.3	71.1	79.3	88.1	96.6	101.9	106.6	112.3	116.3	80
90	59.2	61.8	65.6	69.1	73.3	80.6	89.3	98.6	107.6	113.1	118.1	124.1	128.3	90
100	67.3	70.1	74.2	77.9	82.4	90.1	99.3	109.1	118.5	124.3	129.6	135.8	140.2	100
Z_α	-2.58	-2.33	-1.96	-1.64	-1.28	-0.674	0.000	0.674	1.282	1.645	1.96	2.33	2.58	Z_α

Puntos de porcentaje de la distribución t

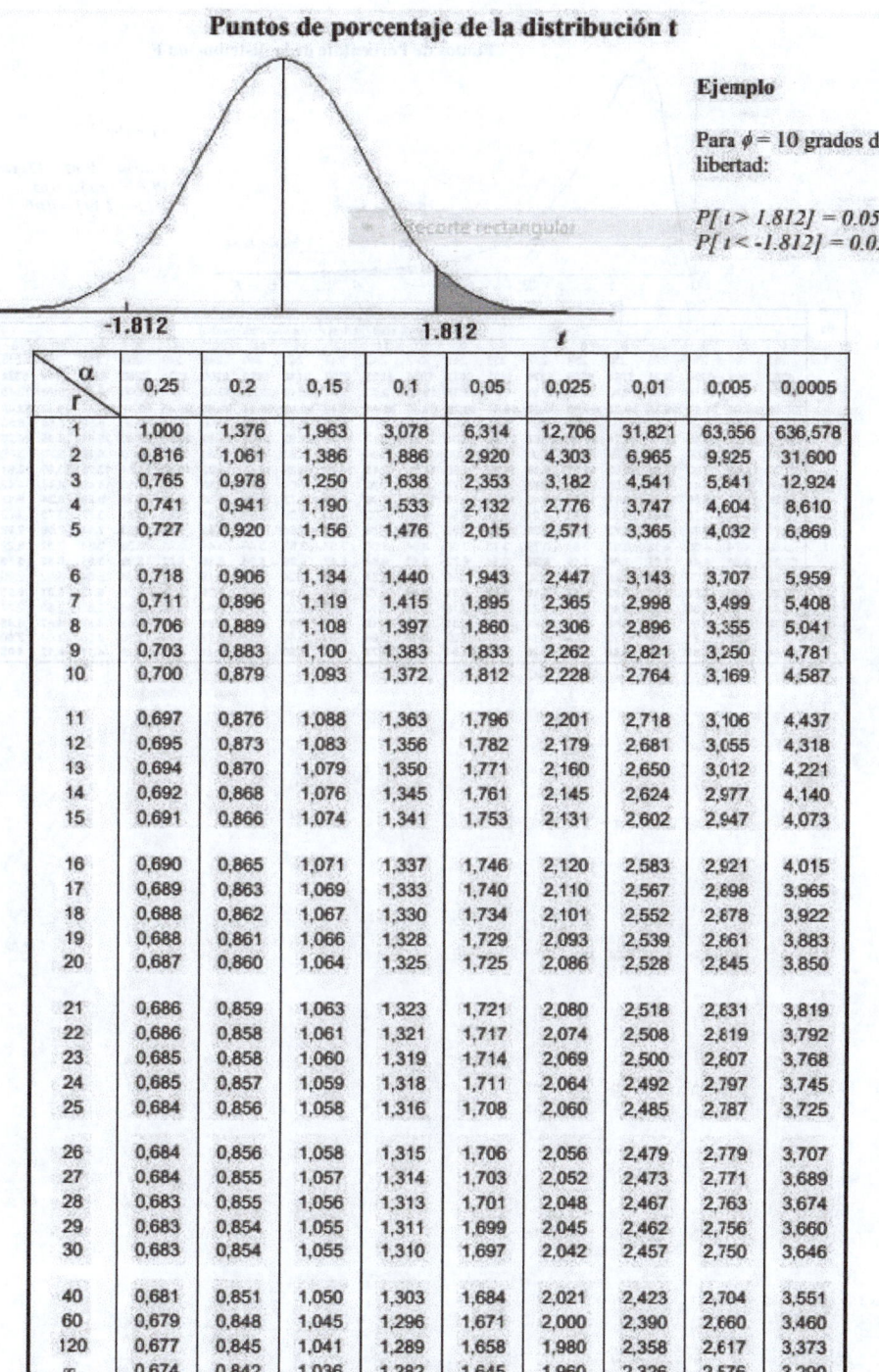

Ejemplo

Para $\phi = 10$ grados de libertad:

$P[\,t > 1.812\,] = 0.05$
$P[\,t < -1.812\,] = 0.05$

-1.812   1.812 t

α / r	0,25	0,2	0,15	0,1	0,05	0,025	0,01	0,005	0,0005
1	1,000	1,376	1,963	3,078	6,314	12,706	31,821	63,656	636,578
2	0,816	1,061	1,386	1,886	2,920	4,303	6,965	9,925	31,600
3	0,765	0,978	1,250	1,638	2,353	3,182	4,541	5,841	12,924
4	0,741	0,941	1,190	1,533	2,132	2,776	3,747	4,604	8,610
5	0,727	0,920	1,156	1,476	2,015	2,571	3,365	4,032	6,869
6	0,718	0,906	1,134	1,440	1,943	2,447	3,143	3,707	5,959
7	0,711	0,896	1,119	1,415	1,895	2,365	2,998	3,499	5,408
8	0,706	0,889	1,108	1,397	1,860	2,306	2,896	3,355	5,041
9	0,703	0,883	1,100	1,383	1,833	2,262	2,821	3,250	4,781
10	0,700	0,879	1,093	1,372	1,812	2,228	2,764	3,169	4,587
11	0,697	0,876	1,088	1,363	1,796	2,201	2,718	3,106	4,437
12	0,695	0,873	1,083	1,356	1,782	2,179	2,681	3,055	4,318
13	0,694	0,870	1,079	1,350	1,771	2,160	2,650	3,012	4,221
14	0,692	0,868	1,076	1,345	1,761	2,145	2,624	2,977	4,140
15	0,691	0,866	1,074	1,341	1,753	2,131	2,602	2,947	4,073
16	0,690	0,865	1,071	1,337	1,746	2,120	2,583	2,921	4,015
17	0,689	0,863	1,069	1,333	1,740	2,110	2,567	2,898	3,965
18	0,688	0,862	1,067	1,330	1,734	2,101	2,552	2,878	3,922
19	0,688	0,861	1,066	1,328	1,729	2,093	2,539	2,861	3,883
20	0,687	0,860	1,064	1,325	1,725	2,086	2,528	2,845	3,850
21	0,686	0,859	1,063	1,323	1,721	2,080	2,518	2,831	3,819
22	0,686	0,858	1,061	1,321	1,717	2,074	2,508	2,819	3,792
23	0,685	0,858	1,060	1,319	1,714	2,069	2,500	2,807	3,768
24	0,685	0,857	1,059	1,318	1,711	2,064	2,492	2,797	3,745
25	0,684	0,856	1,058	1,316	1,708	2,060	2,485	2,787	3,725
26	0,684	0,856	1,058	1,315	1,706	2,056	2,479	2,779	3,707
27	0,684	0,855	1,057	1,314	1,703	2,052	2,473	2,771	3,689
28	0,683	0,855	1,056	1,313	1,701	2,048	2,467	2,763	3,674
29	0,683	0,854	1,055	1,311	1,699	2,045	2,462	2,756	3,660
30	0,683	0,854	1,055	1,310	1,697	2,042	2,457	2,750	3,646
40	0,681	0,851	1,050	1,303	1,684	2,021	2,423	2,704	3,551
60	0,679	0,848	1,045	1,296	1,671	2,000	2,390	2,660	3,460
120	0,677	0,845	1,041	1,289	1,658	1,980	2,358	2,617	3,373
∞	0,674	0,842	1,036	1,282	1,645	1,960	2,326	2,576	3,290

Puntos de Porcentaje de la distribución F

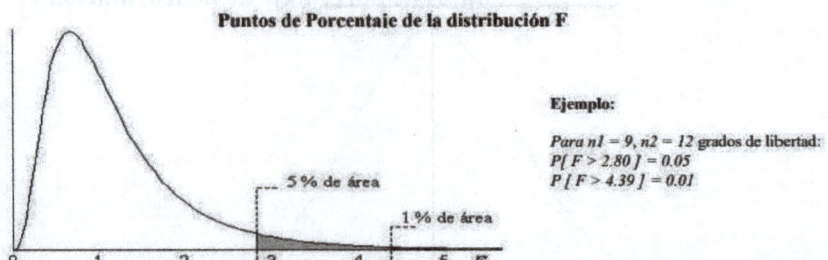

Ejemplo:

Para $n1 = 9$, $n2 = 12$ grados de libertad:
$P[F > 2.80] = 0.05$
$P[F > 4.39] = 0.01$

5 % de área

1 % de área

n_2	\multicolumn{24}{c}{5 % (normal) y 1 % (negritas) puntos para la distribución de F}	n_2

n_2	1	2	3	4	5	6	7	8	9	10	11	12	14	16	20	24	30	40	50	75	100	200	500	∞	n_2
1	161	199	216	225	230	234	237	239	241	242	243	244	245	246	248	249	250	251	252	253	253	254	254	254	1
	4052	**4999**	**5404**	**5624**	**5764**	**5859**	**5928**	**5981**	**6022**	**6056**	**6083**	**6107**	**6143**	**6170**	**6209**	**6234**	**6260**	**6286**	**6302**	**6324**	**6334**	**6350**	**6360**	**6366**	
2	18.51	19.00	19.16	19.25	19.30	19.33	19.35	19.37	19.38	19.40	19.40	19.41	19.42	19.43	19.45	19.45	19.46	19.47	19.48	19.48	19.49	19.49	19.49	19.50	2
	98.50	**99.00**	**99.16**	**99.25**	**99.30**	**99.33**	**99.36**	**99.38**	**99.39**	**99.40**	**99.41**	**99.42**	**99.43**	**99.44**	**99.45**	**99.46**	**99.47**	**99.48**	**99.48**	**99.48**	**99.49**	**99.49**	**99.50**	**99.50**	
3	10.13	9.55	9.28	9.12	9.01	8.94	8.89	8.85	8.81	8.79	8.76	8.74	8.71	8.69	8.66	8.64	8.62	8.59	8.58	8.56	8.55	8.54	8.53	8.53	3
	34.12	**30.82**	**29.46**	**28.71**	**28.24**	**27.91**	**27.67**	**27.49**	**27.34**	**27.23**	**27.13**	**27.05**	**26.92**	**26.83**	**26.69**	**26.60**	**26.50**	**26.41**	**26.35**	**26.28**	**26.24**	**26.18**	**26.15**	**26.13**	
4	7.71	6.94	6.59	6.39	6.26	6.16	6.09	6.04	6.00	5.96	5.94	5.91	5.87	5.84	5.80	5.77	5.75	5.72	5.70	5.68	5.66	5.65	5.64	5.63	4
	21.20	**18.00**	**16.69**	**15.98**	**15.52**	**15.21**	**14.98**	**14.80**	**14.66**	**14.55**	**14.45**	**14.37**	**14.25**	**14.15**	**14.02**	**13.93**	**13.84**	**13.75**	**13.69**	**13.61**	**13.58**	**13.52**	**13.49**	**13.46**	
5	6.61	5.79	5.41	5.19	5.05	4.95	4.88	4.82	4.77	4.74	4.70	4.68	4.64	4.60	4.56	4.53	4.50	4.46	4.44	4.42	4.41	4.39	4.37	4.37	5
	16.26	**13.27**	**12.06**	**11.39**	**10.97**	**10.67**	**10.46**	**10.29**	**10.16**	**10.05**	**9.96**	**9.89**	**9.77**	**9.68**	**9.55**	**9.47**	**9.38**	**9.29**	**9.24**	**9.17**	**9.13**	**9.08**	**9.04**	**9.02**	
6	5.99	5.14	4.76	4.53	4.39	4.28	4.21	4.15	4.10	4.06	4.03	4.00	3.96	3.92	3.87	3.84	3.81	3.77	3.75	3.73	3.71	3.69	3.68	3.67	6
	13.75	**10.92**	**9.78**	**9.15**	**8.75**	**8.47**	**8.26**	**8.10**	**7.98**	**7.87**	**7.79**	**7.72**	**7.60**	**7.52**	**7.40**	**7.31**	**7.23**	**7.14**	**7.09**	**7.02**	**6.99**	**6.93**	**6.90**	**6.88**	
7	5.59	4.74	4.35	4.12	3.97	3.87	3.79	3.73	3.68	3.64	3.60	3.57	3.53	3.49	3.44	3.41	3.38	3.34	3.32	3.29	3.27	3.25	3.24	3.23	7
	12.25	**9.55**	**8.45**	**7.85**	**7.46**	**7.19**	**6.99**	**6.84**	**6.72**	**6.62**	**6.54**	**6.47**	**6.36**	**6.28**	**6.16**	**6.07**	**5.99**	**5.91**	**5.86**	**5.79**	**5.75**	**5.70**	**5.67**	**5.65**	
8	5.32	4.46	4.07	3.84	3.69	3.58	3.50	3.44	3.39	3.35	3.31	3.28	3.24	3.20	3.15	3.12	3.08	3.04	3.02	2.99	2.97	2.95	2.94	2.93	8
	11.26	**8.65**	**7.59**	**7.01**	**6.63**	**6.37**	**6.18**	**6.03**	**5.91**	**5.81**	**5.73**	**5.67**	**5.56**	**5.48**	**5.36**	**5.28**	**5.20**	**5.12**	**5.07**	**5.00**	**4.96**	**4.91**	**4.88**	**4.86**	
9	5.12	4.26	3.86	3.63	3.48	3.37	3.29	3.23	3.18	3.14	3.10	3.07	3.03	2.99	2.94	2.90	2.86	2.83	2.80	2.77	2.76	2.73	2.72	2.71	9
	10.56	**8.02**	**6.99**	**6.42**	**6.06**	**5.80**	**5.61**	**5.47**	**5.35**	**5.26**	**5.18**	**5.11**	**5.01**	**4.92**	**4.81**	**4.73**	**4.65**	**4.57**	**4.52**	**4.45**	**4.41**	**4.36**	**4.33**	**4.31**	
10	4.96	4.10	3.71	3.48	3.33	3.22	3.14	3.07	3.02	2.98	2.94	2.91	2.86	2.83	2.77	2.74	2.70	2.66	2.64	2.60	2.59	2.56	2.55	2.54	10
	10.04	**7.56**	**6.55**	**5.99**	**5.64**	**5.39**	**5.20**	**5.06**	**4.94**	**4.85**	**4.77**	**4.71**	**4.60**	**4.52**	**4.41**	**4.33**	**4.25**	**4.17**	**4.12**	**4.05**	**4.01**	**3.96**	**3.93**	**3.91**	

n1 grados de libertad (para el mayor cuadrado medio)

5 % (normal) y 1 % (negritas) puntos para la distribución de F

n1 grados de libertad (para el mayor cuadrado medio)

n_2	1	2	3	4	5	6	7	8	9	10	11	12	14	16	20	24	30	40	50	75	100	200	500	∞
11	4.84	3.98	3.59	3.36	3.20	3.09	3.01	2.95	2.90	2.85	2.82	2.79	2.74	2.70	2.65	2.61	2.57	2.53	2.51	2.47	2.46	2.43	2.42	2.40
	9.65	**7.21**	**6.22**	**5.67**	**5.32**	**5.07**	**4.89**	**4.74**	**4.63**	**4.54**	**4.46**	**4.40**	**4.29**	**4.21**	**4.10**	**4.02**	**3.94**	**3.86**	**3.81**	**3.74**	**3.71**	**3.66**	**3.62**	**3.60**
12	4.75	3.89	3.49	3.26	3.11	3.00	2.91	2.85	2.80	2.75	2.72	2.69	2.64	2.60	2.54	2.51	2.47	2.43	2.40	2.37	2.35	2.32	2.31	2.30
	9.33	**6.93**	**5.95**	**5.41**	**5.06**	**4.82**	**4.64**	**4.50**	**4.39**	**4.30**	**4.22**	**4.16**	**4.05**	**3.97**	**3.86**	**3.78**	**3.70**	**3.62**	**3.57**	**3.50**	**3.47**	**3.41**	**3.38**	**3.36**
13	4.67	3.81	3.41	3.18	3.03	2.92	2.83	2.77	2.71	2.67	2.63	2.60	2.55	2.51	2.46	2.42	2.38	2.34	2.31	2.28	2.26	2.23	2.22	2.21
	9.07	**6.70**	**5.74**	**5.21**	**4.86**	**4.62**	**4.44**	**4.30**	**4.19**	**4.10**	**4.02**	**3.96**	**3.86**	**3.78**	**3.66**	**3.59**	**3.51**	**3.43**	**3.38**	**3.31**	**3.27**	**3.22**	**3.19**	**3.17**
14	4.60	3.74	3.34	3.11	2.96	2.85	2.76	2.70	2.65	2.60	2.57	2.53	2.48	2.44	2.39	2.35	2.31	2.27	2.24	2.21	2.19	2.16	2.14	2.13
	8.86	**6.51**	**5.56**	**5.04**	**4.69**	**4.46**	**4.28**	**4.14**	**4.03**	**3.94**	**3.86**	**3.80**	**3.70**	**3.62**	**3.51**	**3.43**	**3.35**	**3.27**	**3.22**	**3.15**	**3.11**	**3.06**	**3.03**	**3.00**
15	4.54	3.68	3.29	3.06	2.90	2.79	2.71	2.64	2.59	2.54	2.51	2.48	2.42	2.38	2.33	2.29	2.25	2.20	2.18	2.14	2.12	2.10	2.08	2.07
	8.68	**6.36**	**5.42**	**4.89**	**4.56**	**4.32**	**4.14**	**4.00**	**3.89**	**3.80**	**3.73**	**3.67**	**3.56**	**3.49**	**3.37**	**3.29**	**3.21**	**3.13**	**3.08**	**3.01**	**2.98**	**2.92**	**2.89**	**2.87**
16	4.49	3.63	3.24	3.01	2.85	2.74	2.66	2.59	2.54	2.49	2.46	2.42	2.37	2.33	2.28	2.24	2.19	2.15	2.12	2.09	2.07	2.04	2.02	2.01
	8.53	**6.23**	**5.29**	**4.77**	**4.44**	**4.20**	**4.03**	**3.89**	**3.78**	**3.69**	**3.62**	**3.55**	**3.45**	**3.37**	**3.26**	**3.18**	**3.10**	**3.02**	**2.97**	**2.90**	**2.86**	**2.81**	**2.78**	**2.75**
17	4.45	3.59	3.20	2.96	2.81	2.70	2.61	2.55	2.49	2.45	2.41	2.38	2.33	2.29	2.23	2.19	2.15	2.10	2.08	2.04	2.02	1.99	1.97	1.96
	8.40	**6.11**	**5.19**	**4.67**	**4.34**	**4.10**	**3.93**	**3.79**	**3.68**	**3.59**	**3.52**	**3.46**	**3.35**	**3.27**	**3.16**	**3.08**	**3.00**	**2.92**	**2.87**	**2.80**	**2.76**	**2.71**	**2.68**	**2.65**
18	4.41	3.55	3.16	2.93	2.77	2.66	2.58	2.51	2.46	2.41	2.37	2.34	2.29	2.25	2.19	2.15	2.11	2.06	2.04	2.00	1.98	1.95	1.93	1.92
	8.29	**6.01**	**5.09**	**4.58**	**4.25**	**4.01**	**3.84**	**3.71**	**3.60**	**3.51**	**3.43**	**3.37**	**3.27**	**3.19**	**3.08**	**3.00**	**2.92**	**2.84**	**2.78**	**2.71**	**2.68**	**2.62**	**2.59**	**2.57**
19	4.38	3.52	3.13	2.90	2.74	2.63	2.54	2.48	2.42	2.38	2.34	2.31	2.26	2.21	2.16	2.11	2.07	2.03	2.00	1.96	1.94	1.91	1.89	1.88
	8.18	**5.93**	**5.01**	**4.50**	**4.17**	**3.94**	**3.77**	**3.63**	**3.52**	**3.43**	**3.36**	**3.30**	**3.19**	**3.12**	**3.00**	**2.92**	**2.84**	**2.76**	**2.71**	**2.64**	**2.60**	**2.55**	**2.51**	**2.49**
20	4.35	3.49	3.10	2.87	2.71	2.60	2.51	2.45	2.39	2.35	2.31	2.28	2.22	2.18	2.12	2.08	2.04	1.99	1.97	1.93	1.91	1.88	1.86	1.84
	8.10	**5.85**	**4.94**	**4.43**	**4.10**	**3.87**	**3.70**	**3.56**	**3.46**	**3.37**	**3.29**	**3.23**	**3.13**	**3.05**	**2.94**	**2.86**	**2.78**	**2.69**	**2.64**	**2.57**	**2.54**	**2.48**	**2.44**	**2.42**
21	4.32	3.47	3.07	2.84	2.68	2.57	2.49	2.42	2.37	2.32	2.28	2.25	2.20	2.16	2.10	2.05	2.01	1.96	1.94	1.90	1.88	1.84	1.83	1.81
	8.02	**5.78**	**4.87**	**4.37**	**4.04**	**3.81**	**3.64**	**3.51**	**3.40**	**3.31**	**3.24**	**3.17**	**3.07**	**2.99**	**2.88**	**2.80**	**2.72**	**2.64**	**2.58**	**2.51**	**2.48**	**2.42**	**2.38**	**2.36**
22	4.30	3.44	3.05	2.82	2.66	2.55	2.46	2.40	2.34	2.30	2.26	2.23	2.17	2.13	2.07	2.03	1.98	1.94	1.91	1.87	1.85	1.82	1.80	1.78
	7.95	**5.72**	**4.82**	**4.31**	**3.99**	**3.76**	**3.59**	**3.45**	**3.35**	**3.26**	**3.18**	**3.12**	**3.02**	**2.94**	**2.83**	**2.75**	**2.67**	**2.58**	**2.53**	**2.46**	**2.42**	**2.36**	**2.33**	**2.31**
23	4.28	3.42	3.03	2.80	2.64	2.53	2.44	2.37	2.32	2.27	2.24	2.20	2.15	2.11	2.05	2.01	1.96	1.91	1.88	1.84	1.82	1.79	1.77	1.76
	7.88	**5.66**	**4.76**	**4.26**	**3.94**	**3.71**	**3.54**	**3.41**	**3.30**	**3.21**	**3.14**	**3.07**	**2.97**	**2.89**	**2.78**	**2.70**	**2.62**	**2.54**	**2.48**	**2.41**	**2.37**	**2.32**	**2.28**	**2.26**
24	4.26	3.40	3.01	2.78	2.62	2.51	2.42	2.36	2.30	2.25	2.22	2.18	2.13	2.09	2.03	1.98	1.94	1.89	1.86	1.82	1.80	1.77	1.75	1.73
	7.82	**5.61**	**4.72**	**4.22**	**3.90**	**3.67**	**3.50**	**3.36**	**3.26**	**3.17**	**3.09**	**3.03**	**2.93**	**2.85**	**2.74**	**2.66**	**2.58**	**2.49**	**2.44**	**2.37**	**2.33**	**2.27**	**2.24**	**2.21**
25	4.24	3.39	2.99	2.76	2.60	2.49	2.40	2.34	2.28	2.24	2.20	2.16	2.11	2.07	2.01	1.96	1.92	1.87	1.84	1.80	1.78	1.75	1.73	1.71
	7.77	**5.57**	**4.68**	**4.18**	**3.85**	**3.63**	**3.46**	**3.32**	**3.22**	**3.13**	**3.06**	**2.99**	**2.89**	**2.81**	**2.70**	**2.62**	**2.54**	**2.45**	**2.40**	**2.33**	**2.29**	**2.23**	**2.19**	**2.17**
26	4.23	3.37	2.98	2.74	2.59	2.47	2.39	2.32	2.27	2.22	2.18	2.15	2.09	2.05	1.99	1.95	1.90	1.85	1.82	1.78	1.76	1.73	1.71	1.69
	7.72	**5.53**	**4.64**	**4.14**	**3.82**	**3.59**	**3.42**	**3.29**	**3.18**	**3.09**	**3.02**	**2.96**	**2.86**	**2.78**	**2.66**	**2.58**	**2.50**	**2.42**	**2.36**	**2.29**	**2.25**	**2.19**	**2.16**	**2.13**
27	4.21	3.35	2.96	2.73	2.57	2.46	2.37	2.31	2.25	2.20	2.17	2.13	2.08	2.04	1.97	1.93	1.88	1.84	1.81	1.76	1.74	1.71	1.69	1.67
	7.68	**5.49**	**4.60**	**4.11**	**3.78**	**3.56**	**3.39**	**3.26**	**3.15**	**3.06**	**2.99**	**2.93**	**2.82**	**2.75**	**2.63**	**2.55**	**2.47**	**2.38**	**2.33**	**2.26**	**2.22**	**2.16**	**2.12**	**2.10**
28	4.20	3.34	2.95	2.71	2.56	2.45	2.36	2.29	2.24	2.19	2.15	2.12	2.06	2.02	1.96	1.91	1.87	1.82	1.79	1.75	1.73	1.69	1.67	1.65
	7.64	**5.45**	**4.57**	**4.07**	**3.75**	**3.53**	**3.36**	**3.23**	**3.12**	**3.03**	**2.96**	**2.90**	**2.79**	**2.72**	**2.60**	**2.52**	**2.44**	**2.35**	**2.30**	**2.23**	**2.19**	**2.13**	**2.09**	**2.06**
29	4.18	3.33	2.93	2.70	2.55	2.43	2.35	2.28	2.22	2.18	2.14	2.10	2.05	2.01	1.94	1.90	1.85	1.81	1.77	1.73	1.71	1.67	1.65	1.64
	7.60	**5.42**	**4.54**	**4.04**	**3.73**	**3.50**	**3.33**	**3.20**	**3.09**	**3.00**	**2.93**	**2.87**	**2.77**	**2.69**	**2.57**	**2.49**	**2.41**	**2.33**	**2.27**	**2.20**	**2.16**	**2.10**	**2.06**	**2.03**
30	4.17	3.32	2.92	2.69	2.53	2.42	2.33	2.27	2.21	2.16	2.13	2.09	2.04	1.99	1.93	1.89	1.84	1.79	1.76	1.72	1.70	1.66	1.64	1.62
	7.56	**5.39**	**4.51**	**4.02**	**3.70**	**3.47**	**3.30**	**3.17**	**3.07**	**2.98**	**2.91**	**2.84**	**2.74**	**2.66**	**2.55**	**2.47**	**2.39**	**2.30**	**2.25**	**2.17**	**2.13**	**2.07**	**2.03**	**2.01**
32	4.15	3.29	2.90	2.67	2.51	2.40	2.31	2.24	2.19	2.14	2.10	2.07	2.01	1.97	1.91	1.86	1.82	1.77	1.74	1.69	1.67	1.63	1.61	1.59
	7.50	**5.34**	**4.46**	**3.97**	**3.65**	**3.43**	**3.26**	**3.13**	**3.02**	**2.93**	**2.86**	**2.80**	**2.70**	**2.62**	**2.50**	**2.42**	**2.34**	**2.25**	**2.20**	**2.12**	**2.08**	**2.02**	**1.98**	**1.96**

5 % (normal) y 1 % (negritas) puntos para la distribución de F

n_1 grados de libertad (para el mayor cuadrado medio)

n_2	1	2	3	4	5	6	7	8	9	10	11	12	14	16	20	24	30	40	50	75	100	200	500	∞
34	4.13	3.28	2.88	2.65	2.49	2.38	2.29	2.23	2.17	2.12	2.08	2.05	1.99	1.95	1.89	1.84	1.80	1.75	1.71	1.67	1.65	1.61	1.59	1.57
	7.44	**5.29**	**4.42**	**3.93**	**3.61**	**3.39**	**3.22**	**3.09**	**2.98**	**2.89**	**2.82**	**2.76**	**2.66**	**2.58**	**2.46**	**2.38**	**2.30**	**2.21**	**2.16**	**2.08**	**2.04**	**1.98**	**1.94**	**1.91**
36	4.11	3.26	2.87	2.63	2.48	2.36	2.28	2.21	2.15	2.11	2.07	2.03	1.98	1.93	1.87	1.82	1.78	1.73	1.69	1.65	1.62	1.59	1.56	1.55
	7.40	**5.25**	**4.38**	**3.89**	**3.57**	**3.35**	**3.18**	**3.05**	**2.95**	**2.86**	**2.79**	**2.72**	**2.62**	**2.54**	**2.43**	**2.35**	**2.26**	**2.18**	**2.12**	**2.04**	**2.00**	**1.94**	**1.90**	**1.87**
38	4.10	3.24	2.85	2.62	2.46	2.35	2.26	2.19	2.14	2.09	2.05	2.02	1.96	1.92	1.85	1.81	1.76	1.71	1.68	1.63	1.61	1.57	1.54	1.53
	7.35	**5.21**	**4.34**	**3.86**	**3.54**	**3.32**	**3.15**	**3.02**	**2.92**	**2.83**	**2.75**	**2.69**	**2.59**	**2.51**	**2.40**	**2.32**	**2.23**	**2.14**	**2.09**	**2.01**	**1.97**	**1.90**	**1.86**	**1.84**
40	4.08	3.23	2.84	2.61	2.45	2.34	2.25	2.18	2.12	2.08	2.04	2.00	1.95	1.90	1.84	1.79	1.74	1.69	1.66	1.61	1.59	1.55	1.53	1.51
	7.31	**5.18**	**4.31**	**3.83**	**3.51**	**3.29**	**3.12**	**2.99**	**2.89**	**2.80**	**2.73**	**2.66**	**2.56**	**2.48**	**2.37**	**2.29**	**2.20**	**2.11**	**2.06**	**1.98**	**1.94**	**1.87**	**1.83**	**1.81**
42	4.07	3.22	2.83	2.59	2.44	2.32	2.24	2.17	2.11	2.06	2.03	1.99	1.94	1.89	1.83	1.78	1.73	1.68	1.65	1.60	1.57	1.53	1.51	1.49
	7.28	**5.15**	**4.29**	**3.80**	**3.49**	**3.27**	**3.10**	**2.97**	**2.86**	**2.78**	**2.70**	**2.64**	**2.54**	**2.46**	**2.34**	**2.26**	**2.18**	**2.09**	**2.03**	**1.95**	**1.91**	**1.85**	**1.80**	**1.78**
44	4.06	3.21	2.82	2.58	2.43	2.31	2.23	2.16	2.10	2.05	2.01	1.98	1.92	1.88	1.81	1.77	1.72	1.67	1.63	1.59	1.56	1.52	1.49	1.48
	7.25	**5.12**	**4.26**	**3.78**	**3.47**	**3.24**	**3.08**	**2.95**	**2.84**	**2.75**	**2.68**	**2.62**	**2.52**	**2.44**	**2.32**	**2.24**	**2.15**	**2.07**	**2.01**	**1.93**	**1.89**	**1.82**	**1.78**	**1.75**
46	4.05	3.20	2.81	2.57	2.42	2.30	2.22	2.15	2.09	2.04	2.00	1.97	1.91	1.87	1.80	1.76	1.71	1.65	1.62	1.57	1.55	1.51	1.48	1.46
	7.22	**5.10**	**4.24**	**3.76**	**3.44**	**3.22**	**3.06**	**2.93**	**2.82**	**2.73**	**2.66**	**2.60**	**2.50**	**2.42**	**2.30**	**2.22**	**2.13**	**2.04**	**1.99**	**1.91**	**1.86**	**1.80**	**1.76**	**1.73**
48	4.04	3.19	2.80	2.57	2.41	2.29	2.21	2.14	2.08	2.03	1.99	1.96	1.90	1.86	1.79	1.75	1.70	1.64	1.61	1.56	1.54	1.49	1.47	1.45
	7.19	**5.08**	**4.22**	**3.74**	**3.43**	**3.20**	**3.04**	**2.91**	**2.80**	**2.71**	**2.64**	**2.58**	**2.48**	**2.40**	**2.28**	**2.20**	**2.12**	**2.02**	**1.97**	**1.89**	**1.84**	**1.78**	**1.73**	**1.70**
50	4.03	3.18	2.79	2.56	2.40	2.29	2.20	2.13	2.07	2.03	1.99	1.95	1.89	1.85	1.78	1.74	1.69	1.63	1.60	1.55	1.52	1.48	1.46	1.44
	7.17	**5.06**	**4.20**	**3.72**	**3.41**	**3.19**	**3.02**	**2.89**	**2.78**	**2.70**	**2.63**	**2.56**	**2.46**	**2.38**	**2.27**	**2.18**	**2.10**	**2.01**	**1.95**	**1.87**	**1.82**	**1.76**	**1.71**	**1.68**
55	4.02	3.16	2.77	2.54	2.38	2.27	2.18	2.11	2.06	2.01	1.97	1.93	1.88	1.83	1.76	1.72	1.67	1.61	1.58	1.53	1.50	1.46	1.43	1.41
	7.12	**5.01**	**4.16**	**3.68**	**3.37**	**3.15**	**2.98**	**2.85**	**2.75**	**2.66**	**2.59**	**2.53**	**2.42**	**2.34**	**2.23**	**2.15**	**2.06**	**1.97**	**1.91**	**1.83**	**1.78**	**1.71**	**1.67**	**1.64**
60	4.00	3.15	2.76	2.53	2.37	2.25	2.17	2.10	2.04	1.99	1.95	1.92	1.86	1.82	1.75	1.70	1.65	1.59	1.56	1.51	1.48	1.44	1.41	1.39
	7.08	**4.98**	**4.13**	**3.65**	**3.34**	**3.12**	**2.95**	**2.82**	**2.72**	**2.63**	**2.56**	**2.50**	**2.39**	**2.31**	**2.20**	**2.12**	**2.03**	**1.94**	**1.88**	**1.79**	**1.75**	**1.68**	**1.63**	**1.60**
65	3.99	3.14	2.75	2.51	2.36	2.24	2.15	2.08	2.03	1.98	1.94	1.90	1.85	1.80	1.73	1.69	1.63	1.58	1.54	1.49	1.46	1.42	1.39	1.37
	7.04	**4.95**	**4.10**	**3.62**	**3.31**	**3.09**	**2.93**	**2.80**	**2.69**	**2.61**	**2.53**	**2.47**	**2.37**	**2.29**	**2.17**	**2.09**	**2.00**	**1.91**	**1.85**	**1.77**	**1.72**	**1.65**	**1.60**	**1.57**
70	3.98	3.13	2.74	2.50	2.35	2.23	2.14	2.07	2.02	1.97	1.93	1.89	1.84	1.79	1.72	1.67	1.62	1.57	1.53	1.48	1.45	1.40	1.37	1.35
	7.01	**4.92**	**4.07**	**3.60**	**3.29**	**3.07**	**2.91**	**2.78**	**2.67**	**2.59**	**2.51**	**2.45**	**2.35**	**2.27**	**2.15**	**2.07**	**1.98**	**1.89**	**1.83**	**1.74**	**1.70**	**1.62**	**1.57**	**1.54**
80	3.96	3.11	2.72	2.49	2.33	2.21	2.13	2.06	2.00	1.95	1.91	1.88	1.82	1.77	1.70	1.65	1.60	1.54	1.51	1.45	1.43	1.38	1.35	1.33
	6.96	**4.88**	**4.04**	**3.56**	**3.26**	**3.04**	**2.87**	**2.74**	**2.64**	**2.55**	**2.48**	**2.42**	**2.31**	**2.23**	**2.12**	**2.03**	**1.94**	**1.85**	**1.79**	**1.70**	**1.65**	**1.58**	**1.53**	**1.50**
100	3.94	3.09	2.70	2.46	2.31	2.19	2.10	2.03	1.97	1.93	1.89	1.85	1.79	1.75	1.68	1.63	1.57	1.52	1.48	1.42	1.39	1.34	1.31	1.28
	6.90	**4.82**	**3.98**	**3.51**	**3.21**	**2.99**	**2.82**	**2.69**	**2.59**	**2.50**	**2.43**	**2.37**	**2.27**	**2.19**	**2.07**	**1.98**	**1.89**	**1.80**	**1.74**	**1.65**	**1.60**	**1.52**	**1.47**	**1.43**
125	3.92	3.07	2.68	2.44	2.29	2.17	2.08	2.01	1.96	1.91	1.87	1.83	1.77	1.73	1.66	1.60	1.55	1.49	1.45	1.40	1.36	1.31	1.27	1.25
	6.84	**4.78**	**3.94**	**3.47**	**3.17**	**2.95**	**2.79**	**2.66**	**2.55**	**2.47**	**2.39**	**2.33**	**2.23**	**2.15**	**2.03**	**1.94**	**1.85**	**1.76**	**1.69**	**1.60**	**1.55**	**1.47**	**1.41**	**1.37**
150	3.90	3.06	2.66	2.43	2.27	2.16	2.07	2.00	1.94	1.89	1.85	1.82	1.76	1.71	1.64	1.59	1.54	1.48	1.44	1.38	1.34	1.29	1.25	1.22
	6.81	**4.75**	**3.91**	**3.45**	**3.14**	**2.92**	**2.76**	**2.63**	**2.53**	**2.44**	**2.37**	**2.31**	**2.20**	**2.12**	**2.00**	**1.92**	**1.83**	**1.73**	**1.66**	**1.57**	**1.52**	**1.43**	**1.38**	**1.33**
200	3.89	3.04	2.65	2.42	2.26	2.14	2.06	1.98	1.93	1.88	1.84	1.80	1.74	1.69	1.62	1.57	1.52	1.46	1.41	1.35	1.32	1.26	1.22	1.19
	6.76	**4.71**	**3.88**	**3.41**	**3.11**	**2.89**	**2.73**	**2.60**	**2.50**	**2.41**	**2.34**	**2.27**	**2.17**	**2.09**	**1.97**	**1.89**	**1.79**	**1.69**	**1.63**	**1.53**	**1.48**	**1.39**	**1.33**	**1.28**
400	3.86	3.02	2.63	2.39	2.24	2.12	2.03	1.96	1.90	1.85	1.81	1.78	1.72	1.67	1.60	1.54	1.49	1.42	1.38	1.32	1.28	1.22	1.17	1.13
	6.70	**4.66**	**3.83**	**3.37**	**3.06**	**2.85**	**2.68**	**2.56**	**2.45**	**2.37**	**2.29**	**2.23**	**2.13**	**2.05**	**1.92**	**1.84**	**1.75**	**1.64**	**1.58**	**1.48**	**1.42**	**1.32**	**1.25**	**1.19**
1000	3.85	3.00	2.61	2.38	2.22	2.11	2.02	1.95	1.89	1.84	1.80	1.76	1.70	1.65	1.58	1.53	1.47	1.41	1.36	1.30	1.26	1.19	1.13	1.08
	6.66	**4.63**	**3.80**	**3.34**	**3.04**	**2.82**	**2.66**	**2.53**	**2.43**	**2.34**	**2.27**	**2.20**	**2.10**	**2.02**	**1.90**	**1.81**	**1.72**	**1.61**	**1.54**	**1.44**	**1.38**	**1.28**	**1.19**	**1.12**
∞	3.84	3.00	2.60	2.37	2.21	2.10	2.01	1.94	1.88	1.83	1.79	1.75	1.69	1.64	1.57	1.52	1.46	1.39	1.35	1.28	1.24	1.17	1.11	1.00
	6.63	**4.61**	**3.78**	**3.32**	**3.02**	**2.80**	**2.64**	**2.51**	**2.41**	**2.32**	**2.25**	**2.18**	**2.08**	**2.00**	**1.88**	**1.79**	**1.70**	**1.59**	**1.52**	**1.42**	**1.36**	**1.25**	**1.15**	**1.00**

Capítulo 13

Solución de los ejercicios propuestos

Capítulo 1

1. Escribimos $|C|$ para indicar el cardinal de un conjunto, C. Con esa notación, $|A\Delta B|$ es igual a $|A| + |B| - 2|A \cap B|$.

2. La región noroeste representa $A \cap B$; la noreste, $A^c \cap B$; la sureste, $A^c \cap B^c$, y la suroeste, $A \cap B^c$.

   La intersección de la primera y la segunda región es $(A \cap B) \cap (A^c \cap B) = A \cap A^c \cap B = \emptyset$. Los demás casos son similares. Para demostrar que la unión de las cuatro zonas es U, basta aplicar la propiedad distributiva de la unión respecto de la intersección: así, la unión de las dos primeras es $(A \cap B) \cup (A^c \cap B) = (A \cup A^c) \cap B = U \cap B = B$; la de las dos últimas es B^c (de forma análoga), y la de las cuatro es $B \cup B^c = U$.

3. La media es 2'26, la varianza es 1'9924 y la desviación típica, 1'4115.

4. Llamamos u a x^2, y calculamos medias, varianzas, covarianzas y coeficientes de correlación. Así resulta:

$$\bar{x} = 167, \bar{y} = 2'9, \bar{u} = 28745$$

$$V(x) = 856, V(y) = 0'91, V(u) = 84894100$$

$$COV(x,y) = 27'75, COV(y,u) = 8753'25, r_{xy} = 0'994, r_{uy} = 0'9959$$

   La correlación entre x e y es muy alta, entre u e y lo es más aún.

   Las ecuaciones de las rectas de regresión son

$$y - 2'9 = 0'0324(x - 167), \quad y - 2'9 = 0'000103(u - 28745)$$

5. La respuesta correcta es la segunda: si la recta de regresión $y - \bar{y} = \frac{s_{xy}}{s_x^2}(x - \bar{x})$ es horizontal, es que la covarianza es 0, y entonces la recta de regresión $x - \bar{x} = \frac{s_{xy}}{s_y^2}(y - \bar{y})$ será vertical.

   En ese caso concreto, las rectas son $y = 2$ (horizontal) y $x = 3$ (vertical).

6. En los dos primeros casos, r está muy próximo a 1 (en valor absoluto), por lo que los puntos están casi alineados; la recta de regresión los ajusta francamente bien, y la primera variable explica la segunda en gran medida ($r^2 = 0,9604$ indica que la varianza explicada por la recta de regresión es el 96 %). La única diferencia es que la recta en el primer caso es creciente y en el segundo es decreciente: la nube de puntos se orienta de suroeste a noreste en el primer caso y de sureste a noroeste en el segundo. En el tercer caso, r está lejos de 1 y de -1, por lo que la nube de puntos es globulosa: hay poca correlación entre las variables; la varianza explicada es inferior al 8 %, al ser $r^2 = 0,0784$. En el último caso, podemos estar seguros de haber cometido algún error en los cálculos: r no puede ser mayor que 1.

7. 　　$a)$ Si no hay ninguna espada, estamos eligiendo los 6 naipes entre las 30 cartas que no son espadas: son combinaciones de 30 elementos tomados de 6 en 6, es decir, $\binom{30}{6} = 593775$.

　　$b)$ Elegimos un naipe de oros, otro de copas y otros 4 entre los 38 naipes restantes: $\binom{10}{1} \times \binom{10}{1} \times \binom{38}{4} = 7381500$.

　　$c)$ $\binom{10}{1} \times \binom{10}{1} \times \binom{10}{1} \times \binom{10}{1} \times \binom{36}{2} = 6300000$.

　　$d)$ $\binom{10}{1} \times \binom{10}{1} \times \binom{10}{2} \times \binom{10}{2} = 202500$.

8. La primera afirmación es cierta, porque las combinaciones de 11 elementos tomados de 5 en 5 son las mismas que tomados de 6 en 6, por la propiedad de los números combinatorios $\binom{n}{k} = \binom{n}{n-k}$.

La segunda es falsa, porque ahora se trata de variaciones (el orden de las letras importa al formar las palabras), y las variaciones de 11 elementos tomados de 6 en 6 son más que tomados de 5 en 5.

9. En el primer caso, tenemos 5 casillas para elegir el destino de la primera bola, luego quedan 4 para el lugar de la segunda y 3 para el de la última. En total, $5 \times 4 \times 3 = 60$ formas diferentes: son las variaciones de 5 elementos tomados de 3 en 3.

En el segundo caso, al ser las bolas idénticas, se trata de combinaciones: todo lo que hay que hacer es elegir 3 casillas de las 5 para situar en ellas las bolas: $\begin{pmatrix} 5 \\ 3 \end{pmatrix} = 10$.

En el tercer caso no se prohibe que vayan dos o tres bolas a la misma casilla, por lo que el resultado es $5 \times 5 \times 5 = 125$: son las variaciones con repetición de 5 elementos tomados de 3 en 3.

En el cuarto caso, se trata de combinaciones con repetición (que no hemos visto), que podemos abordar así: hay 10 casos en que las 3 bolas caen en 3 casillas diferentes; además habrá 20 casos en que vayan dos bolas a una casilla y la tercera bola a otra (se trata de elegir primero una casilla para dejar en ella dos bolas y luego otra para la bola restante: $5 \times 4 = 20$), y otros 5 casos en que las tres bolas van a la misma casilla. En total $10 + 20 + 5 = 35$.

10. El cardinal del conjunto $A_1 \cup A_2$ es igual a $x_1 + x_2 - x_{12}$, o sea,

$$|A_1 \cup A_2| = |A_1| + |A_2| - |A_1 \cap A_2|$$

porque al sumar los cardinales de A_1 y de A_2 estamos contando dos veces los elementos que hay en la intersección (por eso restamos al final x_{12}. Por la misma razón, $|A_2 \cup A_3| = |A_2| + |A_3| - |A_2 \cap A_3|$.

El cardinal del conjunto $A_1 \cup A_2 \cup A_3$ es $x_1 + x_2 + x_3 - x_{12} - x_{13} - x_{23} + x_{123}$. La razón es similar a la de antes: después de sumar los cardinales de los tres conjuntos hay que descontar los de las intersecciones (porque los hemos contado dos veces, tres en el caso de los que están en la intersección de los tres), pero al restar eso, estamos descontando tres veces la intersección de todos, por lo que habrá que añadir el último sumando.

Capítulo 2

1. a) Falso, salvo que la probabilidad de uno de ellos sea 0. Ser independientes quiere decir que $p(A \cap B) = p(A) \cdot p(B)$, mientras que si son incompatibles, entonces $p(A \cap B) = 0$ porque $A \cap B = \emptyset$.

   b) La misma respuesta del apartado anterior. Es un error grosero (¡pero frecuente!) confundir esos dos conceptos: si dos sucesos son incompatibles están muy lejos de ser independientes, pues uno de ellos da mucha información sobre el otro.

   c) Cierto, si A no da información sobre B, entonces tampoco la da sobre B^C, porque un suceso y su complementario contienenn la misma información. En términos matemáticos, la demostración es fácil:

   $$p(A \cap B^C) = p(A) - p(A \cap B) = p(A) - p(A) \cdot p(B) = p(A) \cdot (1 - p(B))$$

   que coincide con $p(A) \cdot p(B^C)$.

   d) Cierto: no hay más que aplicar el punto anterior dos veces.

   e) Falso. Piense en A = sacar un 3 al lanzar un dado, y B = sacar una cifra par.

   f) Falso. Piense en A = sacar un 3 al lanzar un dado, y B = sacar una cifra par.

2. Llamemos E_k al suceso 'en el dado salió k' (k va de 1 a 6). Ahí tenemos un sistema completo de sucesos (seis sucesos). Llamemos B al suceso 'la bola extraída es blanca'. Las probabilidades siguientes son claras: $p(E_k) = 1/6, p(B|E_k) = 6/(18 - k)$

   a) Usando el teorema de la probabilidad total, $p(B) = \sum p(B|E_k) \cdot p(E_k) = 1/6 \cdot \sum 6/(18 - k) = 51939/123760$, o sea, 0'42 (aprox.)

   b) El teorema de Bayes da la respuesta:

   $$p(E_6|B) = \frac{p(B|E_6) \cdot p(E_6)}{p(B)} = \frac{6/12 \cdot 1/6}{0'42} \approx 0'1986$$

3. La probabilidad es:

$$36/40 \times 35/39 \times 34/38 \times 33/37 \times 32/36 \times 31/35 \times 4/34 = 0,0597$$

4. La probabilidad de que las seis bolas salgan ordenadas de menor a mayor es $1/6! = 1/720$. Si sólo se extraen dos bolas, la probabilidad es $1/2$, y si son tres será $1/3! = 1/6$.

5. Si el rey se sitúa en un rincón (lo cual sucede con probabilidad $1/16$), sólo hay 2 casillas desde las que el caballo le amenaza, por lo que en ese caso la probabilidad es $2/63$. Hay otras 8 casillas en las que el rey se puede ver amenazado desde 3 casillas, 20 en que es vulnerable desde 4 escaques, 16 en que lo es desde 6 y otras 16 (las centrales) en que se le puede atacar desde 8 casillas. El teorema de la probabilidad total nos permite calcular la probabilidad pedida como:

$$1/16 \times 2/63 + 2/16 \times 3/63 + 5/16 \times 4/63 + 4/16 \times 6/63 + 4/16 \times 8/63$$

o sea, $84/1008 = 1/12$.

6. La probabilidad es $1/10$. El hecho de que las cartas extraídas sean de un palo u otro no aporta información acerca de si se trata de un caballo o no.

7. Empezamos poniendo nombre a los sucesos relevantes:

S = 'el despertador suena', T= 'llego tarde'.

La información que nos da el enunciado se traduce por

$$p(T|S) = 0'2, \quad p(T|S^c) = 0'9, \quad p(S^c) = 0'2$$

El primer punto nos pide $p(T^c)$. El teorema de la probabilidad total nos da

$$p(T) = p(T|S).p(S) + p(T|S^c).p(S^c) = 0'2,0'8 + 0'9,0'2 = 0'16 + 0'18 = 0'34$$

Por tanto, $p(T) = 1 - 0'34 = 0'66$

A continuación nos preguntan por $p(T \cap S)$. El resultado es

$$p(T \cap S) = p(S).p(T|S) = 0'8,0'2 = 0'16$$

Finalmente, calculamos $p(S|T)$ mediante la fórmula de Bayes:

$$p(S|T) = \frac{p(T|S).p(S)}{p(T)} = \frac{0'2,0'8}{0'34} = \frac{8}{17} \approx 0'47$$

8. Para hacer un cierto examen, podemos seguir tres estrategias: la primera es buena, y con ella aprobamos, la segunda es mala y nos condena a suspender, y la tercera lleva a un punto en el que tendremos que elegir entre las dos primeras estrategias (lo que haremos de manera equiprobable).

- Usando el teorema de la probabilidad total, resulta que la probabilidad de que apruebe el examen es:

$$1/2 \times 1 + 1/3 \times 0 + 1/6 \times 1/2 = 7/12$$

- Usando el teorema de Bayes, resulta $(1/2 \times 1/6) : 7/12 = 1/7$.

Capítulo 3

1. Como la varianza de X es $V[X] = E[X^2] - E[X]^2 = E[X^2] - 4$ y tiene que ser positiva (porque X toma distintos valores), $E[X^2]$ tiene que ser mayor que 4, por lo que ha de valer 5.

2.
   - $a = 1/2$, para que $\int_{-\infty}^{+\infty} f = 1$.
   - $\mu = \int_{-\infty}^{+\infty} x f(x) dx = 1/2$.
   - $E[X^2] = \int_{-\infty}^{+\infty} x^2 f(x) dx = 19/60$, por lo que $V[X] = E[X^2] - E[X]^2 = 1/15$ y $\sigma = \sqrt{1/15} \approx 0,2582$.
   - Como $\mu - 2\sigma < 0$ y $\mu + 2\sigma > 1$, la probabilidad pedida es igual a 1 (puesto que toda la probabilidad de X se concentra en el intervalo $[0,1]$).

3.
   - $k = 3$, para que $\int_{-\infty}^{+\infty} f = 1$. $E[X] = \int_{-\infty}^{+\infty} x f(x) dx = 3/2$.
   - $p(X > 3) = \int_{3}^{+\infty} f = 1/27$

4.
   - Lo es porque $f \geq 0$ y $\int_{-\infty}^{+\infty} f = 1$.
   - La función de distribución es:

   $$F(x) = \begin{cases} 0 & x < 0 \\ x^4 & x \in [0,1] \\ 1 & x > 1 \end{cases}$$

   - $E[X] = \int_{-\infty}^{+\infty} x f(x) dx = 4/5$. $E[X^2] = \int_{-\infty}^{+\infty} x^2 f(x) dx = 2/3$, por lo que $V[X] = E[X^2] - E[X]^2 = 2/75$

5.
   - Como f no puede ser negativa y su integral en toda la recta debe valer 1, a tiene que ser igual a $15/2$.
   - $p(X < 3/4) = \int_{0}^{3/4} f = 1431/2018 \approx 0'69873$
   - $E[X] = \int_{0}^{1} x f(x) dx = 5/8 = 0'625$

6. - $k = 1/\pi$, para que $\int_{-\infty}^{+\infty} f = 1$.

- $E[X] = \int_{-\infty}^{\infty} \frac{x}{\pi(1+x^2)} dx$ no existe (es una integral divergente), por lo que X no tiene esperanza (ni tampoco varianza). Por la simetría de la función de densidad, a veces se dice que la esperanza de X es 0, pero en rigor no existe.

- Se puede asegurar acerca que la función generadora de momentos de X no existe, por no existir algunos de los momentos (esperanza, varianza, etc.) Sin embargo, la función característica sí existe (¡siempre!). De hecho, en este caso es $\varphi(t) = e^{-|t|}$, aunque no es fácil demostrarlo (se puede hacer usando integración por residuos; quizá haya algún procedimiento más elemental, pero no es probable).

7. Por la desigualdad de Chebychev:

$$p(X \geq 800) = p(X \geq \mu + 2\sigma) \leq p(|X - \mu| \geq 2\sigma) \leq 1/4$$

8. - La función de distribución es:

$$F_1(x) = \begin{cases} 0 & x < 0 \\ x/l & x \in [0, l] \\ 1 & x > l \end{cases}$$

La función de densidad es:

$$f_1(x) = F_1'(x) = \begin{cases} 1/l & x \in [0, l] \\ 0 & x \notin [0, l] \end{cases}$$

-

$$F(x) = p(X \leq x) = p(X_1 \leq x) \cdot p(X_2 \leq x) = \begin{cases} 0 & x < 0 \\ x^2/l^2 & x \in [0, l] \\ 1 & x > l \end{cases}$$

$$f(x) = F'(x) = \begin{cases} 2x/l^2 & x \in [0, l] \\ 0 & x \notin [0, l] \end{cases}$$

$$E[X] = \int_0^1 2x^2/l^2 dx = 2l/3$$

$$E[X^2] = \int_0^1 2x^3/l^2 dx = l^2/2 \Rightarrow V[X] = E[X^2] - E[X]^2 = l^2/18$$

9.

$$\varphi(t) = M(it) = (1 - 2it)^{-1/2}$$

$$M'(t) = (1 - 2t)^{-3/2} \Rightarrow E[X] = M'(0) = 1$$

$$M''(t) = 3(1-2t)^{-5/2} \Rightarrow E[X^2] = M''(0) = 3 \rightarrow V[X] = E[X^2]-E[X]^2 = 2$$

$$\varphi_{X_1+X_2}(t) = \varphi_{X_1}(t) \cdot \varphi_{X_2}(t) = (1 - 2it)^{-1} = \frac{1}{1 - 2it}$$

Capítulo 4

1.
   - $k = 1/2$ para que la integral de f en el rectángulo R valga 1.
   - Unas integrales sencillas dan:

$$f_X(t) = \begin{cases} 1 & t \in [0,1] \\ 0 & t \notin [0,1] \end{cases} , \quad f_Y(t) = \begin{cases} 1/2 & t \in [0,2] \\ 0 & t \notin [0,2] \end{cases}$$

   -
$$E[X] = \int_0^1 x\,dx = 1/2 \,,\; E[X^2] = \int_0^1 x^2 dx = 1/3 \,,\; V[X] = 1/12$$

   - Como $f(x,y) = f_X(x) \cdot f_Y(y)$, las variables aleatorias son independientes, por lo que su covarianza es nula.

2. Las integrales no son tan triviales como en el ejercicio anterior, por la forma del soporte de la probabilidad. Aun así, son muy sencillas, y los resultados en el primer caso son estos:

$$k = 1/4$$

$$f_X(t) = \begin{cases} 1 - t/2 & t \in [0,2] \\ 0 & t \notin [0,2] \end{cases} , \quad f_Y(t) = \begin{cases} 1/2 - y/8 & t \in [0,4] \\ 0 & t \notin [0,4] \end{cases}$$

$$E[X] = 2/3 \,,\; E[X^2] = 2/3 \,,\; V[X] = 2/3 - 4/9 = 2/9$$

$$E[Y] = 4/3 \,,\; E[X \cdot Y] = 2/3 \,,\; COV[X,Y] = 2/3 - 2/3 \cdot 4/3 = -2/9$$

Como la covarianza no es nula, las variables aleatorias no son independientes. También se deduce de la forma del soporte de la probabilidad (al no ser un rectángulo de lados horizontales y verticales, se descarta la independencia).

En el segundo caso, se tiene:

$$k = 1/2$$

$$f_X(t) = f_Y(t) = \begin{cases} t + 1 & t \in [-1,0] \\ 1 - t & t \in [0,1] \\ 0 & t \notin [-1,1] \end{cases}$$

$$E[X] = E[Y] = 0 \, , \; E[X^2] = 1/6 \, , \; V[X] = 1/6$$

$$E[X \cdot Y] = 0 \, , \; COV[X,Y] = 0$$

Aunque la covarianza es nula, las variables aleatorias no son independientes. Se deduce de la forma del soporte de la probabilidad, como antes.

3. Este ejercicio es análogo a los anteriores, por lo que indicamos sólo los resultados.

Cuando $f(x,y) = k(x+y)$ en el rectángulo $[0,1] \times [0,2]$, k tiene que ser igual a $1/3$. Además:

$$f_X(t) = \begin{cases} \frac{2+2t}{3} & t \in [0,1] \\ 0 & t \notin [0,1] \end{cases} \, , \quad f_Y(t) = \begin{cases} \frac{1+2t}{6} & t \in [0,2] \\ 0 & t \notin [0,2] \end{cases}$$

$$E[X] = 5/9 \, , \; V[X] = 13/162 \, , \; COV[X,Y] = -1/81$$

Las variables aleatorias X e Y no son independientes.

Cuando $f(x,y) = kx$ en el rectángulo $[0,1] \times [0,2]$, k tiene que ser igual a 1. Además:

$$f_X(t) = \begin{cases} 2t & t \in [0,1] \\ 0 & t \notin [0,1] \end{cases} \, , \quad f_Y(t) = \begin{cases} \frac{1}{2} & t \in [0,2] \\ 0 & t \notin [0,2] \end{cases}$$

$$E[X] = 2/3 \, , \; V[X] = 1/18 \, , \; COV[X,Y] = 0$$

Las variables aleatorias X e Y son independientes.

Cuando $f(x,y) = k(x+y)$ en el triángulo, k tiene que ser igual a $1/8$. Además:

$$f_X(t) = \begin{cases} 1 - \frac{t}{2} & t \in [0,2] \\ 0 & t \notin [0,2] \end{cases} \, , \quad f_Y(t) = \begin{cases} \frac{16+8t-3t^2}{64} & t \in [0,4] \\ 0 & t \notin [0,4] \end{cases}$$

$$E[X] = 2/3 \, , \; V[X] = 2/9 \, , \; COV[X,Y] = -14/45$$

Las variables aleatorias X e Y no son independientes.

Cuando $f(x,y) = kx$ en el triángulo, k tiene que ser igual a $3/8$. Además:

$$f_X(t) = \begin{cases} \frac{6t-3t^2}{4} & t \in [0,2] \\ 0 & t \notin [0,2] \end{cases} \;,\quad f_Y(t) = \begin{cases} \frac{48-24t+3t^2}{64} & t \in [0,4] \\ 0 & t \notin [0,4] \end{cases}$$

$$E[X] = 1 \;,\; V[X] = 1/5 \;,\; COV[X,Y] = -1/5$$

Las variables aleatorias X e Y no son independientes.

Cuando $f(x,y) = k(x+y)$ en el cuadrado, ningún valor de k es válido, puesto que $x+y$ toma valores de ambos signos en esa región, por lo que es imposible que f sea una función de densidad. Lo mismo podemos decir para $f(x,y) = kx$, ya que x también toma valores positivos y valores negativos en ese cuadrado.

4. - $k = 3/8$.

    - X e Y son independientes porque la densidad conjunta es igual al producto de las marginales. Éstas son:

    $$f_X(t) = \begin{cases} 3t^2 & t \in [0,1] \\ 0 & t \notin [0,1] \end{cases} \;,\quad f_Y(t) = \begin{cases} \frac{t}{8} & t \in [0,4] \\ 0 & t \notin [0,4] \end{cases}$$

    - $E[X] = \int_0^1 3x^3 dx = 3/4$; $E[Y] = \int_0^4 y^2/8 \, dy = 8/3$.

    - $p(X > 0'5, Y < 2) = p(X > 0'5) \times p(Y < 2)$ por ser independientes las variables. Las probabilidades se calculan integrando:

    $$\int_{0'5}^1 3x^2 dx = 7/8 \;,\; \int_0^2 y/8 \, dy = 1/4$$

    La probabilidad buscada es $7/8 \times 1/4 = 7/32$.

5. Las densidades marginales se calculan integrando y son:

$$f_X(t) = f_Y(t) = \begin{cases} t+1/2 & t \in [0,1] \\ 0 & t \notin [0,1] \end{cases}$$

$$E[X] = \int_0^1 x(x+1/2)dx = 7/12$$

$$E[X^2] = \int_0^1 x^2(x + 1/2)dx = 5/12 \ , \ V[X] = 11/144$$

Como $f(x, y) \neq f_X(x) \cdot f_Y(y)$, las variables aleatorias no son independientes.

Sea $T = Y|(X \leq \frac{1}{2})$. La función de distribución de T es:

$$F_T(t) = p(T \leq t)$$

cuyo valor fuera del intervalo $[0, 1]$ es obvio. Dentro de él se calcula aplicando la definición de probabilidad condicionada e integrando:

$$p(T \leq t) = \frac{p(Y \leq t \wedge X \leq \frac{1}{2})}{p(X \leq \frac{1}{2})}$$

El denominador es $\int_0^{\frac{1}{2}} (x + 1/2)dx = 3/8$.

El numerador es la integral de $f(x, y) = x + y$ en el rectángulo $[0, 1/2] \times [0, t]$, que vale $\frac{2t^2 + t}{8}$, por lo que:

$$F_T(t) = \begin{cases} 0 & t \leq 0 \\ \frac{2t^2 + t}{3} & t \in [0, 1] \\ 0 & t \geq 1 \end{cases}$$

La función de densidad es la derivada de esa función:

$$f_T(t) = \begin{cases} \frac{4t + 1}{3} & t \in [0, 1] \\ 0 & t \notin [0, 1] \end{cases}$$

Y su esperanza es $E[T] = \int_0^1 t\frac{4t+1}{3}dt = \frac{11}{18}$.

6. Como la densidad es igual a 1 en el cuadrado unidad, la probabilidad pedida es igual al área del triángulo delimitado por la recta $x + y = 0, 5$ y los ejes coordenados, es decir, $0, 125$.

7. La probabilidad conjunta se muestra en esta tabla:

	0	1	2	3
1	1/8	0	0	1/8
2	0	1/4	1/4	0
3	0	1/8	1/8	0

Si sumamos por filas, lo que obtenemos son las probabilidades marginales para Y: $p_Y(1) = p_Y(3) = \frac{1}{4}, p_Y(2) = \frac{1}{2}$.

Si sumamos por columnas, el resultado son las probabilidades marginales de X: $p_X(0) = p_X(3) = \frac{1}{8}$ $p_X(1) = p_X(2) = \frac{3}{8}$.

Las funciones de distribución marginales son:

$$F_X(t) = \begin{cases} 0 & t < 0 \\ 1/8 & 0 \le t < 1 \\ 1/2 & 1 \le t < 2 \\ 7/8 & 2 \le t < 3 \\ 1 & 3 \le t \end{cases}, \quad F_Y(t) = \begin{cases} 0 & t < 1 \\ 1/4 & 1 \le t < 2 \\ 3/4 & 2 \le t < 3 \\ 1 & 3 \le t \end{cases}$$

X e Y no son independientes. como muestran los ceros de esa tabla: por ejemplo, la probabilidad de que X e Y valgan ambos 1 es 0 (es imposible que haya sólo una racha si hay una sola cruz), que no coincide con el producto de las probabilidades marginales.

Si la moneda se lanza cuatro veces, la situación es similar, con una tabla un poco más grande:

	0	1	2	3	4
1	1/16	0	0	0	1/16
2	0	1/8	1/8	1/8	0
3	0	1/8	1/8	1/8	0
4	0	0	1/8	0	0

Las probabilidades marginales para X son $1/16, 1/4, 3/8, 1/4$ y $1/16$; para Y son $1/8, 3/8, 3/8$ y $1/8$. Tampoco son independientes.

Capítulo 5

1. • X_k es una variable aleatoria de Bernoulli. Su esperanza es igual a $p = 1/6$.

   • X es una variable aleatoria binomial $B(N, p)$ que cuenta el número de veces que se da la coincidencia entre las puntuaciones de los dados.

   • $E[X] = Np = 30 \times 1/6 = 5$. $V[X] = Npq = 10 \times 1/6 \times 5/6 = 25/6$.

2. • Usando el teorema de Bayes, la probabilidad es $4/11$.

   • Usando el teorema de la probabilidad total, la probabilidad es $7/12$.

   • La variable aleatoria $X =$ 'nota que pone el profesor' toma los valores 1,2,3,4,5 y 6 con probabilidades respectivas $3/24, 5/24, 1/24, 1/24$, $3/24$ y $11/24$ (se calculan usando el teorema de la probabilidad total), por lo que su esperanza (es decir, la nota promedio de las que pone ese profesor) es $101/24$.

   • La variable aleatoria $Y =$ 'número de alumnos aprobados' es una binomial $B(n, p)$ con $n = 12$ y $p = 7/12$. La probabilidad de que aprueben 7 es:

   $$\binom{12}{7} p^7 q^5 = 0,2286$$

   y la esperanza del número de aprobados es $np = 7$.

3. Tomando la función característica $M(t) = exp[\lambda(e^t - 1)]$ y calculando sus dos primeras derivadas resulta:

   $$E[X] = M'(0) = \lambda \ , \ E[X^2] = M''(0) = \lambda^2 + \lambda$$

   de donde $V[X] = E[X^2] - E[X] = \lambda$.

4. $p(X = n) = e^{-n} \frac{n^n}{n!} \approx \frac{e^{-n} n^n}{n^n e^{-n} \sqrt{2\pi n}} = \frac{1}{\sqrt{2\pi n}}$.

   Si $n = 10$, el valor exacto es $0,12511$ y el aproximado $\frac{1}{\sqrt{20\pi}} = 0,12616$.
   Y para $n = 3$, el exacto es $0,224$ frente al aproximado $\frac{1}{\sqrt{6\pi}} = 0,23$.

5. Las funciones características serán $\varphi_X(t) = e^{i\theta t - \mu|t|}$, $\varphi_Y(t) = e^{i\zeta t - \nu|t|}$, y la de la suma será $\varphi_{X+Y}(t) = \varphi_X(t) \cdot \varphi_Y(t) = e^{i(\theta+\zeta)t - (\mu+\nu)|t|}$, que corresponde a una variable aleatoria de Cauchy.

6. Si X e Y son dos variables aleatorias exponenciales independientes, entonces $\varphi_X(t) = \frac{\lambda}{\lambda - it}$, $\varphi_Y(t) = \frac{\mu}{\mu - it}$, y $\varphi_{X+Y}(t) = \varphi_X(t) \cdot \varphi_Y(t) = \frac{\lambda\mu}{(\lambda - it)(\mu - it)}$, que no corresponde a una exponencial.

Análogamente, si X e Y son dos variables aleatorias uniformes independientes en $[0, 1]$, entonces $\varphi_X(t) = \frac{e^{it} - 1}{it}$, $\varphi_Y(t) = \frac{e^{it} - 1}{it}$, y $\varphi_{X+Y}(t) = \varphi_X(t) \cdot \varphi_Y(t) = \frac{(e^{it} - 1)^2}{-t^2}$, que no corresponde a una uniforme.

7.
  - Si X e Y son dos variables aleatorias independientes de tipo K, entonces $\varphi_X(t) = e^{iat}$, $\varphi_Y(t) = e^{ibt}$, y $\varphi_{X+Y}(t) = \varphi_X(t) \cdot \varphi_Y(t) = e^{i(a+b)t}$, que corresponde a una variable aleatoria de tipo K.
  - Derivando en $\varphi_X(t) = e^{iat}$ resulta que $E[X] = a$ y $E[X^2] = a^2$, por lo que $V[X] = 0$.
  - Se deduce que X es constante.

8.
  - Derivando M resulta: $E[X] = 1$ y $E[X^2] = 5$, por lo que $V[X] = 4$.
  - $\varphi_X(t) = M(it) = e^{it - 2t^2}$. $M_{2X}(t) = M_X(2t) = e^{2t + 8t^2}$.
  - La función característica revela que X es una variable aleatoria normal, $X \sim N(1, 2)$.
  - $p(X > 3) = p(\frac{X - 1}{2} > \frac{3 - 1}{2}) = p(Z > 1) = 0,1587$.

9. Definimos la variable aleatoria X_i, que vale 1 si en la i-ésima baraja salió un joker y 0 si no fue así. Cada X_i es una variable aleatoria de Bernoulli, con $p = 2/54 = 1/27$; además, son independientes. Su suma, X, cuenta el número total de jokers, y es una binomial con $n = 36, p = 1/27$. Se aproxima muy bien por una Poisson con $\lambda = np = 4/3$ (y los cálculos son más sencillos).

  - $p(X = 2) = e^{-4/3}\frac{16/9}{2} = 0,2343$.
  - $p(X = 3) = e^{-4/3}\frac{64/27}{6} = 0,1041$, $p(X = 0) = e^{-4/3} = 0,2636$.
  - $E[X] = \lambda = 4/3$.

10. Sean X e Y la estatura de un individuo del primer país y de uno del segundo, respectivamente. $X \sim N(185, 3)$, $Y \sim N(180, 4)$.

- $p(X - Y < 0) = p(\frac{X-Y-5}{5} < -1) = 0,1587$, puesto que $X - Y$ sigue una normal $N(5, 5)$.

- $p(Y > 185) = p(\frac{Y-180}{4} > 1, 25) = 0,1056$.

- La probabilidad de que ninguno de los dos sea más alto que el del país vecino es $0,8413^2 = 0,7078$, por lo que la probabilidad pedida es $0,2922$.

11. - $X = X_1 + X_2 - X_3 \sim N(\mu, \sigma)$ con $\mu = 100 + 40 - 30 = 110$ y $\sigma^2 = 400 + 81 + 144 = 625$, es decir, $X \sim N(110, 25)$.

- $p(X \leq 80) = p(\frac{X-110}{25} \leq \frac{80-110}{25}) = p(Z \leq -1, 2) = 0,1151$.

- $p(X \leq c) = 0,95 \Leftrightarrow p(Z \leq \frac{c-110}{25}) = 0,95 \Leftrightarrow \frac{c-110}{25} = 1,645$ Por tanto, $c = 151, 125$. Se necesitan 152 asientos.

12. Sean X e Y el número de mensajes recibidos en un minuto y en una hora, respectivamente. $X \sim P(3), Y \sim P(180)$.

- $(p(Y = 0) = e^{-180} = 6, 71 \cdot 10^{-79} \approx 0$.

- $p(X > 6) = 1 - p(X \leq 6) = 1 - e^{-3}(1 + 3 + 3^2/2 + 3^3/6 + 3^4/24 + 3^5/120 + 3^6/720) = 1 - 0,9665 = 0,0335$.

13. - $p(X > 28, 4) = 0, 1, p(X < 9, 59) = 0,025$.

- $p(X > x) = 0,05 \Leftrightarrow x = 31, 4 \quad p(X < x) = 0, 1 \Leftrightarrow x = 12, 44$.

14. - $p(X > 1, 86) = 0,05$ y $p(X < 0, 889) = 0, 8$.

- $p(X > x) = 0,05 \Leftrightarrow x = 1, 86 \quad p(X < x) = 0, 1 \Leftrightarrow x = -1, 397$.

15. - $p(X > 3, 58) = 0,05$ y $p(X < 6, 37) = 0, 99$.

- $p(X > x) = 0,05 \Leftrightarrow x = 3, 58$
  $p(X < x) = 0,01 \Leftrightarrow x = \frac{1}{8,10} = 0,1234$.

Capítulo 6

1. Definimos la variable aleatoria I_j, que vale 1 si en la j-ésima tirada coinciden los resultados y 0 si no es así. Cada I_j es una variable aleatoria de Bernoulli, con $p = 1/6$; además, son independientes. Su suma, X, cuenta el número total de coincidencias, y es una variable aleatoria binomial con $n = 120, p = 1/6$. Su esperanza es 20, y su varianza es $50/3$, por lo que se puede aproximar muy bien por una normal $N(\mu, \sigma)$ en la que $\mu = 20$, $\sigma = \sqrt{50/3} = 4,0825$.

   Nos piden $p(15 < X < 20)$. Aplicamos la corrección de Yates y tipificamos, para obtener:

$$p(15,5 < X < 19,5) = p\left(\frac{15,5 - 20}{4,0825} < Z < \frac{19,5 - 20}{4,0825}\right) =$$

$$= p(0,12 < Z < 1,10) = 0,8643 - 0,5478 = 0,3165$$

2. Definimos la variable aleatoria I_j, que vale 1 si falla la j-ésima componente y 0 si no falla. Cada I_j es una variable aleatoria de Bernoulli, con $p = 0,09$; además, son independientes. Su suma, X, cuenta el número total de fallos, y es una binomial con $n = 1000$, $p = 0,09$.

   Razonando como en el ejercicio anterior, X se aproxima por una normal $N(\mu, \sigma)$ con $\mu = 90, \sigma = \sqrt{81,9} = 9,05$.

   - $p(X < 99,5) = p(Z < \frac{99,5-90}{9,05}) = p(Z < 1,05) = 0,8531$.

   - Ahora sería $\mu = 50, \sigma = \sqrt{47,5} = 6,892$, por lo que:

$$p(X < 99,5) = p\left(Z < \frac{99,5 - 50}{6,892}\right) = p(Z < 7,18) = 1$$

   - Escribimos $X \sim N(\mu, \sigma)$ donde $\mu = 1000, \sigma = \sqrt{1000p(1 - p)}$. La condición $p(X < 99,5) = 0,99$ se traduce por:

$$p\left(\frac{X - 1000p}{\sqrt{1000p(1 - p)}} < \frac{99,5 - 1000p}{\sqrt{1000p(1 - p)}}\right) = 0,99$$

   lo que significa que $\frac{99,5-1000p}{\sqrt{1000p(1-p)}} = 2,33$, de donde se deduce que $p = 0,079561$, o sea, $p \approx 0,08$.

3. De nuevo, definimos la variable aleatoria I_j, que vale 1 si la j-ésima carta es un as y 0 si no lo es. Cada I_j es una variable aleatoria de Bernoulli, con $p = 0, 1$; también son independientes. Su suma, X, cuenta el número total de ases, y es una binomial con $n = 100$, $p = 0, 1$.

- $E[X] = np = 100 \times 0, 1 = 10$.

- • Si $X \sim B(100, 1/10)$, la probabilidad es:

$$p(X = 10) = \binom{100}{10} 0, 1^{10} 0, 9^{90} = 0, 1319$$

- • Si $X \sim P(10)$, la probabilidad es:

$$p(X = 10) = e^{-10} \frac{10^{10}}{10!} = 0, 1251$$

- • Si $X \sim N(10, 3)$, la probabilidad es:

$$p(X = 10) = p(9, 5 < X < 10, 5) = 2p(10 < X < 10, 5) =$$

$$= 2p(0 < Z < 1/6) = 2 \times 0, 0662 = 0, 1324$$

- • Si $X \sim N(10, \sqrt{10})$, la probabilidad es:

$$p(X = 10) = p(9, 5 < X < 10, 5) = 2p(10 < X < 10, 5) =$$

$$= 2p(0 < Z < 0, 158) = 2 \times 0, 0624 = 0, 1248$$

- • Si $X \sim B(100, 1/10)$, la probabilidad es:

$$p(X = 8 + p(X = 9) + p(X = 10) + p(X = 11) =$$

$$= 0, 1148 + 0, 1304 + 0, 1319 + 0, 1199 = 0, 4970$$

- • Si $X \sim P(10)$, la probabilidad es:

$$p(X = 8) + p(X = 9) + p(X = 10) + p(X = 11) =$$

$$= 0, 1126 + 0, 1251 + 0, 1251 + 0, 1137 = 0, 4765$$

- • Si $X \sim N(10, 3)$, la probabilidad es:

$$p(7, 5 < X < 11, 5) = p(-0, 833 < Z < 0, 5) = 0, 4891$$

- Si $X \sim N(10, \sqrt{10})$, la probabilidad es:

$$p(7,5 < X < 11,5) = p(-0,79 < Z < 0,4743) = 0,4676$$

La probabilidad $p(X > 15)$ es prácticamente inabordable con los modelos binomial y de Poisson. Con el modelo normal resulta:

- Si $X \sim N(10, 3)$, la probabilidad es:

$$p(X > 15,5) = p(Z > 1,833) = 0,0333$$

- Si $X \sim N(10, \sqrt{10})$, la probabilidad es:

$$p(X > 15,5) = p(Z > 1,74) = 0,0409$$

4.
- X toma los valores 1,2, 3, 4, 5 y 6 con probabilidades iguales, por lo que $E[X] = \frac{7}{2}$ y $V[X] = \frac{35}{12}$. Como $\frac{7}{2}$ es menor que 4, el juego favorece al casino.

- La probabilidad de que el casino pierda dinero con un jugador es $p(X > 4) = \frac{2}{6}$

- La probabilidad de que el casino pierda dinero con dos jugadores es $p(X_1 + X_2 > 8) = \frac{10}{36}$. Con tres será $p(X_1 + X_2 + X_3 > 12) = \frac{56}{216}$, donde llamamos X_i al resultado que obtine el i-ésimo jugador, y las probabilidades se calculan fácilmente por la regla de Laplace.

- Para calcular la probabilidad de que el casino pierda dinero con cuarenta jugadores o con cien, usamos el teorema central del límite: $X = X_1 + \cdots + X_{40} \sim N(\mu, \sigma)$, con $\mu = 40 \times \frac{7}{2} = 140$ y $\sigma = \sqrt{40 \times \frac{35}{12}} \approx 10,8$. El casino pierde dinero cuando X es mayor que 160 (la cuota que pagan los jugadores):

$$p(X > 160) = p\left(\frac{X - 140}{10,8} > \frac{160 - 140}{10,8}\right) = p(Z > 1,852) = 0,032$$

Con 100 jugadores, se tiene $\mu = 100 \times \frac{7}{2} = 350$ y $\sigma = \sqrt{100 \times \frac{35}{12}} \approx 17,08$, con lo que:

$$p(X > 4000) = p\left(\frac{X - 350}{17,08} > \frac{400 - 350}{17,08}\right) = p(Z > 2,93) = 0,0017$$

5. - X vale -1 con probabilidad $\frac{11}{16}$ y 2 con probabilidad $\frac{5}{16}$, por lo que $E[X] = \frac{-1}{16}$ es negativa, y el juego favorece al feriante.

    - $Y \sim B(4, \frac{5}{16})$. El feriante pierde dinero cuando el cliente gana más de la tercera parte de las veces; en este caso, cuando Y es al menos 2. Como $p(Y = 0) + p(Y = 1)$ es igual a $\frac{41261}{65536} \approx 0,63$, la probabilidad de que pierda dinero el feriante es $1 - 0,63 = 0,37$.

    - Si el cliente juega cinco veces, los cálculos son similares. La probabilidad $p(Y < 2)$ es $p(Y = 0) + p(Y = 1) = \frac{131769}{262144} \approx 0,503$, por lo que la probabilidad de que pierda dinero el feriante es $1 - 0,503 = 0,497$.

    - Cuando el cliente juega ochenta veces, hay que recurrir al teorema central del límite: $Y \sim B(80, \frac{5}{16})$ se aproxima por una $N(\mu, \sigma)$ con $\mu = 25$, $\sigma = \sqrt{\frac{275}{16}} \approx 4,1458$. El feriante pierde si $Y > 26,5$:

    $$p(Y > 26,5) = p\left(\frac{Y - 25}{4,1458} > \frac{26,5 - 25}{4,1458}\right) = p(Z > 0,362) = 0,3586$$

6. - Si llamamos X_k al número de tiradas hasta que sale la k-ésima cara, entonces $X_2 = n$ significa que la n-sima tirada fue cara y en las $n-1$ anteriores hubo una cara y $n - 2$ cruces. El número total de casos en esas n tiradas es 2^n, de los cuales $n - 1$ son casos favorables: corresponden a elegir una posición entre las primeras $n - 1$ para la primera cara. Por eso $p(X_2 = n) = (n - 1)(\frac{1}{2})^n$.

    La función de masa de probabilidad para X_k es $p(X_k = n) = \binom{n - 1}{k - 1}(\frac{1}{2})^n$ por una razón similar: hay que elegir $k - 1$ posiciones entre las primeras $n - 1$ para las $k - 1$ caras.

    - Esa variable aleatoria no es geométrica porque la propiedad aditiva no se da para ese tipo de variables, como se comprueba fácilmente mediante la función característica: el producto de $\varphi(t) = \frac{p}{e^{-it} - q}$ por sí misma no es una función del mismo tipo.

    - $X = X_{100}$ es la suma de 100 variables aleatorias geométricas independientes e idénticamente distribuidas; todas ellas tienen esperanza 2 y varianza 4, por lo que el teorema central del límite permite asumir que $X \sim N(200, 20)$. La probabilidad pedida es:

$$p(X > 180,5) = p\left(\frac{X - 200}{20} > \frac{180,5 - 200}{20}\right) = p(Z > -0,975)$$

que leyendo en la tabla (e interpolando) es $0,8352$.

7. La plantilla completa de un equipo de baloncesto se compone de un base, dos escoltas, tres aleros y cuatro pívots. El porcentaje de acierto en tiro libre del base es el $80\,\%$, el de los escoltas, $85\,\%$, el de los aleros es $90\,\%$, y el de los pívots, $70\,\%$.

   ▪ El teorema de la probabilidad total da la respuesta:

   $$0,8 \times \frac{1}{10} + 0,85 \times \frac{2}{10} + 0,9 \times \frac{3}{10} + 0,7 \times \frac{4}{10} = 0,8$$

   ▪ X es la suma de 15 variables aleatorias de Bernoulli independientes, por lo que es una binomial $X \sim B(15; 0,8)$. Su esperanza es $15 \times 0,8 = 12$. La probabilidad de que se encesten 13 de los 15 lanzamientos es:

   $$p(X = 13) = \binom{15}{13} 0,8^{13} 0,2^2 = 0,2309$$

   ▪ Si se repite el mismo experimento 100 veces, $X \sim B(100; 0,8)$, se aproxima por una normal $N(80, 4)$. La probabilidad de que se consigan al menos 74 canastas es:

   $$p(X > 74,5) = p\left(\frac{X - 80}{4} > \frac{74,5 - 80}{4}\right) = p(Z > -1,375)$$

   que leyendo en la tabla (e interpolando) es $0,9154$.

8. X es la suma de 75 variables aleatorias uniformes independientes, que se aproxima por una normal $N(\mu, \sigma)$ siendo $\mu = 75 \times \frac{9}{2} = 337,5$ y $\sigma = \sqrt{75 \times \frac{9}{12}} = 7,5$. La probabilidad pedida es:

   $$p(X < 330) = p\left(\frac{X - 337,5}{7,5} < \frac{330 - 337,5}{7,5}\right) = p(Z < -1) = 0,1587$$

Capítulo 7

1.   ■ El desarrollo de $M(t) = e^{t^2/2}$ es:

$$1 + t^2/2 + \frac{(t^2/2)^2}{2} + \cdots = 1 + \frac{t^2}{2} + \frac{t^4}{8} + \cdots$$

Ahí leemos las derivadas de M en 0 y en particular:

$$E[Z^2] = M''(0) = \frac{1}{2} \times 2! = 1 \ , \ E[Z^4] = \frac{1}{8} \times 4! = 3$$

   ■ Si X una variable aleatoria χ_1^2, entonces $X = Z^2$, y por consiguiente $E[X] = 1$, $V[X] = 3 - 1 = 2$.

   ■ $X \sim \chi_n^2$ es la suma de n variables aleatorias χ_1^2 independientes, por lo que $E[X] = n$, $V[X] = 2n$.

2. El teorema de Fisher asegura que $\frac{nS^2}{\sigma^2} \sim \chi_{n-1}^2$, por lo que su esperanza es $n - 1$ y su varianza es $2(n-1)$. Como la esperanza es lineal y la varianza es cuadrática, deducimos que:

$$E[S^2] = \frac{\sigma^2}{n} \times (n-1) = \frac{n-1}{n}\sigma^2$$

$$V[S^2] = \left(\frac{\sigma^2}{n}\right)^2 \times 2(n-1) = \frac{2(n-1)}{n^2}\sigma^4$$

3. $\hat{S}^2 = \frac{n}{n-1}S^2$, por lo que:

$$E[\hat{S}^2] = \frac{n}{n-1}E[S^2] = \sigma^2$$

$$V[\hat{S}^2] = \left(\frac{n}{n-1}\right)^2 V[S^2] = \frac{2}{n-1}\sigma^4$$

Capítulo 8

1.   ■ Es evidente que f nunca es negativa, y que su integral en la recta real vale 1.

   ■ Estime el parámetro a por el método de los momentos y por el de máxima verosimilitud.

   • Por el método de los momentos: igualamos la media muestral $\bar{X}$ a la esperanza $E[X] = \int_0^a \frac{2x^2}{a^2}dx = \frac{2}{3}a$ y despejamos el parámetro. Así obtenemos el estimador $\hat{a} = \frac{3}{2}\bar{X}$.

   • Por el de máxima verosimilitud: la función de verosimilitud es

   $$L(x_1, \ldots, x_n, a) = \frac{2x_1}{a^2} \cdots \frac{2x_n}{a^2} = \frac{2^n x_1^2 \cdots x_n^2}{a^{2n}}$$

   El logaritmo es $n \cdot \log 2 + \log(x_1^2 \cdots x_n^2) - 2n \cdot \log a$.

   La derivada respecto del parámetro es $\frac{-2n}{a}$, que siempre es negativa, lo que indica que la función de verosimilitud es decreciente. En realidad, sólo lo es en el intervalo en que la fórmula anterior es correcta: en realidad, la función de verosimilitud se anula en cierto intervalo.

   La situación es semejante a la del ejemplo 8.10, por lo que un razonamiento análogo nos conduce a la misma conclusión: $\hat{a} = max(X_j)$.

2.   ■ Es necesario (y suficiente) que k sea positivo, porque la integral vale 1 para todos los valores positivos de k.

   ■ La función de verosimilitud (en la parte positiva, que es la única que interesa) es

   $$L(x_1, \ldots, x_n, k) = 2kx_1 e^{-kx_1^2} \cdots 2kx_n e^{-kx_n^2} = 2^n k^n x_1 e^{-k\sum x_j^2}$$

   El logaritmo es $n \cdot \log 2 + n \cdot \log k - k \cdot \sum x_j^2$.

   Derivando respecto del parámetro e igualando a 0, se tiene:

   $$\frac{n}{k} - \sum x_j^2 = 0$$

   de donde se despeja k y se obtiene el estimador $\hat{k} = \frac{n}{\sum X_j^2}$.

3. ▪ Es necesario (y suficiente) que $\theta > -1$.

   ▪ Igualando $\bar{X}$ a la esperanza $E[X] = \int_0^1 (\theta + 1)x^{\theta+1}dx = \frac{\theta+1}{\theta+2}$ y despejando el parámetro obtenemos el estimador $\hat{\theta} = \frac{2\bar{X}-1}{1-\bar{X}}$.

   ▪ La función de verosimilitud es

   $$L(x_1, \ldots, x_n, \theta) = (\theta + 1)(x_1 \cdots x_n)^\theta$$

   El logaritmo es $n \cdot \log(\theta + 1) + \theta \log(x_1 \cdots x_n)$.

   Derivando respecto del parámetro e igualando a 0, se tiene:

   $$\frac{n}{\theta + 1} + \log(x_1 \cdots x_n) = 0$$

   de donde se despeja θ y se obtiene el estimador $\hat{\theta} = -1 - \frac{n}{\log(X_1 \cdots X_n)}$.

   ▪ En esa muestra, se tiene $\bar{x} = \frac{1}{2}$, por lo que la estimación de θ por el método de los momentos es $\hat{\theta}_1 = 0$.

   Y también tenemos $\log(x_1 \cdots x_n) = \log\frac{1}{48} \approx -3,8712$, por lo que la estimación máximo-verosímil de θ es $\hat{\theta}_2 \approx 0,2916$.

4. ▪ Los estimadores por ambos métodos se calculan fácilmente (como en los ejercicios anteriores) y resultan ser $\hat{a} = \frac{\bar{X}}{2}$ en los dos casos.

   ▪ La esperanza del estimador es.

   $$E[\hat{a}] = \frac{1}{2}E[\bar{X}] = \frac{1}{2}E[X] = \frac{1}{2} \cdot 2a = a$$

   por lo que es un estimador centrado. La varianza es:

   $$V[\hat{a}] = \frac{1}{4}V[\bar{X}] = \frac{1}{4}\frac{V[X]}{n}$$

   que tiende a 0 cuando n tiende a infinito, por lo que es un estimador consistente (adviértase que el error total coincide con la varianza, al tratarse de un estimador sin sesgo).

5. ■ Se vio en los ejercicios del capítulo anterior que:

$$E[S^2] = \frac{n-1}{n}\sigma^2 \ , \ V[S^2] = \frac{2(n-1)}{n^2}\sigma^4$$

por lo que el sesgo de S^2 como estimador de σ^2 es $b(S^2) = \frac{-1}{n}\sigma^2$. El error total es igual a la suma de la varianza más el cuadrado del sesgo, es decir, $\frac{2n-1}{n^2}\sigma^4$.

■ También se vio que:

$$E[\hat{S}^2] = \sigma^2 \ , \ V[\hat{S}^2] = \frac{2}{n-1}\sigma^4$$

por lo que $\hat{S}^2$ es un estimador centrado (sin sesgo) de σ^2. El error total coincide con la varianza.

■ $\frac{2}{n-1}\sigma^4 < \frac{2n-1}{n^2}\sigma^4$ porque $(2n-1)(n-1) = 2n^2 - 3n + 1 < 2n^2$, lo que demuestra que el error total de S^2 es menor que el de $\hat{S}^2$, pese a que éste es centrado y aquel es sesgado.

6. El estimador $\bar{X} = \frac{\sum_1^n X_j}{n}$ es centrado y su error total coincide con la varianza, que es $V[\bar{X}] = \frac{p(1-p)}{n}$. Como ese error tiende a 0 cuando n tiende a infinito, este primer estimador es consistente.

Veamos cómo es el estimador $\hat{p} = \frac{1+\sum_1^n X_j}{n+2}$.

Su esperanza es:

$$E[\hat{p}] = E[\frac{1 + \sum_1^n X_j}{n+2}] = \frac{1}{n+2}E[1 + \sum_1^n X_j] = \frac{1}{n+2}(1 + np)$$

que no coincide con p, por lo que el estimador es sesgado. El sesgo es igual a:

$$b(\hat{p}) = E[\hat{p}] - p = \frac{1-2p}{n+2}$$

que tiende a 0 cuando n tiende a infinito, por lo que el estimador es asintóticamente centrado.

Su varianza es:

$$V[\hat{p}] = V[\frac{1 + \sum_1^n X_j}{n+2}] = \frac{1}{(n+2)^2}V[1 + \sum_1^n X_j] = \frac{1}{(n+2)^2}V[\sum_1^n X_j] =$$

$$= \frac{1}{(n+2)^2}np(1-p)$$

El error total es igual a:

$$V[\hat{p}] + b^2(\hat{p}) = \frac{1 + (n-4)p(1-p)}{(n+2)^2}$$

que tiende a 0 cuando n tiende a infinito, por lo que el estimador es consistente.

Observación: El estimador $\hat{p}$ aparece en la obra de Laplace "Essai philosophique sur les probabilités" de 1814, y se conoce como *regla de sucesión de Laplace* y como *estimador de Laplace-Bayes*. Corresponde a realizar la media muestral si a la muestra dada se le añaden dos elementos: un éxito y un fracaso; por eso el denominador aumenta en dos unidades frente al de $\bar{X}$ y el numerador en una. La estimación bayesiana cae fuera del alcance de este curso; su estudio nos llevaría a tratar de distribución a priori y a posterior, distribuciones conjugadas, variables aleatorias de tipo beta y otros derroteros interesantes que escapan a los objetivos de este curso.

Comparando los dos estimadores, se observa que los resultados que dan son muy similares, aunque el error menor suele corresponder al segundo estimador (por un ligero margen). La diferencia esencial entre la media muestral y la regla de sucesión es que la primera puede dar estimaciones extremas ($p = 0$ o $p = 1$), a diferencia de la segunda, lo cual puede ser poco sensato en general: así, si al observar un fenómeno aleatorio 10 veces no se ha producido ningún éxito, es demasiado drástico asignarle probabilidad nula (como haría el primer estimador). Eso es lo que dice la regla de Cromwell, que postula que no debe asignarse probabilidad 0 ni 1 a ningún suceso, salvo que sea lógicamente imposible.

Capítulo 9

1. ■ Como no conocemos la varianza poblacional, el intervalo de confianza para la media es:

$$I_\alpha = \left[\bar{X} - t_{\alpha/2} \frac{S}{\sqrt{n-1}}, \bar{X} + t_{\alpha/2} \frac{S}{\sqrt{n-1}} \right]$$

Como $n = 4$, el valor $t_{\alpha/2}$ correspondiente a $n - 1 = 3$ grados de libertad es 2,353 al 90 % y 3,182 al 95 %. Realizando los cálculos, el intervalo pedido es $\left[\bar{X} - 1,3585S; \bar{X} + 1,3585S \right]$ con el primer nivel de confianza, y $\left[\bar{X} - 1,837S; \bar{X} + 1,837S \right]$ con el segundo.

Con los valores de la muestra, se tiene $\bar{x} = 572,5$, $s = 25,87$, por lo que esos intervalos cristalizan en $[537,37; 607,63]$ y $[524,99; 620,01]$ respectivamente.

■ El intervalo de confianza para la varianza es:

$$I_\alpha = \left[\frac{nS^2}{\epsilon_{2\alpha}}, \frac{nS^2}{\epsilon_{1\alpha}} \right]$$

Los valores $\epsilon_{1\alpha}$ y $\epsilon_{2\alpha}$ se leen en la tabla de χ^2_{n-1} y son 0,352 y 7,81, por lo que el intervalo pedido es:

$$I_\alpha = \left[\frac{4S^2}{7,81}, \frac{4S^2}{0,352} \right] = \left[0,512S^2, 11,364S^2 \right]$$

Con los datos de la muestra, se convierte en $[342,64; 7602,27]$.

2. ■ El intervalo de confianza para el cociente de las varianzas es:

$$I_\alpha = \left[\frac{\hat{S}_Y^2}{\hat{S}_X^2} f_{1\alpha}, \frac{\hat{S}_Y^2}{\hat{S}_X^2} f_{2\alpha} \right]$$

Para el cociente de las desviaciones típicas habrá que extraer las raíces cuadradas.

Los valores de $f_{2\alpha}$ se leen en la tabla de $F_{14,18}$. Al nivel de confianza más bajo, es $f_{2\alpha} = 3,27$; al más alto es 2,29. Los valores de $f_{1\alpha}$

no se leen en la tabla de $F_{14,18}$, sino indirectamente en la de $F_{18,14}$; como la columna 18 no viene en las tablas, hay que interpolar, y resulta que $f_{1\alpha} = \frac{1}{3,565} = 0,28$ para un nivel de confianza y $f_{1\alpha} = \frac{1}{2,415} = 0,414$ para el otro. De este modo, los intervalos de confianza son:

$$\left[0,28\frac{\hat{S}_Y^2}{\hat{S}_X^2}; 3,27\frac{\hat{S}_Y^2}{\hat{S}_X^2}\right] \ , \ \left[0,414\frac{\hat{S}_Y^2}{\hat{S}_X^2}; 2,29\frac{\hat{S}_Y^2}{\hat{S}_X^2}\right]$$

Las raíces cuadradas dan los intervalos de confianza para las desviaciones típicas:

$$\left[0,53\frac{\hat{S}_Y}{\hat{S}_X}; 1,81\frac{\hat{S}_Y}{\hat{S}_X}\right] \ , \ \left[0,64\frac{\hat{S}_Y}{\hat{S}_X}; 1,51\frac{\hat{S}_Y}{\hat{S}_X}\right]$$

Con los datos de la muestra, $\frac{\hat{S}_Y}{\hat{S}_X} = 0,794$, y los intervalos se convierten en:

$$[0,42; 1,44] \ , \ [0,51; 1,20]$$

- El intervalo de confianza para la diferencia de medias poblacionales suponiendo iguales las varianzas es:

$$\left[(\bar{X} - \bar{Y}) \pm t_{\alpha/2}\sqrt{\frac{n_X S_X^2 + n_Y S_Y^2}{n_X + n_Y - 2}}\sqrt{\frac{1}{n_X} + \frac{1}{n_Y}}\right]$$

Al 90 %, el valor de $t_{\alpha/2}$ se ha de leer en la tabla de t_{32}; interpolando resulta que $t_{\alpha/2} = 1,694$. El intervalo es:

$$\left[(\bar{X} - \bar{Y}) \pm 0,1034\sqrt{15S_X^2 + 19S_Y^2}\right]$$

Con los datos del problema, ese intervalo es $[-4,617; -1,383]$

- No podemos descartar que las desviaciones típicas poblacionales sean iguales, porque el valor 1 está en el intervalo de confianza para el cociente de esas desviaciones (con ambos niveles de significación). Sí podemos descartar que las medias poblacionales coincidan, porque el valor 0 no está en el intervalo de confianza para la diferencia de medias.

3. Para empezar, supondremos que la población es normal. El intervalo de confianza para la media poblacional es:

$$I_\alpha = \left[\bar{X} - t_{\alpha/2} \frac{S}{\sqrt{n-1}}, \bar{X} + t_{\alpha/2} \frac{S}{\sqrt{n-1}} \right]$$

De manera similar a los ejercicios anteriores, buscamos el valor de $t_{\alpha/2}$ en la tabla de t_{11}, donde leemos 2,201 para el primer nivel de confianza y 3,106 para el segundo. Así, los intervalos buscados son:

$$\left[\bar{X} - 0,6636S; \bar{X} + 0,6636S \right] \ , \ \left[\bar{X} - 0,9365S; \bar{X} + 0,9365S \right]$$

En el ejercicio, se tiene $\bar{x} = 65$ y $s^2 = 14/3$, por lo que esos intervalos se convierten en $[63,57;66,43]$ y $[62,98;67,02]$.

Para la varianza, el intervalo al 95 % es:

$$\left[\frac{12S^2}{21,9}, \frac{12S^2}{3,82} \right] = \left[0,548S^2; 3,14S^2 \right]$$

por lo que para la desviación típica será $[0,74S; 1,77S]$, que se convierte en $[1,6; 3,82]$ con los datos del problema.

Análogamente, al nivel $0,99$, el intervalo para σ resulta ser $[0,67S; 2,15S]$, que cristaliza en $[1,45; 4,64]$ con los datos del problema.

Capítulo 10

1. Indique cuáles de los siguientes razonamientos son correctos y cuáles son falaces (justificando su respuesta):

   - Falso. Al aumentar el nivel de confianza, la región crítica se reduce, por lo que un valor que estuviera dentro de la región crítica para $\alpha = 0,05$ podría no estar en ella para $\alpha = 0,01$. Por ejemplo, si es un contraste de dos colas y el estadístico sigue una distribución normal standard, un valor de $2,2$ supodría rechazar la hipótesis nula con $\alpha = 0,05$ (pues está a la derecha del valor $1,96$), pero no con $\alpha = 0,01$ (porque está entre $-2,575$ y $2,575$).

   - Es cierto si se trata de un contraste de dos colas, pues el p-valor de ese contraste sería $0,0042$, pero no es cierto si es un contraste de una cola en la que la región crítica es la cola de la derecha, pues los valores negativos apoyarían la hipótesis nula.

   - Nunca se puede concluir que la hipótesis nula es cierta. Todo lo que nos permite un contraste de hipótesis es rechazarla o no, en función de los datos muestrales.

2. Si rebajamos el nivel de confianza, nos permitimos rechazar la hipótesis nula con más alegría (dicho con más rigor: aumenta la región crítica), por lo que al nivel $0,9$ se rechazaría la hipótesis nula. No así si lo aumentamos a $0,98$, pues entonces la región crítica crece, y no sabemos a priori si se aceptará o se rechazará H_0.

3. Si el p-valor de un contraste de hipótesis es $0,0003$, la evidencia en contra de H_0 es abrumadora, y podemos rechazar H_0 y considerar demostrada H_1 con un grado de confianza muy elevado.

4. Si se quiere demostrar (en un sentido estadístico, no puramente lógico) que un parámetro, θ, es mayor que un valor dado, θ_0, debe plantearse un contraste de hipótesis en el que la hipótesis alternativa sea precisamente $\theta > \theta_0$, puesto que lo que se "demuestra" en un contraste de hipótesis es la hipótesis alternativa (si la evidencia muestral es suficientemente grande) y nunca la hipótesis nula (que sencillamente se acepta si no hay suficientes evidencias en su contra).

5. Si el estadístico toma el valor 1,9, la hipótesis nula se rechazaría con un nivel de significación de 0,1, puesto que la región de aceptación sería el intervalo $[-1,645; 1,645]$, que no contiene al valor 1,9.

En cambio, con un nivel de significación de 0,05, la hipótesis nula se aceptaría, puesto que la región de aceptación habría aumentado y ahora sería el intervalo $[-1,96; 1,96]$, que incluye al valor 1,9.

Si el nivel de significación es 0,02, la hipótesis nula se aceptaría con mayor razón: la región de aceptación habría crecido aún más, pasando a ser el intervalo $[-2,33; 2,33]$; el valor 1,9 está dentro de él muy holgadamente.

En la tabla se lee que el valor 1,9 deja a su derecha una probabilidad de 0,0287, lo que indica que el p-valor de ese contraste es el doble (pues es de dos colas), o sea 0,0574. Por ello, la hipótesis nula se acepta con niveles de significación mayores (como 0,1) y se rechaza con los menores (como 0,05 y 0,02).

Capítulo 11

1.   ■ Se plantea el siguiente contraste de hipótesis para la varianza:

$$\begin{cases} H_0 : \sigma^2 = 0,0625 \\ H_1 : \sigma^2 \neq 0,0625 \end{cases}$$

El estadístico para el contraste es $T = nS^2/0,0625$, que sigue una χ^2_{49} si la hipótesis nula es cierta.

Es un contraste de dos colas, y al nivel fijado, la región de aceptación es el intervalo $(31,6; 70,11)$ (interpolando en la tabla). El valor del estadístico con los datos muestrales es $50 \times 0,09/0,0625 = 72$, que pertenece a la región de rechazo.

En conclusión, no podemos aceptar que la desviación típica en la población sea de $0,25$ cm.

■ Se plantea el siguiente contraste de hipótesis para la esperanza:

$$\begin{cases} H_0 : \mu \leq 1 \\ H_1 : \mu > 1 \end{cases}$$

El estadístico para el contraste es $T = \frac{\bar{X}-1}{S/\sqrt{n-1}}$, que sigue una t_{49} si la hipótesis nula es cierta.

Es un contraste de una cola, y al nivel fijado, la región de rechazo es el intervalo $(1,677; +\infty)$ (interpolando en la tabla). El valor del estadístico con los datos muestrales es $\frac{1,5-1}{0,3/7} = 11,67$, que está en la región de rechazo muy holgadamente.

En conclusión, sí se puede considerar demostrado que el espesor medio en la población es superior a 1 cm.

2.   ■ Planteamos el contraste de hipótesis

$$H_0 : \quad \frac{\sigma_X^2}{\sigma_Y^2} = 1$$

$$H_1 : \quad \frac{\sigma_X^2}{\sigma_Y^2} \neq 1$$

El estadístico es $\frac{\widehat{S_X}^2}{\widehat{S_Y}^2}$, que sigue una $F_{3,3}$.

Los datos muestrales son $S_X^2 = 14517'19$ y $S_Y^2 = 17917'25$.

Se trata de un contraste de dos colas. Leemos en la tabla el valor $9'28$, cuyo inverso es $0'11$. La región de aceptación es el intervalo $(0'11, 9'28)$.

El valor t que toma el estadístico es $0'81$. Como está en el intervalo $(0'11, 9'28)$, no podemos rechazar H_0, y aceptamos que las varianzas de ambas poblaciones sean iguales.

■ Para considerar demostrado que la tensión media a la rotura del segundo cable es mayor que la del primero, hemos de plantear un contraste de hipótesis en el cual ésa sea la hipótesis alternativa:

$$H_0 : \quad \mu_X \geq \mu_Y$$
$$H_1 : \quad \mu_X < \mu_Y$$

Teniendo en cuenta el apartado anterior, podemos suponer que las varianzas poblacionales son iguales, y usar el estadístico $\dfrac{\bar{X} - \bar{Y}}{S_T \cdot \sqrt{\frac{1}{n_X} + \frac{1}{n_Y}}}$, siendo $S_T = \sqrt{\dfrac{n_X S_X^2 + n_Y S_Y^2}{n_X + n_Y - 2}}$, que sigue una $t_{n_X + n_Y - 2}$, o sea, una t_6.

El contraste es de una sola cola, y la región crítica es el intervalo $(-\infty, -1'44)$ (consultando la tabla).

El valor que toma el estadístico de contraste con los datos muestrales es $t = -0'16$, que cae en la región de aceptación, por lo que no podemos considerar demostrado que la tensión media a la rotura del segundo cable es mayor que la del primero, con ese nivel de confianza del 90 %.

3. La hipótesis nula del contraste es $H_0 : \sigma^2 \leq 4$, frente a la alternativa, $H_1 : \sigma^2 > 4$. El estadístico del contraste es $T = \frac{nS^2}{4}$ que sigue una χ_5^2 si la hipótesis nula es cierta.

Se trata de un contraste con una sola cola (la de la derecha). La región de rechazo es la semirrecta a la derecha de 11'07, al nivel $\alpha = 0'05$, y a la derecha de 15'09 al nivel $\alpha = 0'01$. El valor que toma T con los datos de la muestra es $\frac{6 \times 7'5}{4} = 11'25$, por lo que la hipótesis nula se rechaza con el primer nivel de significación, pero no con el segundo.

4.   ■ La hipótesis nula del contraste es $H_0 : \sigma_X^2 = \sigma_Y^2$, frente a la alternativa, $H_1 : \sigma_X^2 \neq \sigma_Y^2$. El estadístico del contraste es el cociente de las cuasivarianzas muestrales que sigue una $F_{18,14}$ si la hipótesis nula es cierta.

Se trata de un contraste de dos colas. La región de aceptación es el intervalo $[0, 44; 2, 415]$, al nivel $\alpha = 0, 1$, y el intervalo $[0, 31; 3, 565]$ al nivel $\alpha = 0, 02$ (hay que interpolar entre los valores de la tabla). El valor que toma el estadístico con los datos de la muestra es aproximadamente $0, 88$, que cae en la región de aceptación en ambos casos, por lo que la hipótesis nula se acepta.

■ La hipótesis alternativa del contraste es $H_1 : \mu_X < \mu_Y$. El estadístico del contraste es $T = \dfrac{\bar{X} - \bar{Y}}{\sqrt{1/n + 1/m} \sqrt{\frac{nS_X^2 + mS_Y^2}{n + m - 2}}}$, que sigue una t_{32} si la hipótesis nula es cierta.

Se trata de un contraste de una cola, la de la derecha. La región de rechazo es el intervalo $[-\infty; -1, 31]$ (hay que interpolar entre los valores de la tabla). El valor que toma el estadístico con los datos de la muestra es aproximadamente $-2, 58$, que cae en la región crítica, por lo que la hipótesis nula se rechaza: se puede considerar demostrado, con un nivel de significación de $0,1$, que el nivel de la segunda población es más alto que el de la primera.

5. ■ Se plantea un contraste de hipótesis en el que la hipótesis nula es $H_0 : \sigma_X^2 = \sigma_Y^2$, y la alternativa es $H_1 : \sigma_X^2 \neq \sigma_Y^2$.

El estimador usado para el contraste es $\frac{\hat{S}_X^2}{\hat{S}_Y^2}$, que sigue la ley $F_{9,11}$. Es un contraste de dos colas, y para el nivel de confianza fijado, la región de aceptación es $R_0 = (0,32; 2,90)$.

El valor que toma el estadístico con los datos muestrales es $1,20$, que cae dentro de R_0, por lo que aceptamos la igualdad de varianzas.

■ Es un contraste de hipótesis acerca de las medias poblacionales. Lo que se quiere demostrar se elige como hipótesis alternativa, de modo que el contraste es $H_0 : \mu_X \geq \mu_Y$, $H_1 : \mu_X < \mu_Y$

El apartado anterior nos permite admitir que las varianzas poblacionales son iguales, por lo que estimador usado para el contraste será $T = \dfrac{\bar{X} - \bar{Y}}{\sqrt{1/n + 1/m}\sqrt{\frac{nS_X^2 + mS_Y^2}{n+m-2}}}$, que sigue una distribución t_{20}. Es un contraste de una cola, y para el nivel de confianza fijado, la región de aceptación es $R_0 = (-1,725; +\infty)$.

El valor que toma el estadístico con los datos muestrales es $-5,58$, que cae fuera de R_0, por lo que rechazamos la hipótesis nula y podemos concluir que la separación media entre los ojos de los escualos de la segunda especie es mayor que entre los de la primera.

6. Se trata de un contraste χ^2 de bondad de ajuste.

Los resultados teóricos que pronostica el modelo binomial son, respectivamente, 2, 12, 30, 40, 30, 12 y 2. Los agrupamos para evitar números esperados inferiores a 5 (reunimos las dos primeras clases en 1 y las dos últimas en otra); así hay 5 clases con valores esperados 14, 30, 40, 30 y 14. Los comparamos con los observados (16, 29, 34, 32 y 17), y el estadístico del contraste toma el valor 1'995, que está en la región de aceptación, que mirada en la tabla de χ_4^2 es el intervalo $[0, 9'49]$. Los datos observados se ajustan bien al modelo binomial propuesto.

7. ▪ El contraste de hipótesis que se plantea es evidente: la hipótesis nula es 'la dsitribución de las diferentes cifras es uniforme'; y la hipótesis alternativa, que no lo es.

Se trata de un contraste χ^2 de bondad de ajuste con 9 grados de libertad, puesto que hay 10 clases de resultados. Los valores esperados si la hipótesis nula es cierta son $e_i = 10$ por lo que el valor de $\sum \frac{(o_i - e_i)^2}{e_i}$ es $\frac{1}{10}(9 + 9 + 1 + 0 + 1 + 9 + 4 + 49 + 1 + 9) = 9'2$ que cae dentro de la región de aceptación para ambos niveles de significación (los valores leídos en la tabla son 16'92 y 21'7).

▪ Ahora estamos ante un contraste paramétrico sobre la proporción de sietes, p. La hipótesis nula es que $p = 0'1$ y la alternativa es $p \neq 0'1$. Es un contraste de dos colas, y el estadístico de contraste es $T = \frac{\bar{X} - 0'1}{\sqrt{0'1 \cdot 0'9 / 100}}$, que sigue una normal tipificada si la hipótesis nula es cierta. La región de aceptación es $[-1'96, 1'96]$ con $\alpha = 0'05$ y $[-2'575, 2'575]$ con $\alpha = 0'01$. Con los datos muestrales, $\bar{X}$ vale $0'17$, y el estadístico toma el valor $7/3$, por lo que la hipótesis nula se rechaza con $\alpha = 0'05$, pero no con $\alpha = 0'01$.

8. Es un contraste sobre el valor del parámetro p. La hipótesis nula es $H_0 : p = 0, 5$, y la alternativa es $H_1 : p \neq 0, 5$

El estimador usado para el contraste es $\frac{\bar{X} - 0'5}{\sqrt{\frac{0,5 \times 0,5}{n}}}$, que sigue la ley normal $N(0, 1)$. Es un contraste de dos colas, y para el nivel de confianza fijado, la región de aceptación es $R_0 = (-1, 96; 1, 96)$.

El valor que toma el estadístico con los datos muestrales es $-2, 556$, que cae fuera de R_0, por lo que no podemos aceptar que p sea igual a $0, 5$.

9. Se trata de un contraste χ^2 de bondad de ajuste.

Los resultados teóricos que pronostica el modelo uniforme son 20'5 para cada uno de los cuatro equipos. Los comparamos con los observados (18, 14, 28 y 22), y el estadístico del contraste toma el valor 5'22, que está en la región de aceptación, que mirada en la tabla de χ_3^2 es el intervalo $[0, 7'81]$, por lo que se acepta la hipótesis nula: los datos observados se ajustan bien al modelo uniforme, al nivel de confianza 0'95; por supuesto, al nivel 0'99 se acepta con mayor razón.

Con los diez últimos equipos, la media de los datos observados es 12'2, así que esa es la cantidad que da el modelo uniforme para cada uno de los equipos. El estadístico del contraste toma el valor 52'1, que cae en la región de rechazo (el intervalo a la derecha de 21'7, según se lee en la tabla de χ_9^2) para el nivel de confianza 0'99, y con mayor razón para el 0'95. Se descarta que el modelo uniforme se ajuste bien a los datos de los diez últimos equipos.

10. Es un contraste de bondad de ajuste. La hipótesis nula es H_0: La puntuación sigue una distribución uniforme, y la alternativa es que no la sigue.

El estimador usado para el contraste es $T = \sum_{j=1}^{6} \frac{(o_j - e_j)^2}{e_j}$, que sigue una distribución χ_5^2. Es un contraste de una cola, y para el nivel de confianza fijado, la región de aceptación es $R_0 = [0; 11, 07)$.

Los valores observados son los del enunciado, y los valores esperados son $e_1 = e_2 = \ldots = e_6 = 20$, con lo que el valor que toma el estadístico es $7, 8$, que está en R_0, por lo que aceptamos que el dado es equilibrado.

11. $\pi = 3, 141592653589793238462643383279502884197169399375105820974944592307816406286208998628034825342117
0679\ldots$ Hay 51 cifras pares y 49 impares. También hay 49 pequeñas y 51 grandes. Es evidente que un test de frecuencias no detecta ninguna falta de aleatoriedad.

En cuanto a las rachas, hay 43 si atendemos a la paridad y 57 si nos fijamos en el tamaño. La esperanza del número de rachas es:

$$\mu = \frac{2 \times 51 \times 49}{100} + 1 = 50, 98 \approx 51$$

y la varianza es $\frac{50 \times 49}{99}$, lo que da $\sigma \approx 5$. Así pues, ambos resultados (43 y 54) caen en el intervalo $(\mu - 2\sigma, \mu + 2\sigma) = (41, 61)$, por lo que este test tampoco descarta la aleatoriedad.

Evidentemente, las cifras de π no son aleatorias. Sin embargo, se pueden utilizar para generar números aleatorios (o mejor, pseudoaleatorios), ya que superan las pruebas de aleatoriedad.

12. Los números: $1/3$, $2/9$, $1/7$ y $3/13$ son racionales, y su desarrollo decimal es periódico:

$1/3 = 0,333333333333333333333...$, $2/9 = 0,222222222222222222222...$, $1/7 = 0,142857142857142857142857...$, $3/13 = 0,23076923076923076923...$ y los tests de frecuencias detectan inmediatamente la falta de aleatoriedad (también lo hace el test de rachas, ya innecesario).

En cambio, los números e y $\frac{1+\sqrt{5}}{2}$ son irracionales (el primero es trascendente, el segundo es algebraico), y sus desarrollos no tienen esa periodicidad:

$e = 2,71828182845904523536028747135266249775724709369995957496$
$6967627724076630353547594571382178525166427...$ Hay 47 cifras pares y 53 impares, con un total de 48 rachas.

El test de frecuencias no detecta falta de aleatoriedad. Tampoco el de rachas, puesto que la esperanza del número de rachas es:

$$\mu = \frac{2 \times 53 \times 47}{100} + 1 = 50,82$$

y la varianza es $24,5678$, lo que da $\sigma = 4,9566 \approx 5$. Así pues, el resultado (48) cae en el intervalo $(\mu - 2\sigma, \mu + 2\sigma) = (40,9; 60,7)$.

También hay 42 cifras pequeñas y 58 grandes, con un total de 58 rachas. Realizamos un contraste sobre la proporción de cifras pares (similar al del ejercicio 8 de este mismo capítulo) y el estimador $\frac{\bar{X} - 0'5}{\sqrt{\frac{0,5 \times 0,5}{n}}}$ toma el valor -0,6 (que pertenece a la región de aceptación (-1,96; 1,96) para un nivel de confianza de 95 %). En cuanto al test de rachas, también lo supera, puesto que los parámetros son $\mu \approx 49,72$ y $\sigma \approx 4,85$, con lo que $(\mu - 2\sigma, \mu + 2\sigma) \approx (40; 59,4)$ contiene al valor 58.

$\frac{1+\sqrt{5}}{2} = 1,61803398874989484820458683436563811772030917980576286$
$213544862270526046281890244970720720418939113 7...$ conduce a resultados similares: hay 57 cifras pares y 43 nones, con 48 rachas y 52 pequeñas y 48 grandes, con 55 rachas. los resultados de los tests son semejantes a los anteriores.

Los ejemplos anteriores ponen de manifiesto una diferencia notable entre las expresiones decimales de los números racionales y las de los irracionales: la regularidad de los números racionales (cuyo desarrollo decimal es periódico) revela inmediatamente la ausencia de aleatoriedad, mientras que los números irracionales (que no son periódicos) parecen ocultarla, pese a ser tan determinista la sucesión de sus cifras como la de los racionales.

Esta observación no tiene carácter absoluto: hay números irracionales cuyo desarrollo decimal no supera el test de frecuencias o el de rachas y números racionales que sí lo hacen (al menos las cien primeras cifras, o las mil primeras), pero es lo bastante general como para que merezca la pena señalarlo.

Capítulo 14

Epílogo

Hasta aquí llega este curso de Probabilidad y Estadística. Hemos comenzado revisando los conceptos más sencillos de Estadística descriptiva y de probabilidad básica y hemos acabado siendo capaces de discutir contrastes de hipótesis y resolviendo problemas de estimación, además de manejando con soltura un amplio espectro de variables aleatorias discretas y continuas. Con ello se cubre holgadamente la materia que debe dominar un alumno de primer curso de ingeniería.

La exposición ha tratado de ser razonablemente seria desde un punto de vista matemático, sin olvidar que el texto se dirige a alumnos que se preparan para ser ingenieros, y no científicos puros, por lo que se han incluido numerosas demostraciones, pero las más ásperas se han omitido o se han reducido a un esbozo.

Naturalmente, han quedado fuera del libro muchos asuntos, desde diversos tipos de variables aleatorias que no se han mencionado hasta la prueba ANOVA (análisis de la varianza) que complementaría los contrastes de hipótesis. El tiempo y el espacio son limitados y hay que saber por dónde cortar; creemos que la elección de temas y su tratamiento son los adecuados para el público al que nos dirigimos y el nivel que pretendemos. Al final hay una breve bibliografía donde se puede continuar el aprendizaje, profundizar en el estudio y ampliar el conocimiento.

Bibliografía

Álvarez Contreras, S. J., *Estadística aplicada, Teoría y Problemas*, CLAG S.A. (2011).

Bertsekas, D. P., Tsitsiklis, J. N., *Introduction to Probability, 2nd ed.*, Athena Scientific (2008).

Blitzstein, J. K., Hwang, J., *Introduction to Probability, 2nd ed.*, Chapman and Hall (2019).

De la Horra Navarro, J., *Estadística aplicada, 3^a ed.*, Díaz de Santos (2003).

Martín Pliego, F. J.; Ruiz-Maya Pérez, L. , *Fundamentos de Inferencia Estadística, 3^a ed.*, Alfa Centauro (2005).

Martín Pliego, F. J.; Ruiz-Maya Pérez, L. , *Fundamentos de Probabilidad, 2^a ed.*, Alfa Centauro (2006).

Muruzábal Irigoyen, J. J., *Cálculo de Probabilidades y Teoría de variable aleatoria, 4^a ed.*, Editorial Garceta (2014).

Muruzábal Irigoyen, J. J., *Teoría de muestras e inferencia estadística, 4^a ed.*, Editorial Garceta (2014).